Datenanalyse mit SPSS

Peter P. Eckstein

Datenanalyse mit SPSS

Realdatenbasierte Übungs- und Klausuraufgaben mit vollständigen Lösungen

3., durchgesehene und erweiterte Auflage

Springer Gabler

Prof. Dr. Peter P. Eckstein
HTW Berlin, Deutschland

ISBN 978-3-658-01361-5 ISBN 978-3-658-01362-2 (eBook)
DOI 10.1007/978-3-658-01362-2

Die Deutsche Nationalbibliothek verzeichnet diese Publikation in der Deutschen Nationalbibliografie; detaillierte bibliografische Daten sind im Internet über http://dnb.d-nb.de abrufbar.

Springer Gabler

Lektorat: Irene Buttkus, Renate Schilling

Gedruckt auf säurefreiem und chlorfrei gebleichtem Papier

Springer Gabler ist eine Marke von Springer DE. Springer DE ist Teil der Fachverlagsgruppe Springer Science+Business Media.
www.springer-gabler.de

Vorwort zur 3. Auflage

Die Neuerung der dritten Auflage der „Datenanalyse mit SPSS“ liegt in einem überarbeiteten und erweiterten Aufgabenspektrum, das insgesamt 135 praktische und realdatenbasierte Problemstellungen mit vollständigen Lösungen umfasst. Problemstellungen, die mit einem * gekennzeichnet sind, waren ein integraler Bestandteil von Semesterabschlussklausuren in den Fächern Statistik, Multivariate Statistik und Quantitative Methoden der am Fachbereich Wirtschaftswissenschaften I der HTW Berlin angebotenen Bachelor- und Master-Studiengänge. Die zur Lösung der Problemstellungen erforderlichen Daten stehen als SPSS-Datendateien im Internet unter der im Anhang B *Datenzugriff via Internet* angegebenen Adresse zur freien Verfügung.

Das vorliegende Lehrbuch wäre ohne die Unterstützung von geschätzten Damen und Herren nicht möglich gewesen. In diesem Zusammenhang gilt mein besonderer Dank: Frau Mag. theol. Irene BUTTKUS und Frau Dipl.-Ing. Renate SCHILLING für die Betreuung dieses Buchprojekts seitens des Verlages, meinen Kolleginnen Professor Dr. Monika KUMMER und B.A. Mouna ZITAWI sowie meinen Kollegen Professor Dr. Rudolf SWAT, Dr. Manfred MOCKER, Dr. Gerhard BUROW und Stud. oec. Tarek EL-SANBAKHTI für die sachdienlichen Hinweise zur inhaltlichen Gestaltung des Lehrbuches. Herrn Dipl.-WI. Frank STEINKE gilt mein Dank für die Gestaltung und Betreuung des lehrbuchbezogenen Downloadbereichs. Äußerst dankbar bin ich meiner geliebten Gattin für ihre Geduld in den zeitraubenden Phasen der Fertigstellung des Lehrbuches.

Berlin, im Dezember 2012

Peter. P. ECKSTEIN

Aus dem Vorwort zur 2. Auflage

Die augenscheinlichen Neuerungen der zweiten, überarbeiteten und erweiterten Auflage der „Datenanalyse mit SPSS“ liegen in einer Aktualisierung und Erweiterung des Aufgabenspektrums, das nunmehr insgesamt 130 praktische und realdatenbasierte Problemstellungen umfasst, für die jeweils eine vollständige Lösung angeboten wird. Problemstellungen, die mit einem * gekennzeichnet sind, waren ein integraler Bestandteil von Semesterabschlussklausuren in den Fächern Statistik, Multivariate Statistik und Quantitative Methoden der am Fachbereich Wirtschaftswissenschaften I der HTW Berlin angebotenen Bachelor- und Master-Studiengänge. Die zur Lösung der Problemstellungen erforderlichen Daten stehen in aktualisierter Form als SPSS-Datendateien im Internet unter der im Anhang B *Datenzugriff via Internet* angegebenen Adresse zur freien Verfügung.

Berlin, im Januar 2012

Peter. P. ECKSTEIN

Aus dem Vorwort zur 1. Auflage

Das vorliegende Lehrbuch in Gestalt einer Aufgabensammlung soll als ein vorlesungs-, übungs- und selbststudienbegleitendes Kompendium einen bescheidenen Beitrag zur Qualifizierung akademischer Lehre auf dem Gebiet der Statistik in wirtschaftswissenschaftlichen Bachelor- und Master-Studiengängen leisten.

Der Zugang zur statistischen Datenanalyse, der mit diesem Aufgabenbuch angeboten wird, deckt sich im Wesentlichen mit dem von mir ebenfalls im GABLER Verlag publizierten Lehrbuch „Statistik für Wirtschaftswissenschaftler – Eine realdatenbasierte Einführung mit SPSS". Für die angebotene Palette von mehr als einhundert einfachen und anspruchsvollen Übungs- und Klausuraufgaben wird (soweit es möglich und sinnvoll erscheint) mit Hilfe des Statistik-Programm-Pakets SPSS eine vollständige Lösung angeboten. Die zusammengestellten Übungs- und Klausuraufgaben beruhen sämtlich auf praktischen und realdatenbasierten Problemstellungen, die von Kolleginnen, Kollegen und Studierenden im Rahmen von Praxisprojekten und/oder Graduierungsarbeiten einer Lösung zugeführt wurden. Die erforderlichen Daten stehen im Internet unter der im Anhang B *Datenzugriff via Internet* angegebenen Adresse zur freien Verfügung.

Das vorliegende Aufgabenbuch ist in drei Teile gegliedert. Der erste Teil umfasst einen Katalog von insgesamt einhundertundfünfzehn Übungs- und Klausuraufgaben. Der zweite Teil beinhaltet die Lösungen zu den Aufgaben. Jeder dieser beiden Teile ist wiederum in zwölf inhaltliche Schwerpunkte gegliedert, die sich von elementaren statistischen Grundbegriffen bis hin zu anspruchsvollen multivariaten Verfahren erstrecken. Der dritte Teil des vorliegenden Aufgabenbuches ist als ein Appendix konzipiert, in dem einerseits die benutzten SPSS-Datendateien in alphabetischer Reihenfolge aufgelistet und kurz beschrieben werden und andererseits der Datenzugriff via Internet plakatiert wird.

Um die Arbeit mit dem Lehrbuch zu erleichtern, wurden die Aufgaben und die Lösungen in ihrer inhaltlichen Gliederung „verschlüsselt". So besitzt zum Beispiel der Schlüssel *Aufgabe 1-1* die folgende Semantik: eine Aufgabe, die im ersten inhaltlichen Schwerpunkt „statistische Grundbegriffe" angeboten wird und innerhalb des inhaltlichen Schwerpunktes 1 die fortlaufende Nummer 1 besitzt. Der Bindestrich fungiert dabei als „Trennlinie" zwischen der stets zuerst vermerkten Schwerpunktnummerierung und der stets nachfolgenden und fortlaufenden Nummerierung innerhalb eines inhaltlichen Schwerpunktes. Analog ist die „Verschlüsselung" für die angebotenen Lösungen zu den Aufgaben zu deuten. Die mit einem * markierten Problemstellungen waren ein integraler Bestandteil von Semesterabschlussklausuren.

Berlin, im Januar 2009

Peter P. ECKSTEIN

Inhaltsverzeichnis

Aufgaben

1 Aufgaben zu den statistischen Grundbegriffen 1
2 Aufgaben zur Datenerhebung 9
3 Aufgaben zum SPSS-Datenmanagement 11
4 Aufgaben zur Datendeskription 17
5 Aufgaben zur Stochastik 29
6 Aufgaben zur Statistischen Induktion 43
7 Aufgaben zur Zusammenhangsanalyse 53
8 Aufgaben zur Regressionsanalyse 63
9 Aufgaben zur Zeitreihenanalyse 73
10 Aufgaben zur Faktorenanalyse 79
11 Aufgaben zur Clusteranalyse 85
12 Aufgaben zur Baumanalyse 91

Lösungen

1 Lösungen zu den statistischen Grundbegriffen 95
2 Lösungen zur Datenerhebung 99
3 Lösungen zum SPSS-Datenmanagement 101
4 Lösungen zur Datendeskription 104
5 Lösungen zur Stochastik 112
6 Lösungen zur Statistischen Induktion 121
7 Lösungen zur Zusammenhangsanalyse 127
8 Lösungen zur Regressionsanalyse 136
9 Lösungen zur Zeitreihenanalyse 144
10 Lösungen zur Faktorenanalyse 149
11 Lösungen zur Clusteranalyse 153
12 Lösungen zur Baumanalyse 158

Anhang

A Verzeichnis der SPSS-Datendateien 161

B Datenzugriff via Internet 164

1 Aufgaben zu den statistischen Grundbegriffen

Die mit einem * markierten Aufgaben sind Klausuraufgaben.

Aufgabe 1-1

Erläutern Sie anhand der Wohnlagenkarte des Berliner Mietspiegels 2011 die folgenden statistischen Grundbegriffe:

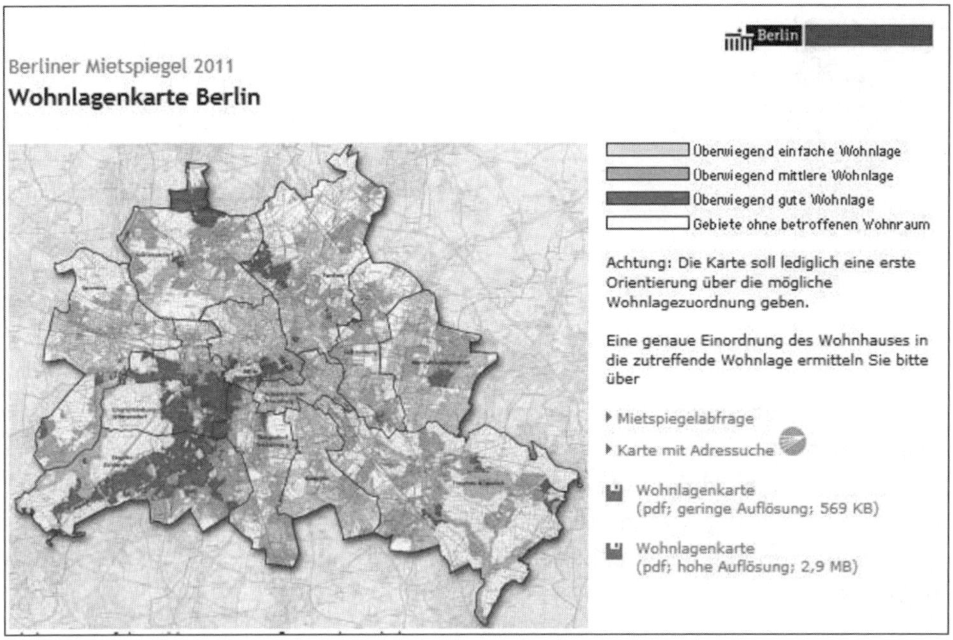

a) statistische Einheit.
b) statistische Gesamtheit, ihre Identifikationsmerkmale und ihr Umfang.
c) Erhebungsmerkmal.
d) Merkmalsausprägung, Zustandsmenge und Skala. ♣

Aufgabe 1-2

Im Statistik-Programm-Paket SPSS firmieren die Merkmale, deren Ausprägungen für eine wohldefinierte statistische Gesamtheit erhoben wurden, unter dem Begriff „Variablen". Die nebenstehende Abbildung beinhaltet einen Ausschnitt des gleichnamigen Dialogfeldes, mit dessen Hilfe in SPSS die Erhebungsmerkmale einer statistischen Gesamtheit optional und definitionsgemäß gekennzeichnet werden.

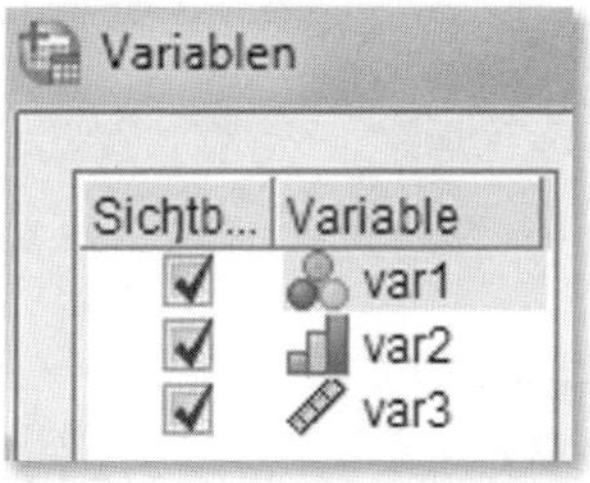

Auf welcher Skala sind die Ausprägungen der drei Variablen *var1*, *var2* und *var3* jeweils definiert? Begründen Sie kurz Ihre Antwort unter einer alleinigen Betrachtung der in SPSS üblichen und variablenbezogenen Piktogramme. ♣

Aufgabe 1-3*

Verwenden Sie zur Beantwortung der folgenden Frage- und Problemstellungen die beigefügte Grafik. Die Grafik beruht auf den Klausurergebnissen, die im Sommersemester 2011 am Fachbereich Wirtschaftswissenschaften der Berliner Hochschule für Technik und Wirtschaft im Fach Statistik erzielt wurden.

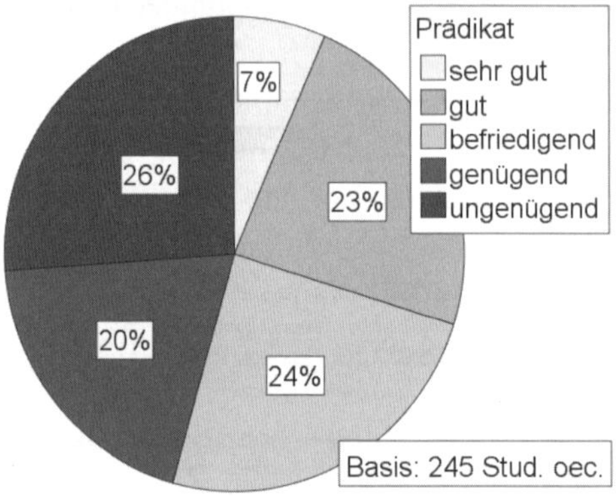

a) Benennen Sie konkret den Merkmalsträger.
b) Wie ist die statistische Gesamtheit inhaltlich abgegrenzt?
c) Benennen Sie das Erhebungsmerkmal und geben Sie explizit die Zustandsmenge für das Erhebungsmerkmal an.
d) Auf welcher statistischen Skala sind die Ausprägungen des Erhebungsmerkmals definiert? Warum?
e) Wie wird in der Statistik das Ensemble der grafisch dargestellten Informationen bezeichnet?
f) Erstellen Sie anhand der Grafik eine Häufigkeitstabelle mit den folgenden Inhalten: Nummer der Merkmalsausprägung, Merkmalsausprägung, (ganzzahlig gerundete) absolute, relative, kumulierte absolute und kumulierte relative Häufigkeit. ♣

Aufgabe 1-4*

Die Abbildung beinhaltet einen Auszug aus einer Internet-Recherche für gebrauchte PKW der Marke „Smart ForTwo", die im Oktober 2011 auf dem Berlin-Brandenburger Gebrauchtwagenmarkt zum Verkauf angeboten wurden.

a) Benennen Sie den Merkmalsträger.
b) Wie ist die statistische Gesamtheit inhaltlich abgegrenzt?
c) Treffen Sie eine sachlogisch begründete Aussage über den Umfang der statistischen Gesamtheit.
d) Fassen Sie i) das Modell, ii) die Farbe, iii) die Motorleistung (Angaben in kW bzw. PS), iv) die Postleitzahl des Anbieters, v) die bisherige Laufleistung (Angaben in km), vi) das Alter (Angaben in Monaten, gezählt ab dem Monatsdatum der Erstzulassung (EZ)) sowie vii) den Zeitwert (Angaben in €) als Erhebungsmerkmale für einen gebrauchten Smart ForTwo auf. Auf welcher Skala sind die Ausprägungen des jeweiligen Erhebungsmerkmals definiert? Begründen Sie kurz Ihre jeweilige Aussage.
e) Geben Sie unter Nutzung des Urlistenauszuges für jedes unter d) vermerkte Erhebungsmerkmal die Zustandsmenge an.
f) Nennen Sie jeweils ein diskretes und ein stetiges Erhebungsmerkmal. Begründen Sie kurz Ihre jeweilige Aussage.
g) Ist es im konkreten Fall sinnvoll, die Farbe als ein häufbares Erhebungsmerkmal aufzufassen? Begründen Sie kurz Ihre Aussage. ♣

Aufgabe 1-5*

Die nachfolgenden Diagramme basieren auf den börsentäglichen Schlusskursen des Deutschen Aktienindexes DAX, die im zweiten Halbjahr 2009 an der Frankfurter Börse notiert wurden.

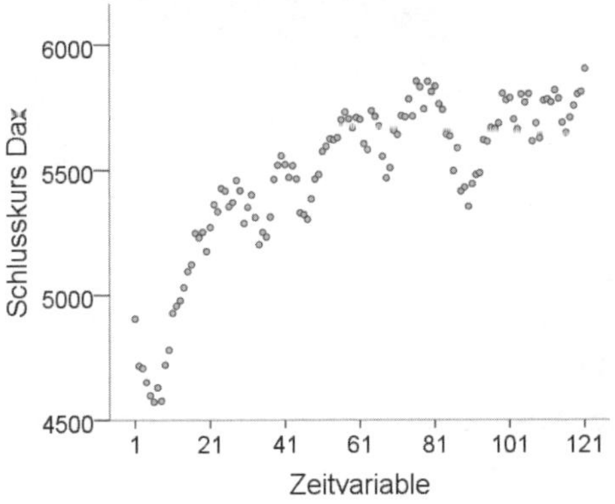

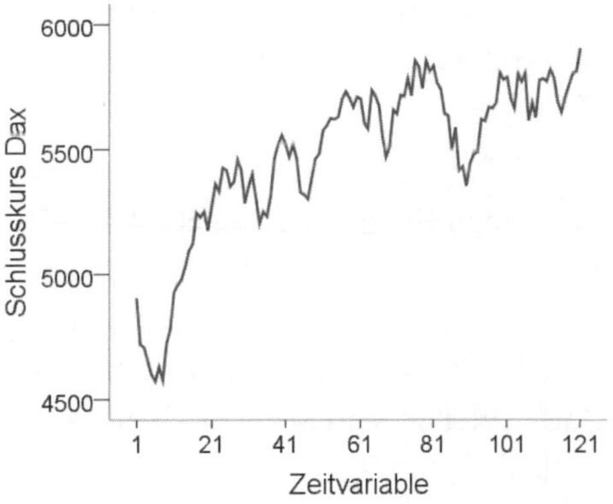

a) Erläutern Sie am konkreten Sachverhalt die folgenden statistischen Grundbegriffe: Merkmalsträger, Erhebungsmerkmal, Zustandsmenge und Skalierung.
b) Benennen Sie das Ordnungskriterium der grafisch präsentierten Daten.
c) Worin unterscheiden sich die beiden inhaltsgleichen Diagramme? Erläutern Sie aus statistisch-methodischer Sicht kurz die augenscheinlichen Vor- und Nachteile der jeweiligen Datenpräsentation.
d) Unter welchem Begriff firmieren in der statistischen Methodenlehre die grafisch präsentierten Daten und ihre mathematische Analyse? ♣

Aufgabe 1-6*

Verwenden Sie zur Lösung der folgenden Problemstellungen bzw. zur Erläuterung der interessierenden statistischen Grundbegriffe die beigefügte Grafik.

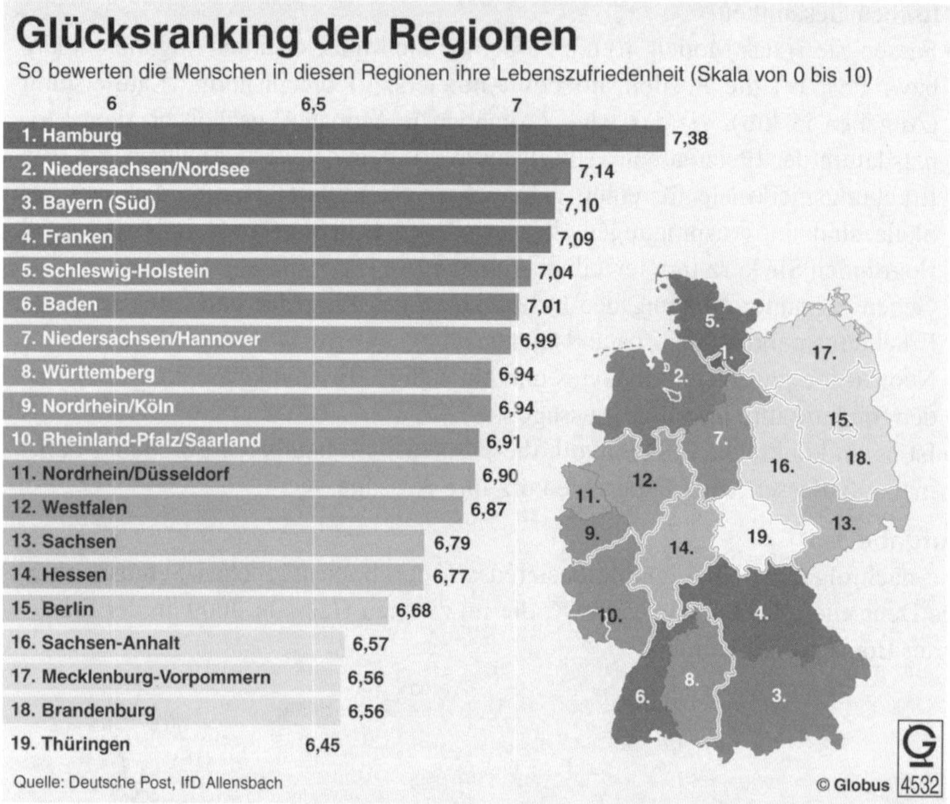

a) Benennen Sie die statistische Einheit.

b) Charakterisieren Sie die statistische Gesamtheit unter expliziter Benennung ihrer Identifikationsmerkmale und ihres Umfangs.

c) Wie heißt das statistische Erhebungsmerkmal?

d) Auf welcher statistischen Skala sind die Ausprägungen des Erhebungsmerkmals definiert?

e) Geben Sie die Zustandsmenge des Erhebungsmerkmals an?

f) Klassifizieren Sie die indizierten Zufriedenheitswerte im Blickwinkel der Dichotomie von „diskret“ und „stetig“.

g) Welches ist das Ordnungskriterium der statistischen Einheiten?

h) Bestimmen und interpretieren Sie die mediane Merkmalsausprägung.

i) Welches Skalenniveau impliziert die folgende Aussage: „erster Platz: Hamburg, letzter Platz: Thüringen“?

j) Erläutern Sie anhand der Grafik die folgenden statistischen Begriffe: i) PARETO-Diagramm und ii) Kartogramm. ♣

Aufgabe 1-7

Betrachtet werden die folgenden Erhebungsmerkmale:

1. Körpergröße, Körpergewicht, Kopfumfang und Geschlecht eines lebend geborenen Kindes
2. Alter (in vollendeten Jahren), Beruf(e) und Familienstand eines Arbeitnehmers
3. Akademischer Grad, Abschlussprädikat und Nationalität eines Hochschulabsolventen
4. Datum der Erstzulassung, Farbe, bisherige Fahrleistung, Hubraum, Alter und Zeitwert eines gebrauchten PKW
5. Konfektionsgröße, Körper-Masse-Index und Schuhgröße eines Rekruten
6. Postleitzahl, Größenkategorie, Einwohneranzahl und Erwerbslosenanteil einer Stadt bzw. Kommune
7. Rechtsform, Jahresumsatz, Marktanteil und Mitarbeiteranzahl eines Unternehmens
8. Intelligenzquotient, Bildungsniveau und sozialer Status eines Straftäters
9. Fläche, Quadratmeterpreis, Zimmeranzahl und Wohnlage einer annoncierten Mietwohnung.

a) Benennen Sie jeweils den Merkmalsträger und geben Sie für die interessierenden Erhebungsmerkmale jeweils eine sachlogisch plausible Skalierung sowie die zugehörige Zustandsmenge an. Begründen Sie kurz Ihre Aussage.
b) Welche der genannten Erhebungsmerkmale sind häufbar?
c) Benennen Sie die diskreten und die stetigen Erhebungsmerkmale.
d) Welche Erhebungsmerkmale sind ihrem Wesen nach dichotom?
e) Gliedern Sie die Erhebungsmerkmale in „qualitativ" und „quantitativ".
f) Nennen Sie für jedes Erhebungsmerkmal eine zulässige Ausprägung.
g) Benennen Sie jeweils ein mittelbar und ein unmittelbar statistisch erfassbares Erhebungsmerkmal.
h) Geben Sie jeweils ein häufbares und ein nicht häufbares Erhebungsmerkmal an. Begründen Sie kurz Ihre Antwort. ♣

Aufgabe 1-8

Welche statistische Skala wird jeweils in den folgenden Aussagen charakterisiert? Begründen Sie kurz Ihre jeweilige Antwort.

a) Eine Merkmalsausprägung ist doppelt so groß wie eine andere.
b) Die Merkmalsausprägungen eines Erhebungsmerkmals lassen sich in sachlich begründeter Weise hinsichtlich ihrer Intensität bzw. Wertigkeit anordnen.
c) Die Abstände zwischen je zwei Merkmalsausprägungen eines Erhebungsmerkmals lassen sich berechnen bzw. messen und vergleichen.
d) Die Merkmalsausprägungen eines Erhebungsmerkmals sind positive reelle Zahlen und das Resultat eines Messvorgangs.
e) Die Merkmalsausprägungen eines Erhebungsmerkmals sind Rangzahlen.

f) Die Merkmalsausprägungen eines Erhebungsmerkmals sind das Resultat einer Zählung.
g) Die Merkmalsausprägungen eines Erhebungsmerkmals können lediglich als gleich- oder verschiedenartig eingeordnet werden.
h) Die Merkmalsausprägungen eines Erhebungsmerkmals sind begrifflich gefasst und werden der einfacheren Handhabung wegen auf die Menge der natürlichen Zahlen abgebildet. ♣

Aufgabe 1-9

Verwenden Sie zur Beantwortung der folgenden Fragestellungen die beigefügte Grafik. Fassen Sie dabei einen lebend geborenen Jungen bzw. ein lebend geborenes Mädchen als die statistische Einheit auf.

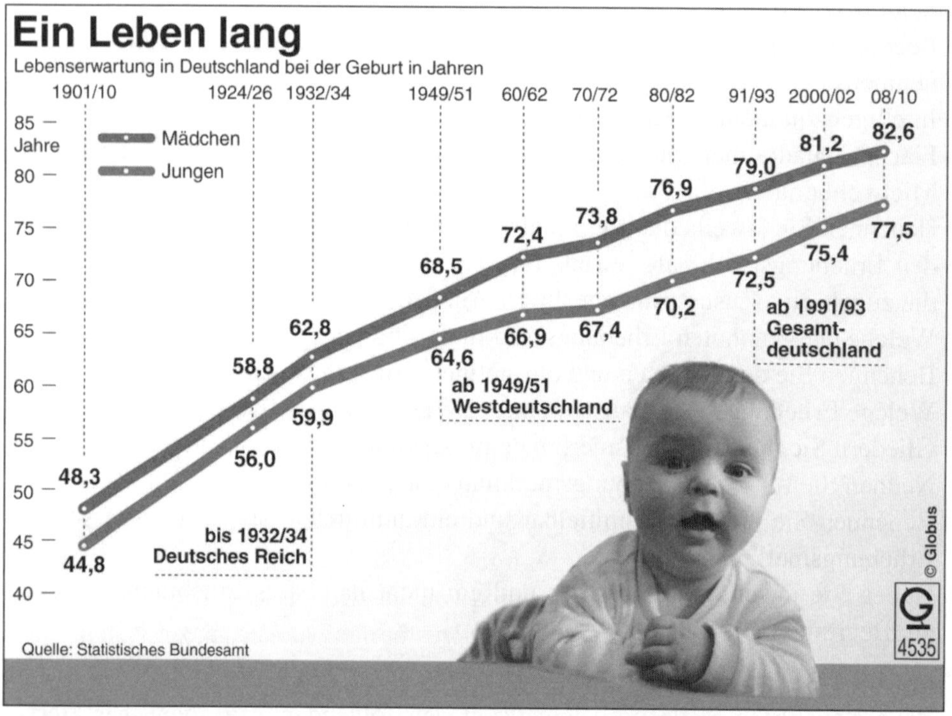

a) Erläutern Sie am konkreten Sachverhalt die folgenden Grundbegriffe: Erhebungsmerkmal, Gruppierungsmerkmal, Ordnungsmerkmal.
b) Interpretieren Sie jeweils die ersten und letzten Angaben sachlogisch.
c) Wie werden in der Statistik die geschlechtsspezifischen Datenmengen bezeichnet?
d) Ordnen Sie die grafisch präsentierten Daten in die folgende begriffliche Dichotomie ein: „äquidistant“ versus „nicht äquidistant“.
e) Welches statistische Analyseinstrument ist geeignet, um eine Prognose der geschlechtsspezifischen Lebenserwartungen zu bewerkstelligen? ♣

Aufgabe 1-10

Erläutern Sie anhand der Grafik die jeweiligen statistischen Grundbegriffe bzw. ordnen Sie der jeweiligen Aussage eine adäquate statistische Skala zu:

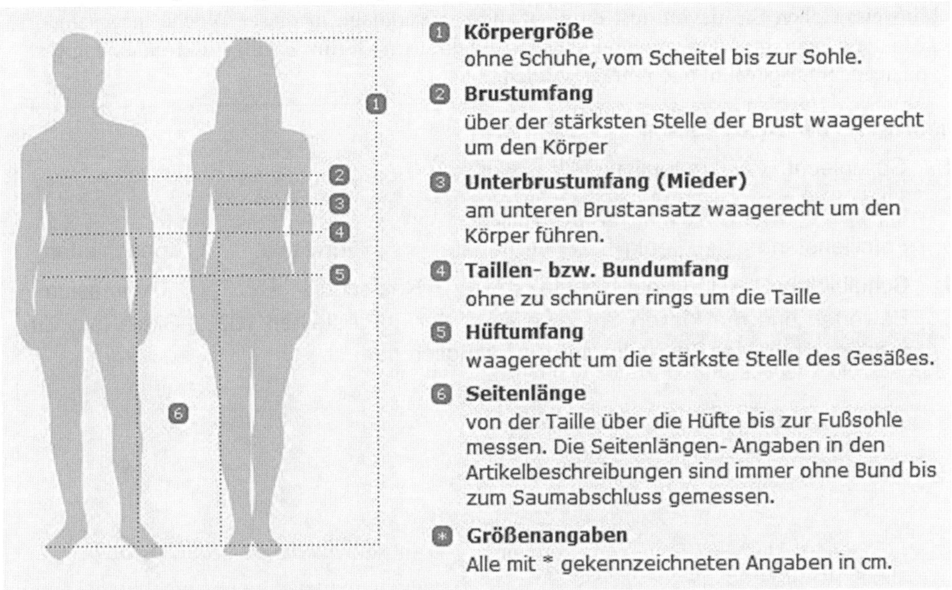

a) Merkmalsträger.

b) Skalierung und Zustandsmenge des Erhebungsmerkmals *Geschlechtszugehörigkeit.*

c) Skalierung und Zustandsmenge des Erhebungsmerkmals *Körpergröße*, das bzw. die auf zwei Dezimalstellen genau und in Metern gemessen wird.

d) Skalierung und Zustandsmenge des Erhebungsmerkmals *Konfektionsgröße* im Rahmen der üblichen „angelsächsischen" Klassifikation von XS für „eXtra Small" bis XXL für „eXtra eXtra Large".

e) Die Körpergrößen zweier Personen sind voneinander verschieden.

f) Die erste Person besitzt einen kleineren Brustumfang als die zweite Person.

g) Der Hüftumfang der ersten Person ist um fünf Zentimeter größer als der Hüftumfang der zweiten Person.

h) Die Seitenlänge der ersten Person macht das 1,1-Fache der Seitenlänge der zweiten Person aus.

i) Eine Damenschneiderin erfasst für eine Kundin alle sechs in der Grafik indizierten Körpermaße.

j) Zur Konfektionsgrößenklassifikation von erwachsenen Personen verwendet man fünf geschlechtsneutrale Körpermaße.

k) Erläutern Sie an einem konkreten Beispiel die Begriffe „diskretes bzw. stetiges metrisches Erhebungsmerkmal". Geben Sie jeweils eine mögliche Merkmalsausprägung an. ♣

Aufgabe 1-11*

Benennen bzw. erläutern Sie anhand der nachfolgend beigefügten Abbildung die folgenden statistischen Grundbegriffe:

Hinweis: Gehen Sie davon aus, dass auf dieser Grundlage in dieser Woche insgesamt 1234 Personen im Alter von mindestens 15 Jahren in Berlin zufällig und unabhängig voneinander ausgewählt und befragt wurden.

Nummer der befragten Person: □□□□

F1: Geschlecht: 0 □ männlich 1 □ weiblich

F2: Alter: □□□ Jahre

F3: Familienstand: 1 □ ledig 2 □ verheiratet 3 □ verwitwet 4 □ geschieden

F4: Schulbildung: 1 □ Hauptschule 2 □ Realschule 3 □ Gymnasium

F5: Bewerten und **markieren** Sie jeweils auf der dargestellten 100 %-Skala Ihre Zufriedenheit mit der Bundesregierung bezüglich der ...

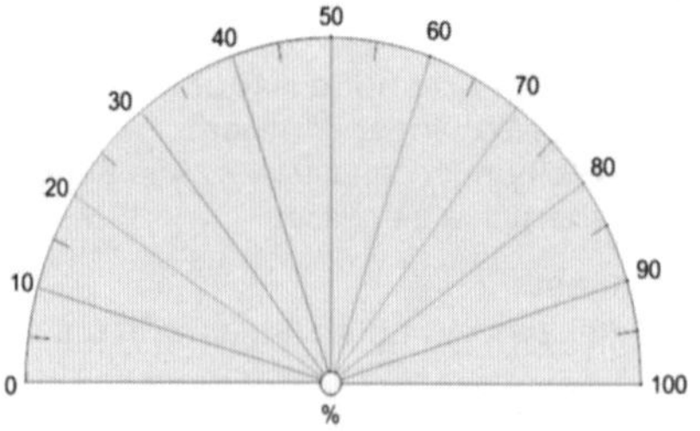

a) Arbeitsmarktpolitik

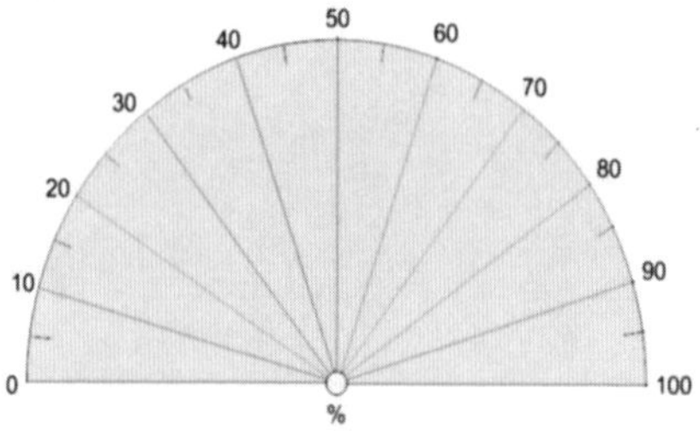

b) Gesundheitspolitik

F6: Bewerten und **markieren** Sie auf der dargestellten Zufriedenheitsskala den Zufriedenheitsgrad mit der Bildungspolitik des Bundeslandes Berlin

unzufrieden

zufrieden

F7: Wie viele Politik-Sendungen verfolgten Sie in der letzten Woche im Fernsehen?
0 □ keine 1 □ eine 2 □ zwei 3 □ drei 4 □ vier 5 □ fünf 6 □ mehr als fünf

F8: Mit Hilfe welcher Medien informieren Sie sich über aktuelle politische Themen? (**Mehrfachnennungen** sind möglich.)
a) Presse 1 □ b) Rundfunk 1 □ c) Fernsehen 1 □ d) Internet 1 □

a) Datenerhebungskonzept.
b) standardisierter Fragebogen.
c) Merkmalsträger, statistische Grundgesamtheit, Zufallsstichprobe, Stichprobenumfang, realisierte Zufallsstichprobe, Identifikationsmerkmale, Erhebungsmerkmale.
d) nominale, ordinale, metrische, dichotome, nicht häufbare, häufbare, stetige, diskrete, qualitative, quantitative Erhebungsmerkmale.
e) Zustandsmenge und Kodierung des Erhebungsmerkmals *Schulbildung*.
f) Analysekonzept der multiplen Dichotomien. ♣

2 Aufgaben zur Datenerhebung

Die mit einem * markierten Aufgaben sind Klausuraufgaben.

Aufgabe 2-1

Erfassen Sie analog zur beigefügten Abbildung mit Hilfe eines Metermaßbandes den Umfang (Angaben in cm) der jeweils linken Hand (ohne Daumen) von zehn erwachsenen weiblichen und von zehn erwachsenen männlichen Personen aus dem Kreis Ihrer Familie, Ihrer Freunde und/oder Ihrer Kommilitonen.

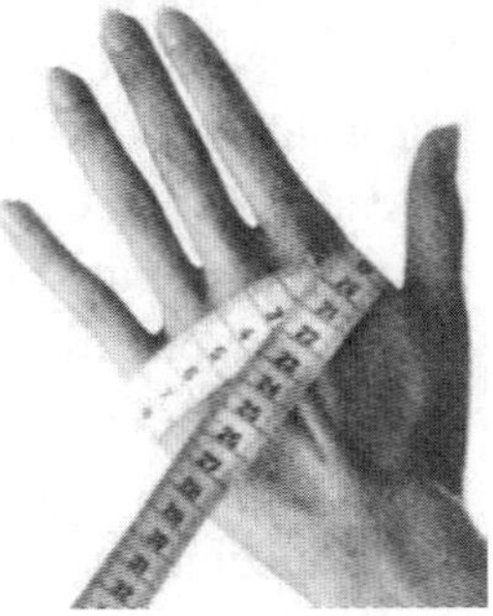

a) Benennen Sie den Merkmalsträger und die Erhebungsmerkmale sowie die Skala, auf der jeweils die erfassten Merkmalsausprägungen definiert sind.

b) Erläutern Sie kurz den Zustandsmengenbegriff und geben Sie für die Erhebungsmerkmale die jeweilige Zustandsmenge an.

c) Welche der nachfolgend genannten Merkmalsklassifikationen treffen für die in Rede stehenden Erhebungsmerkmale zu? Klassifikationen: häufbar, nicht häufbar, mittelbar erfassbar, unmittelbar erfassbar.

d) Wie wird in der angewandten Statistik die Zusammenstellung der erfassten Daten bezeichnet?

e) Welche der nachfolgend aufgelisteten Begriffe sind geeignet, Ihre empirisch erhobenen Daten zu charakterisieren? Begründen Sie kurz Ihre jeweilige Aussage. Auflistung: Primärerhebung, Sekundärerhebung, Totalerhebung, Stichprobenerhebung.

f) Welche erfassungsstatistische Konsequenz resultiert aus der Festlegung der Geschlechtszugehörigkeit als ein Identifikationsmerkmal? Erläutern Sie kurz den Begriff „Identifikationsmerkmal".

g) Erläutern Sie in Anlehnung an die vorhergehende Fragestellung am konkreten Sachverhalt die Adjektive „dichotom" und „disjunkt". ♣

Aufgabe 2-2*

Die aufgelisteten Daten sind ein Bestandteil einer empirischen Studie, die im Jahr 2008 in Berliner Orthopädiepraxen durchgeführt wurde. Die Daten beschreiben die Länge ((1), Angaben in cm) des jeweils linken Fußes eines Patienten. Die Studie basiert auf den Daten von 1000 Patienten.

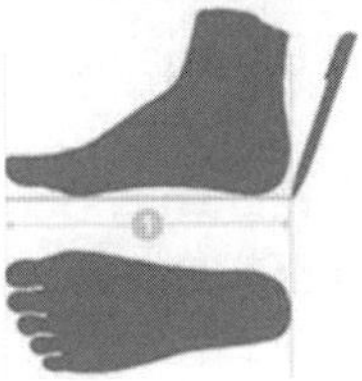

24,3	28,1	12,2	18,6	22,2
27,0	26,4	24,8	24,5	25,7
25,8	26,2	28,3	29,4	30,0
32,1	31,3	23,5	25,7	23,6
11,1	28,1	26,9	17,1	25,0

a) Erläutern Sie am konkreten Sachverhalt die folgenden statistischen Grundbegriffe: Merkmalsträger, Grundgesamtheit, Grundgesamtheitsumfang, Stichprobe, realisierte Zufallsstichprobe, Stichprobenumfang, Identifikationsmerkmal, Erhebungsmerkmal, Merkmalsausprägung, Zustandsmenge, Skala.

b) Aus der „bunt gemischten“ Menge aller für die Studie erfassten Patienten wurde jeder zehnte Patient ausgewählt. Als Erster wurde der Patient mit der Ordnungsnummer 100 ausgewählt. Wie wird in der Statistik die praktizierte Patientenauswahl bezeichnet?

c) Mit welchem Zählabstand hätte man die Patienten auswählen müssen, wenn als erster Patient der Patient mit der Ordnungsnummer 1 und als letzter Patient der Patient mit der Ordnungsnummer 1000 ausgewählt worden wäre?

d) Bestimmen und interpretieren Sie den prozentualen Auswahlsatz.

e) Welche Form der Zufallsauswahl wäre im konkreten Fall praktiziert worden, wenn theoretisch jeder Patient eine gleiche Chance besessen hätte, in die Auswahl zu gelangen?

f) Die Gesamtheit der 1000 erfassten Patienten wird durch die beiden Gruppierungsmerkmale „Geschlecht“ und „Altersgruppe“ in insgesamt sechs disjunkte Teilgesamtheiten gegliedert. Aus den disjunkten Teilgesamtheiten wird jeweils jeder fünfte Patient ausgewählt. Welche Zufallsauswahl hätte man in diesem Fall praktiziert? Wie viele Ausprägungen muss im konkreten Fall die Zustandsmenge des Gruppierungsmerkmals „Altersgruppe“ beinhalten? ♣

Aufgabe 2-3*

Die Abbildung beinhaltet einen Auszug aus einer SPSS-Datendatei, welche die statistisch erfassten Flugpassagierzahlen (Angaben in 1000) auf den Berliner Flughäfen für das erste Halbjahr 2011 zum Inhalt hat. Erläutern Sie anhand der Abbildung die folgenden statistischen Grundbegriffe:

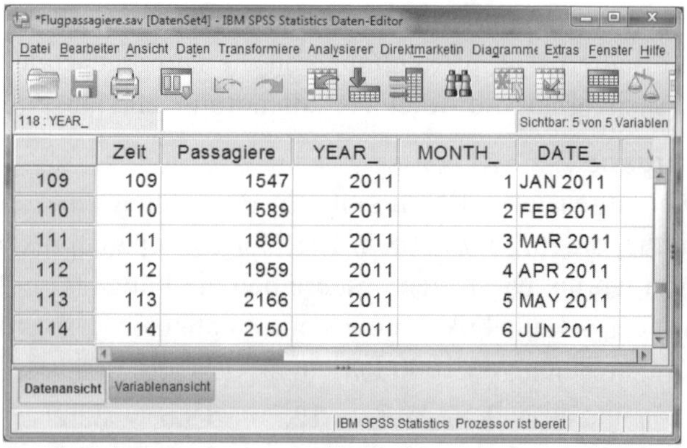

	Zeit	Passagiere	YEAR_	MONTH_	DATE_
109	109	1547	2011	1	JAN 2011
110	110	1589	2011	2	FEB 2011
111	111	1880	2011	3	MAR 2011
112	112	1959	2011	4	APR 2011
113	113	2166	2011	5	MAY 2011
114	114	2150	2011	6	JUN 2011

a) Merkmalsträger
b) Gesamtheit
c) Identifikationsmerkmale
d) Erhebungsmerkmal
e) Zustandsmenge
f) Skalierung
g) Datenordnungskriterium
h) Zeitintervallreihe
i) Zeitvariable
j) Beobachtungszeitraum
k) Länge des Beobachtungszeitraumes
l) unterjährige und äquidistante Zeitreihe. ♣

3 Aufgaben zum SPSS-Datenmanagement

Die mit einem * markierten Aufgaben sind Klausuraufgaben.

Aufgabe 3-1

Erstellen Sie in Anlehnung an die Aufgabe 1-4* für Gebrauchtwagen der Marke „Smart ForTwo" eine SPSS-Datendatei, welche die folgenden Erhebungsmerkmale beinhaltet: Nummer, Farbe, Motorleistung (in kW), bisherige Fahrleistung (in km), Alter (in Monaten) und Zeitwert (in €).

a) Definieren Sie unter der expliziten Angabe des jeweiligen Variablennamens die jeweiligen SPSS-Variablen. Wie viele Charakteristika sind im konkreten Fall für jede SPSS-Variable zu vereinbaren bzw. zu benennen?

b) Welchem Variablentyp ordnen Sie im konkreten Fall das jeweilige Erhebungsmerkmal zu? Begründen Sie kurz Ihre Aussagen.

c) Wie viele Spalten des SPSS-Dateneditors sind nach der Variablendefinition „belegt"? Warum?

d) Geben Sie für die erfassten Gebrauchtwagen die Ausprägungen der Erhebungsmerkmale in den SPSS-Dateneditor ein und speichern Sie die erfassten Daten unter einem geeigneten Dateinamen.

e) Durch welche Extension ist die „angelegte" SPSS-Datendatei gekennzeichnet?

f) Wie viele Zeilen des SPSS-Dateneditors sind im konkreten und finalen Fall mit „Daten belegt"? Warum?

g) Fügen Sie in die SPSS-Datendatei jeweils eine Variable ein, welche für jeden Gebrauchtwagen die i) monatsdurchschnittliche, ii) die quartalsdurchschnittliche und iii) die jahresdurchschnittliche Fahrleistung (Angaben jeweils in km) beschreibt. Geben Sie die jeweilige Berechnungsvorschrift explizit an.

h) Wie viele Spalten des SPSS-Dateneditors sind im konkreten und finalen Fall mit „Daten belegt"? Warum? ♣

Aufgabe 3-2*

Verwenden Sie zur Lösung der folgenden Problemstellungen die SPSS-Datendatei *MS.sav*, die Sie im lehrbuchbezogenen Downloadbereich finden. Die Datei basiert auf Daten von zufällig ausgewählten Mietwohnungen, die im Jahr 2011 auf dem Berliner Wohnungsmarkt angeboten wurden.

a) Benennen Sie den Merkmalsträger.

b) Wie viele Merkmalsträger wurden in der SPSS-Datendatei erfasst? Wie wird diese Menge von Merkmalsträgern in der Statistik bezeichnet?

c) Benennen Sie für die erfassten Merkmalsträger die Identifikations- und die Erhebungsmerkmale.

d) Beschreiben Sie die Zustandsmenge der SPSS-Variablen „Stadtteil" und „Zimmer". Auf welcher Skala sind jeweils die Ausprägungen definiert? Begründen Sie kurz Ihre Aussagen.

e) Welche der Erhebungsmerkmale sind hinsichtlich ihres Skalen- bzw. Messniveaus nicht adäquat abgebildet? Begründen Sie kurz Ihre Antwort.

f) Von Interesse sind alle erfassten Berliner Mietwohnungen, die im Stadtteil Pankow liegen, vier Zimmer besitzen und für die monatlich eine Kaltmiete von höchstens 800 € zu zahlen ist. Geben Sie explizit die angewandte SPSS-Auswahlbedingung und die Anzahl der erfassten Wohnungen an.

g) Beschreiben Sie die SPSS-Auswahlbedingung

(Ortskode = 9 | Ortskode = 18) & Zimmer = 2 & Fläche >= 60

verbal. Wie viele Merkmalsträger genügen dieser Auswahlbedingung? ♣

Aufgabe 3-3*

Verwenden Sie zur Lösung der folgenden Problemstellungen die SPSS-Datendatei *SF.sav*, die Sie im lehrbuchbezogenen Downloadbereich finden. Die Datendatei basiert auf semesterbezogenen Studierendenbefragungen, die am Fachbereich Wirtschaftswissenschaften I der HTW Berlin auf der Grundlage eines standardisierten Fragebogens durchgeführt wurden.

a) Wie viele Studierende wurden befragt?

b) Fügen Sie in die SPSS-Arbeitsdatei eine Variable ein, welche für jeden Studierenden den Körper-Masse-Index (Angaben in kg/m^2) beinhaltet. Geben Sie die SPSS-Berechnungsvorschrift explizit an.

Hinweis: Der Körper-Masse-Index einer Person ist definiert als Quotient aus dem Körpergewicht (in kg) und dem Quadrat der Körpergröße (in m).

c) Erläutern Sie konkret anhand des Körper-Masse-Indexes die statistischen Begriffe „gültige bzw. fehlende Werte“.

d) Fügen Sie mit Hilfe der SPSS-Funktionsgruppe „Visuelles Klassieren“ in die SPSS-Arbeitsdatei eine Variable „Klasse“ ein, welche auf der Basis des Körper-Masse-Indexes KMI die befragten Studierenden wie folgt klassifiziert: $KMI < 20\ kg/m^2 \rightarrow$ untergewichtig, $20\ kg/m^2 \leq KMI < 25\ kg/m^2 \rightarrow$ normalgewichtig, $25\ kg/m^2 \leq KMI < 30\ kg/m^2 \rightarrow$ übergewichtig und $KMI \geq 30\ kg/m^2 \rightarrow$ fettleibig (bzw. adipös). Komplettieren Sie in der SPSS-Variablenansicht die Definition der SPSS-Variablen „Klasse“.

e) Charakterisieren Sie die praktizierte Klassifikation aus statistisch-methodischer Sicht. Gehen Sie der Einfachheit halber davon aus, dass die untere Klassengrenze der ersten Klasse auf 15 kg/m^2 und die obere Klassengrenze der letzten Klasse auf 35 kg/m^2 festlegt wurde.

f) Im physiologischen Sinne beschreibt die SPSS-Variable „Klasse“ die Gewichtigkeit einer Person. Geben Sie die Zustandsmenge des Erhebungsmerkmals „Gewichtigkeit“ explizit an. Auf welcher Skala sind die Ausprägungen des betrachteten Erhebungsmerkmals definiert?

g) Wie viele der befragten männlichen Studierenden sind mindestens übergewichtig? Geben Sie explizit die angewandte SPSS-Auswahlbedingung an. ♣

Aufgabe 3-4*

Erstellen Sie in Weiterführung der Aufgabe 2-2* für die angegebene Urliste eine SPSS-Datendatei und kommentieren Sie kurz die folgenden Aktionen des SPSS-Datenmanagements.

a) Skizzieren Sie die Bestandteile der SPSS-Variablendefinition für das in Rede stehende Erhebungsmerkmal.

b) Wie viele Zeilen und Spalten des SPSS-Dateneditors sind nach der Dateneingabe mit Daten „belegt“? Wieso und warum?

c) Fügen Sie in die SPSS-Arbeitsdatei eine Variable mit dem Namen „Nummer“ ein, welche die Merkmalsträger nummeriert. Geben Sie die benutzte SPSS-Funktion explizit an.

d) Fügen Sie in die SPSS-Arbeitsdatei eine Variable ein, welche für jeden erfassten Patienten die auf ganze Zahlen gerundete Schuhgröße beschreibt, die traditionell auf der Basis des sogenannten französischen Stichmaßes ermittelt wird.

   Hinweis: Das französische Stichmaß, für dessen kleinste Einheit „ein Stich gleich zwei Drittel Zentimeter“ gilt und das keinen Unterschied zwischen Kinder- und Erwachsenenschuhgrößen kennt, beginnt bei der kleinsten Kinderschuhgröße von 15 Stich ($= 2 \times 15 / 3 = 10$ cm) und endet bei der größten Herrenschuhgröße bei 50 Stich ($= 2 \times 50 / 3 = 33{,}33$ cm).

   Geben Sie die applizierte Berechnungsvorschrift in der verbindlichen SPSS-Syntax explizit an und skizzieren Sie die Bestandteile der SPSS-Variablendefinition.

e) Welche Schuhgröße besitzt der Patient „Nummer 22“?

f) Wie viele der zufällig ausgewählten Patienten besitzen eine Schuhgröße von mindestens 40 und höchstens 43? Geben Sie die SPSS-Auswahlbedingung explizit an und charakterisieren Sie die zugrunde liegende SPSS-Filtervariable.

g) Speichern Sie die Arbeitsdatei unter dem Namen „Schuhgröße“. Durch welche Extension wird in SPSS eine Datendatei gekennzeichnet? ♣

Aufgabe 3-5

Erstellen Sie in Anlehnung an die Aufgabe 2-1 eine SPSS-Datendatei und kommentieren Sie kurz die zugehörigen Aktionen des SPSS-Datenmanagements.

a) Beschreiben Sie die folgenden Bestandteile der SPSS-Variablendefinition für die interessierenden Erhebungsmerkmale: Name, Typ, Variablenlabel, Wertelabels, Messniveau.

   Hinweis: Definieren Sie für das Erhebungsmerkmal „Geschlechtszugehörigkeit“ die SPSS-Variable „Sex“ mit den Ausprägungen „männlich“ und „weiblich“.

b) Fügen Sie in die SPSS-Arbeitsdatei eine Stringvariable mit dem Namen „ID“ ein, die jedem Merkmalsträger eine Kennung derart zuordnet, dass aus dieser Kennung sowohl mit Hilfe der beiden Kleinbuchstaben „m“ und „w“ auf die Geschlechtszugehörigkeit als auch mit Hilfe der natürlichen Zahlen auf die

Zählnummer des Merkmalsträgers in der geschlechtsspezifischen Merkmalsträgerteilmenge geschlossen werden kann. Der Einfachheit halber soll die Zählnummer dreistellig sein und mit dem Wert 100 beginnen.

Geben Sie explizit die jeweils applizierte „geschlechtsspezifische" Kodierungsvorschrift in der verbindlichen SPSS-Syntax an.

c) Im Kürschner-Handwerk und im einschlägigen Handel verwendet man gleichermaßen die nachfolgend in der Tabelle zusammengestellten traditionellen und kommerziellen Handschuhgrößenbezeichnungen.

traditionell	5	6	7	8	9	10	11
kommerziell	XXS	XS	S	M	L	XL	XXL

Die traditionelle Handschuhgröße kann näherungsweise mittels der Berechnungsvorschrift bestimmt werden: Größe = RND(–0,6 + 0,4 * Umfang). Die Variable „Umfang" beschreibt den Handumfang (in cm) ohne Daumen.

Fügen Sie in die SPSS-Arbeitsdatei eine Variable ein, die für die erfassten Probanden die traditionelle Handschuhgröße zum Inhalt hat. Komplettieren Sie die SPSS-Variablendefinition.

d) Ergänzen Sie die SPSS-Arbeitsdatei durch eine Variable, die für die erfassten Probanden die kommerzielle Handschuhgröße zum Inhalt hat. Speichern Sie die SPSS-Arbeitsdatei unter dem Dateinamen „Handschuhgrößen". ♣

Aufgabe 3-6*

Die Grafik skizziert die Lagekoordinaten der traditionellen Berliner Stadtteile.

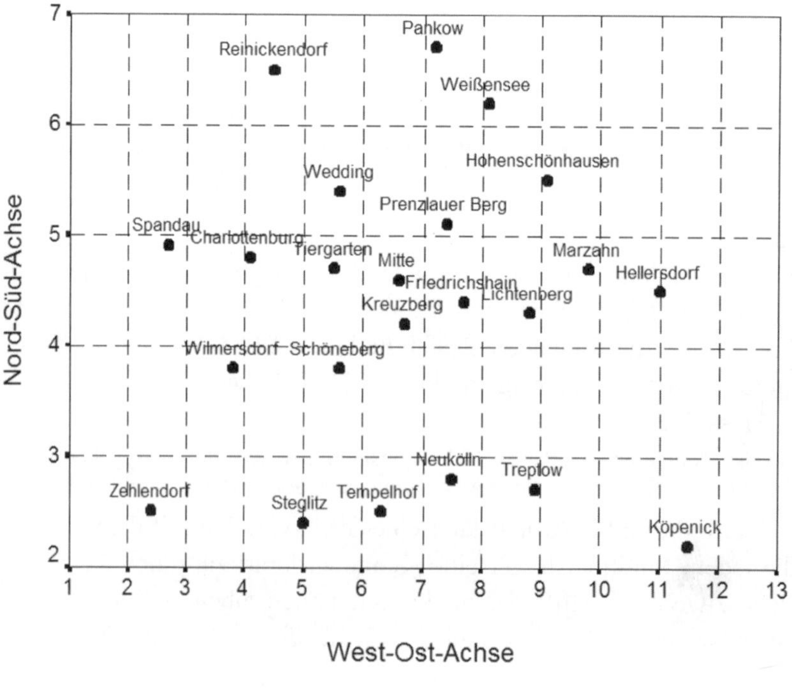

Verwenden Sie zur Lösung der folgenden Problemstellungen sowohl die vorab beigefügte Lagekarte mit den Koordinaten der traditionellen Berliner Stadtteile als auch die SPSS-Datendatei *MS.sav* aus dem lehrbuchbezogenen Downloadbereich. Die Datei basiert (einem Mietspiegel gleich) auf Daten von zufällig ausgewählten Mietwohnungen, die im Jahr 2011 auf dem Berliner Mietwohnungsmarkt angeboten wurden.

Wie viele Mietwohnungen wurden im jeweiligen geografischen Gebiet Berlins statistisch erfasst? Geben Sie die jeweilige SPSS-Auswahlbedingung explizit an.

a) Westteil: alle Stadtteile mit einer West-Ost-Ordinate kleiner oder gleich 7
b) Ostteil: alle Stadtteile mit einer West-Ost-Ordinate größer als 7
c) Nordteil: alle Stadtteile mit einer Nord-Süd-Ordinate größer als 4
d) Südteil: alle Stadtteile mit einer Nord-Süd-Ordinate kleiner oder gleich 4
e) Zentrum: alle Stadtteile mit einer West-Ost-Ordinate größer als 5 aber kleiner als 8 und einer Nord-Süd-Ordinate größer als 4 aber kleiner als 6
f) Randgebiet: alle Stadtteile, die nicht zum Zentrum gehören. ♣

Aufgabe 3-7

Verwenden Sie zur Lösung der folgenden Problemstellungen die SPSS-Datendatei *EL.sav* aus dem lehrbuchbezogenen Downloadbereich. Die verfügbaren Daten sind das Resultat einer geschichteten Zufallsauswahl von Lehrveranstaltungen in den ehemaligen Diplomstudiengängen, die am Fachbereich Wirtschaftswissenschaften I der HTW Berlin im Wintersemester 2002/03 evaluiert wurden. Als Schichtungsmerkmal fungierte der Studiengang.

a) Benennen Sie den Merkmalsträger.
b) Wie ist die statistische Grundgesamtheit inhaltlich abgegrenzt?
c) Sind die in den SPSS-Variablen *Studiengang*, *Durchfaller* und *Sterne* abgebildeten Erhebungsmerkmale adäquat skaliert? Wenn ja, wie?
d) Wie groß ist der Umfang der Zufallsstichprobe insgesamt und in den jeweiligen Schichten?
e) Im Kontext der Auswertung der erfassten Evaluationsergebnisse ist die folgende Lehrveranstaltungskategorie von Interesse: Lehrveranstaltung im Grundstudium mit 40 oder mehr eingeschriebenen Teilnehmern und einer Durchfallerquote über 20 %. Wie viele Lehrveranstaltungen können dieser Kategorie zugeordnet werden? Geben Sie explizit die SPSS-Auswahlbedingung an.
f) Legen Sie jeweils eine externe SPSS-Datendatei an, welche die folgenden nach dem Grundstudium und nach dem Hauptstudium gegliederten Evaluationsergebnisse beinhaltet: Anzahl der evaluierten Lehrveranstaltungen, Gesamtanzahl der Teilnehmer, durchschnittliche Durchfallerquote, Standardabweichung der Durchfallerquote, kleinster und größter mittlerer Punktewert für die didaktischen Fertigkeiten eines evaluierten Dozenten. ♣

Aufgabe 3-8*

Verwenden Sie zur Lösung der folgenden Problemstellungen die SPSS-Datendatei *LH.sav* aus dem lehrbuchbezogenen Downloadbereich. Die Datei beinhaltet Schlusskurse der Stammaktie „Deutsche Lufthansa AG“, die an der Frankfurter Börse börsentäglich erfasst wurden.

Hinweis: Fassen Sie der Einfachheit und Praktikabilität halber die börsentägliche Datenerhebung als einen chronologisch äquidistanten Vorgang auf.

a) Charakterisieren Sie die chronologisch erfassten Schlusskurse aus statistisch-methodischer Sicht im Kontext der folgenden Grundbegriffe: Zeitreihe, Zeitpunktreihe, Zeitintervallreihe, Äquidistanz.

b) Fügen Sie in die SPSS-Arbeitsdatei eine Variable ein, welche die chronologische Abfolge der erfassten Schlusskurse mit Hilfe der natürlichen Zahlen beschreibt. Geben Sie die applizierte Berechnungsvorschrift in der SPSS-Syntax explizit an.

c) Beschreiben Sie den Beobachtungszeitraum der Zeitreihe mit Hilfe einer geeigneten Indexmenge. Geben Sie die Länge des Beobachtungszeitraumes an.

d) Fügen Sie in die SPSS-Arbeitsdatei eine Variable ein, welche die auf eine logarithmische Skala transformierten Schlusskurse beinhaltet. Geben Sie die applizierte Berechnungsvorschrift in der SPSS-Syntax explizit an.

e) Stellen Sie mit Hilfe einer geeigneten und konkret zu benennenden Grafik jeweils den zeitlichen Verlauf i) der erfassten Schlusskurse und ii) der auf eine logarithmische Skala transformierten Schlusskurse bildhaft dar. Zu welcher Aussage gelangen Sie aus einer alleinigen und vergleichenden Betrachtung der beiden grafischen Darstellungen?

f) Ergänzen Sie die gemäß Problemstellung e) erstellte Grafik der logarithmisch transformierten Schlusskurse sowohl durch eine sogenannte zentrierte 50-Tage-Trajektorie als auch durch eine sogenannte zurückgreifende 50-Tage-Trajektorie. Zu welcher Aussage gelangen Sie aus einer alleinigen Betrachtung der erweiterten Grafik? Worin unterscheiden sich die beiden 50-Tage-Trajektorien?

g) Ein einfaches und für praktische Zwecke oft ausreichendes statistisches Instrument zur Trendelimination bei Zeitreihen bildet ein sogenannter Differenzenfilter erster Ordnung. Fügen Sie in die SPSS-Arbeitsdatei eine Variable ein, welche die erste Differenzenfolge der auf eine logarithmische Skala transformierten Schlusskurse beinhaltet. Geben Sie die applizierte Berechnungsvorschrift in der SPSS-Syntax explizit an.
   - Worin liegt der analytische und sachlogische Vorteil der praktizierten Transformation der Schlusskurswerte?
   - Charakterisieren Sie kurz das grafische Erscheinungsbild der praktizierten Schlusskurs-Transformation. ♣

4 Aufgaben zur Datendeskription

Die mit einem * markierten Aufgaben sind Klausuraufgaben.

Aufgabe 4-1

Verwenden Sie zur Lösung der folgenden Problemstellungen die SPSS-Datendatei *SF.sav* aus dem lehrbuchbezogenen Downloadbereich. Die Datendatei basiert auf semesterbezogenen Studierendenbefragungen, die am Fachbereich Wirtschaftswissenschaften I der HTW Berlin im Fach Statistik auf der Grundlage eines standardisierten Fragebogens durchgeführt wurden. Von Interesse sind alle Studierenden, die im Sommersemester 2011 befragt wurden.

a) Geben Sie explizit die SPSS-Auswahlbedingung an und beschreiben Sie vollständig die statistische Gesamtheit.

b) Geben Sie unter Verwendung absoluter Häufigkeiten die geschlechtsspezifische Verteilung an.

c) Erstellen Sie für das Erhebungsmerkmal, das in der SPSS-Variablen *F6* abgebildet ist, eine Häufigkeitstabelle. Erläutern Sie anhand der Tabelle die folgenden Begriffe: Zustandsmenge, Skalierung, absolute Häufigkeit, prozentuale Häufigkeit, prozentuale Häufigkeitsverteilung auf der Basis der „gültigen Fälle". Interpretieren Sie die kumulierte prozentuale Häufigkeit für die Ausprägung „M".

d) Sie werden aufgefordert, die Häufigkeitsverteilung des Erhebungsmerkmals „Zufriedenheit mit dem bisherigen Studium" grafisch zu präsentieren. Welche Form der grafischen Darstellung ist im konkreten Fall sinnvoll? Warum?

e) Fügen Sie in Anlehnung an die Aufgabe 3-3* in die SPSS-Arbeitsdatei eine Variable ein, welche für alle interessierenden Studierenden den Körper-Masse-Index zum Inhalt hat. Wie viele gültige Werte erhalten Sie? Warum?

f) Konstruieren Sie die geschlechtsspezifischen Stamm-Blatt-Diagramme der Körper-Masse-Indizes. Auf wie vielen äquidistanten Körper-Masse-Index-Klassen basiert das jeweilige geschlechtsspezifische Stamm-Blatt-Diagramm? Interpretieren Sie jeweils die modale Körper-Masse-Index-Klasse. ♣

Aufgabe 4-2*

Im Zuge der Verhandlungen zum Semesterticket ist der Fachschaftsrat daran interessiert zu erfahren, welche Verkehrsmittel die Studierenden in der Regel auf dem Weg zur Hochschule nutzen. Verwenden Sie zur Beantwortung der damit verbundenen Fragestellungen die SPSS-Datendatei *SF.sav*, die Sie im lehrbuchbezogenen Downloadbereich finden. Die Datei basiert auf semesterbezogenen Studierendenbefragungen, die am Fachbereich Wirtschaftswissenschaften I der HTW Berlin im Fach Statistik auf der Grundlage eines standardisierten Fragebogens durchgeführt wurden. Von Interesse sind alle befragten Studierenden.

a) Wie viele Studierende wurden befragt?

b) Die Verkehrsmittelnutzungen wurden in den SPSS-Variablen *F12a* bis *F12l* erfasst. Wie viele Verkehrsmittel sind im „Variablenkatalog" vermerkt?
c) Charakterisieren Sie den Verkehrsmittelkatalog aus statistisch-methodischer Sicht und benennen Sie das entsprechende SPSS-Analysekonzept zur statistischen Auswertung des Variablenkatalogs.
d) Wie viele der befragten Studierenden nannten kein Verkehrsmittel?
e) Wie groß ist der prozentuale Anteil der befragten Studierenden, die eine gültige Antwort gaben?
f) Wie viele Verkehrsmittelnennungen wurden insgesamt erfasst?
g) Welches Verkehrsmittel wurde von den Befragten, die wenigstens ein Verkehrsmittel nannten, am häufigsten und insgesamt wie oft genannt?
h) Wie viel Prozent der Verkehrsmittelnennungen entfallen auf die „S-Bahn"?
i) Wie viel Prozent der befragten Studierenden, die wenigstens ein Verkehrsmittel nannten, gaben an, einen „PKW" zu nutzen?
j) Die Befragten, die wenigstens ein Verkehrsmittel nannten, nutzten auf dem Weg zur Hochschule im Durchschnitt wie viele Verkehrsmittel? ♣

Aufgabe 4-3*

Die nachfolgenden Grafiken beschreiben die jahresdurchschnittliche Fahrleistung von 150 Gebrauchtwagen der Marke Opel Corsa, die im ersten Quartal 2010 auf dem Berliner Gebrauchtwagenmarkt zum Verkauf angeboten wurden.

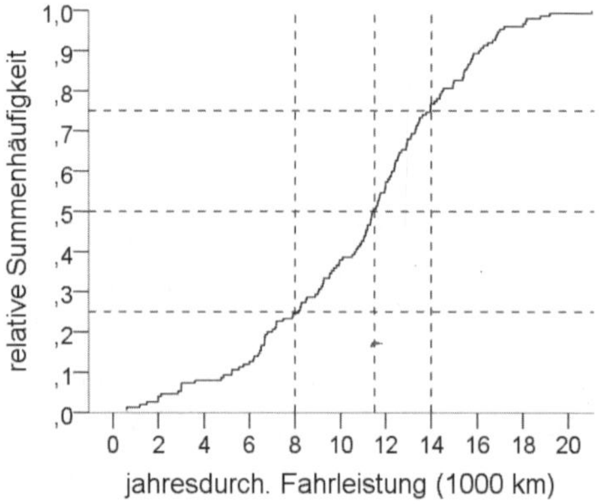

a) Benennen Sie den Merkmalsträger und die statistische Gesamtheit einschließlich ihrer Identifikationsmerkmale.
b) Benennen und charakterisieren Sie das Erhebungsmerkmal hinsichtlich seiner Skalierung, seiner Zustandsmenge und seiner Typisierung.
c) Benennen Sie die beiden eingangs skizzierten Grafiken und komplettieren Sie die rechte Grafik sowohl durch die Benennung als auch durch die „näherungsweise" und dimensionsgeladene Angabe der sie charakterisierenden Kennzahlenwerte.
d) Bestimmen und interpretieren Sie den Quartilskoeffizienten der Schiefe.

e) Benennen Sie die semigrafische Darstellung. Worüber gibt sie Auskunft? Zu welcher analytischen Aussage gelangen Sie aus einer alleinigen Betrachtung der Semigrafik?

```
jahresdurchschnittliche Fahrleistung (1000 km)
Frequency    Stem &  Leaf
     5          0 .  00111
     7          0 .  2223333
     6          0 .  445555
    19          0 .  6666666666667777777
    20          0 .  88888889999999999999
    27          1 .  000000011111111111111111111
    31          1 .  2222222222222222223333333333333
    19          1 .  4444444445555555555
    10          1 .  6666666667
     5          1 .  88889
     1          2 .  0
Stem width:    10
Each leaf:      1 case(s)
```

f) Interpretieren Sie die modale Ziffernfolge innerhalb der Semigrafik sowohl aus statistisch-methodischer als auch aus sachlogischer Sicht.

g) Erstellen Sie anhand der Semigrafik eine Häufigkeitstabelle, die gemäß dem Klassierungsprinzip „von … bis unter …“ auf drei äquidistanten Fahrleistungsklassen mit der Klassenbreite von 7000 km beruht. Verwenden Sie für die erste Fahrleistungsklasse eine Obergrenze von 7000 km und ergänzen Sie die Fahrleistungsklassen durch die zugehörigen absoluten, relativen und kumulierten relativen Häufigkeiten.

h) Berechnen Sie anhand der Häufigkeitstabelle aus der Problemstellung g) näherungsweise das arithmetische Mittel der jahresdurchschnittlichen Fahrleistungen der erfassten Gebrauchtwagen der Marke Opel Corsa. Begründen Sie kurz Ihren Lösungsansatz. ♣

Aufgabe 4-4*

Verwenden Sie zur Lösung der folgenden Problemstellungen die SPSS-Datendatei *EW.sav* aus dem lehrbuchbezogenen Downloadbereich. Die Datei beinhaltet Daten von Eigentumswohnungen, die im Jahr 2011 auf dem Berliner Wohnungsmarkt zum Verkauf angeboten wurden. Von Interesse sind Eigentumswohnungen mit zwei Wohnräumen.

a) Erläutern Sie am konkreten Sachverhalt kurz die folgenden statistischen Begriffe: Einheit, Gesamtheit, Identifikations- und Erhebungsmerkmale, Zustandsmenge, Skalierung.

b) Wie viele Zwei-Raum-Eigentumswohnungen wurden statistisch erfasst? Geben Sie die applizierte Auswahlbedingung in der verbindlichen SPSS-Syntax explizit an.

c) Fügen Sie in die Datei eine Variable ein, die den Quadratmeterpreis (Angaben in €/m²) beschreibt. Geben Sie explizit die von Ihnen applizierte Berechnungsvorschrift an.

d) Benennen und komplettieren Sie die nachfolgend beigefügte Skizze, indem Sie unter Verwendung der Quadratmeterpreisdaten die erforderlichen Verteilungsmaßzahlen benennen und deren ganzzahlig gerundeten Werte mit Maßeinheit in der Skizze vermerken.

e) Bestimmen (auf ganzzahlige Werte gerundet) und interpretieren Sie das arithmetische Mittel und die Standardabweichung der Quadratmeterpreise.

f) Wie groß ist der prozentuale Anteil der Eigentumswohnungen, die sich hinsichtlich ihres Quadratmeterpreises im Intervall von arithmetischem Mittel plus/minus einmal Standardabweichung befinden? Geben Sie die angewandte SPSS-Auswahlbedingung an und begründen Sie kurz Ihre Aussage.

g) Fügen Sie in die SPSS-Arbeitsdatei eine Variable ein, welche die standardisierten Quadratmeterpreise zum Inhalt hat.

h) Bestimmen Sie für die standardisierten Quadratmeterpreise das arithmetische Mittel und die Standardabweichung und interpretieren Sie jeweils den Wert für die Eigentumswohnung mit der Nummer 10061 und 10062. ♣

Aufgabe 4-5

Verwenden Sie zur Lösung der folgenden Problemstellungen die SPSS-Datendatei *GG.sav* aus dem lehrbuchbezogenen Downloadbereich. Die Datei beinhaltet Daten von 200 zufällig ausgewählten Gebrauchtwagen der Marke VW Golf Benziner mit einem 1,6 Liter Triebwerk, die im zweiten Quartal 2005 auf dem Berliner Gebrauchtwagenmarkt zum Verkauf angeboten wurden. Im Zuge einer angestrebten Datenaggregation ist die SPSS-Funktion *Visuelles Klassieren* innerhalb der SPSS-Funktionsgruppe *Transformieren* von Interesse.

a) Erläutern Sie am konkreten Sachverhalt kurz die folgenden statistischen Begriffe: Einheit, Gesamtheit, Identifikations- und Erhebungsmerkmale, Zustandsmenge, Skalierung.

b) Fügen Sie in die SPSS-Arbeitsdatei eine Variable ein, welche die jahresdurchschnittliche Laufleistung (Angaben in km, auf ganzzahlige Werte gerundet) der erfassten VW Golf zum Inhalt hat. Geben Sie die benutzte Berechnungsvorschrift explizit an.

c) Klassieren Sie die jahresdurchschnittlichen Laufleistungswerte derart, dass diese gemäß dem Klassierungsprinzip „von … bis unter …“ in sechs äquidistante Klassen mit einer Breite von jeweils 5000 km gegliedert werden. Verwenden Sie als obere Klassengrenze der ersten Klasse den Laufleistungswert 5000 km. Geben Sie die prozentuale relative Häufigkeitsverteilung der klassierten Laufleistungswerte an. Charakterisieren Sie die Häufigkeitsverteilung.

d) Klassieren Sie die jahresdurchschnittlichen Laufleistungswerte derart, dass diese gemäß dem Klassierungsprinzip „von … bis unter …“ in vier äquifrequente Klassen gegliedert werden. Geben Sie die prozentuale relative Häufigkeitsverteilung der klassierten Laufleistungswerte an. Charakterisieren Sie die Häufigkeitsverteilung.
e) Klassieren Sie die jahresdurchschnittlichen Laufleistungswerte derart, dass diese gemäß dem Klassierungsprinzip „von … bis unter …“ in vier Klassen gegliedert werden. Verwenden Sie jeweils als obere Klassengrenze die folgenden drei Laufleistungswerte: arithmetisches Mittel minus Standardabweichung, arithmetisches Mittel, arithmetisches Mittel plus Standardabweichung. Geben Sie die prozentuale relative Häufigkeitsverteilung der klassierten Laufleistungswerte an. Charakterisieren Sie die Häufigkeitsverteilung. ♣

Aufgabe 4-6*

Verwenden Sie zur Lösung der folgenden Problemstellungen die SPSS-Datendatei *GB.sav* aus dem lehrbuchbezogenen Downloadbereich. Die Datei beruht auf einer deutschlandweiten Gästebefragung in Fünf-Sterne-Hotels aus dem Jahr 2007. Von Interesse sind alle befragten weiblichen Hotelgäste, die angaben, verheiratet zu sein und aus privaten Gründen im Hotel zu logieren.

a) Wie viele der befragten Hotelgäste genügen der eingangs formulierten Auswahlbedingung? Geben Sie die SPSS-Auswahlbedingung explizit an.
b) Wie ist die interessierende statistische Gesamtheit inhaltlich abgegrenzt?
c) Geben Sie die Zustandsmenge der Erhebungsmerkmale „Geschlecht“ und „Reisegrund“ an. Auf welcher Skala sind die Ausprägungen jeweils definiert? Begründen Sie kurz Ihre Aussagen.
d) Die Geschäftsführung der in Rede stehenden Hotels ist daran interessiert zu erfahren, welche Erwartungen die Hotelgäste an ein Fünf-Sterne-Hotel richten. Dazu wurde im Kontext der Frage 4 eines standardisierten Fragebogens ein Erwartungskatalog erstellt, aus dem die befragten Hotelgäste die für sie wichtigsten Erwartungen nennen sollten.
   i. Wie viele Erwartungen umfasst der Erwartungskatalog?
   ii. Charakterisieren Sie die Erwartungen des Erwartungskatalogs aus statistisch-methodischer Sicht und benennen Sie das entsprechende SPSS-Analysekonzept zur statistischen Auswertung des Erwartungskatalogs.
   iii. Wie oft wurden von den interessierenden Hotelgästen Erwartungen aus dem Erwartungskatalog insgesamt genannt?
   iv. Welche Erwartung wurde von den interessierenden Hotelgästen am wenigsten und insgesamt wie oft genannt?
   v. Wie viel Prozent der Erwartungen, die von den interessierenden Hotelgästen insgesamt genannt wurden, entfallen auf die Erwartung „Internetanschluss“?

vi. Wie viel Prozent der interessierenden Hotelgäste, die mindestens eine Erwartung nannten, vermerkten die Erwartung „Wellnessangebot“?

vii. Wie viele Erwartungen des Erwartungskatalogs wurden im Durchschnitt von den interessierenden Hotelgästen im Fragebogen „angekreuzt“?

e) Erläutern Sie am konkreten Sachverhalt die statistischen Begriffe „Häufigkeit“ und „Häufbarkeit“. ♣

Aufgabe 4-7

Verwenden Sie zur Lösung der Problemstellungen die beigefügte Grafik.

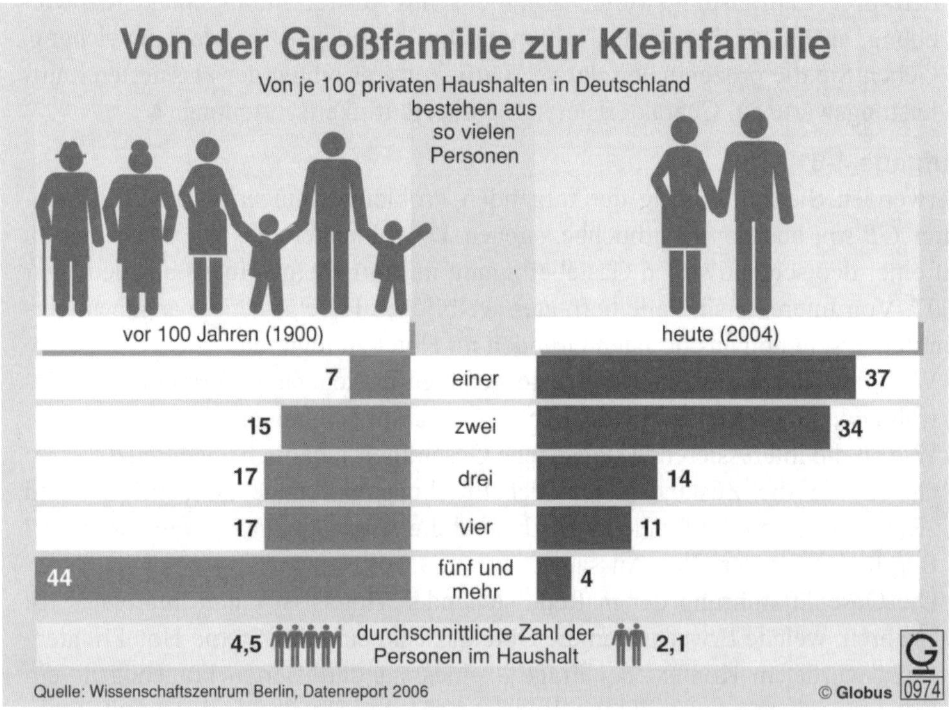

a) Benennen Sie die statistische Gesamtheit einschließlich ihrer sachlichen, zeitlichen und örtlichen Abgrenzung sowie das Erhebungsmerkmal.

b) Charakterisieren Sie das Erhebungsmerkmal mittels der folgenden Begriffe: Zustandsmenge, Skala, Erfassbarkeit, Häufbarkeit, Stetigkeit.

c) Erstellen Sie eine SPSS-Arbeitsdatei mit den folgenden drei SPSS-Variablen: Anzahl (der Personen in einer Familie), gestern (für 1900), heute (für 2004).

Hinweis: Verwenden Sie für die SPSS-Variable „Anzahl“ wegen der offenen Flügelklasse „fünf ~~und~~ oder mehr“ eine Klassenmitte von sieben Personen.

d) Welche Summen liefern die SPSS-Variablen „gestern“ und „heute“? Warum?

e) Bestimmen und interpretieren Sie jeweils für die Jahre 1900 und 2004 die folgenden Verteilungsparameter: arithmetisches Mittel, Standardabweichung, Schiefemaß. Skizzieren Sie Ihren Lösungsweg. ♣

Aufgabe 4-8*

Die beiden explorativen und mit Hilfe von SPSS erstellten Grafiken basieren auf der Breite (Angabe in mm) von Hühnereiern, die von Hühnern der Rasse Loheimer Braun gelegt wurden.

```
Breite in mm
Freq Stem & Leaf
  6   41 . 4&
 11   41 . 56&
 40   42 . 001223344
 56   42 . 5556677788899
 84   43 . 000111222222333444
109   43 . 5555555666667777788888999999
157   44 . 0000000001111111222222233333333444444
113   44 . 5555666666777777788888999999
 81   45 . 0000011111222233444
 56   45 . 5555666677789
 44   46 . 00001122334
 27   46 . 555789&
  1   47 . &
Stem width: 1, Each leaf: 4 cases
& denotes fractional leaves
```

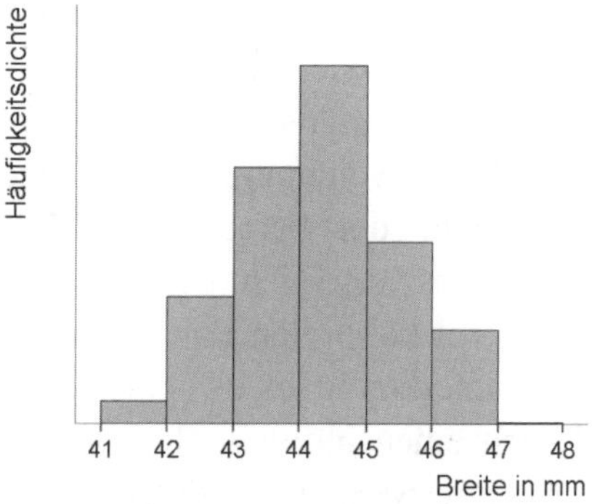

a) Benennen Sie die explorativen Grafiken. Worüber geben sie Auskunft?

b) Erläutern Sie anhand der linken Grafik die folgenden Grundbegriffe: Einheit, Gesamtheit, Erhebungsmerkmal, Zustandsmenge, Skalierung, Klassierung, äquidistante Klassenbreite, absolute Häufigkeit der modalen Klasse.

c) Charakterisieren Sie anhand der rechten Grafik das Klassierungsprinzip der Hühnereierbreiten.

d) Komplettieren Sie die rechte Grafik, indem Sie für jede Merkmalswerteklasse auf der Ordinate den jeweiligen Wert der relativen Häufigkeitsdichte (auf vier Dezimalstellen gerundet) markieren. Skizzieren Sie für die erste Merkmalswerteklasse die Berechnung der relativen Häufigkeitsdichte.

e) Wie groß ist der Flächeninhalt der aneinandergrenzenden Säulen im rechten Diagramm? Wie wird ein Diagramm mit dieser Eigenschaft bezeichnet?

f) Bestimmen Sie anhand der rechten Grafik näherungsweise das arithmetische Mittel aller erfassten Hühnereierbreiten. Begründen Sie Ihren Lösungsweg. ♣

Aufgabe 4-9

Verwenden Sie zur Lösung der folgenden Problemstellungen die SPSS-Datendatei *HE.sav* aus dem lehrbuchbezogenen Downloadbereich. Die Datei beinhaltet Breiten-, Gewichts- und Höhendaten von Hühnereiern, die von Hühnern der Rasse Loheimer Braun gelegt wurden.

a) Benennen Sie den Merkmalsträger und identifizieren Sie die statistische Gesamtheit einschließlich ihres Umfanges.

b) Charakterisieren Sie die Erhebungsmerkmale sowie deren Zustandsmenge und deren Skalierung.

c) Charakterisieren Sie die empirische Verteilung des jeweiligen Erhebungsmerkmals mittels der folgenden Maßzahlen: arithmetisches Mittel, Standardabweichung, Schiefemaß und Wölbungsmaß.

d) Bestimmen Sie für jedes Erhebungsmerkmal den Variationskoeffizienten. Zu welcher Aussage gelangen Sie aus einem paarweisen Vergleich der Koeffizienten?

e) Ergänzen Sie die SPSS-Arbeitsdatei durch drei SPSS-Variablen, welche für die Erhebungsmerkmale die standardisierten Merkmalswerte beinhalten. Charakterisieren Sie die empirische Verteilung des jeweiligen standardisierten Erhebungsmerkmals mittels der folgenden Maßzahlen: arithmetisches Mittel, Standardabweichung, Schiefe- und Wölbungsmaß.

   Welche der berechneten Maße werden durch die Standardisierung der Merkmalswerte nicht berührt?

f) Ist es im konkreten Fall sinnvoll und möglich, für die standardisierten Erhebungsmerkmale jeweils einen Variationskoeffizienten zu berechnen?

g) Durch einen individuellen Fehler im SPSS-Datenmanagement haben Sie die originäre SPSS-Datendatei mit einer SPSS-Arbeitsdatei „überschrieben", die nur noch die Werte der standardisierten Erhebungsmerkmale beinhaltet. Zum Glück ist im SPSS-Viewer noch die Mittelwerttabelle für die originären Daten verfügbar, die in der SPSS Standardeinstellung neben der Anzahl der Merkmalsträger stets auch das arithmetische Mittel und die Standardabweichung beinhaltet.

   Ist es im konkreten Fall möglich, die originären Daten zu rekonstruieren? Wenn ja, skizzieren Sie Ihre Lösung. ♣

Aufgabe 4-10*

Verwenden Sie zur Lösung der folgenden Problemstellungen die SPSS-Datendatei *GG.sav*, die im lehrbuchbezogenen Downloadbereich verfügbar ist. Die Datei beinhaltet Daten von 200 zufällig ausgewählten Gebrauchtwagen der Marke VW Golf Benziner mit einem 1,6 Liter Triebwerk, die im zweiten Quartal 2005 auf dem Berliner Gebrauchtwagenmarkt zum Verkauf angeboten wurden.

a) Erläutern Sie am konkreten Sachverhalt die folgenden statistischen Grundbegriffe: Merkmalsträger, Grundgesamtheit, Stichprobe, Identifikationsmerkmal, Erhebungsmerkmal, Zustandsmenge, Skala.

b) Eine Kennzahl, die bei Autoversicherungen von Bedeutung ist, ist die jahresdurchschnittliche Laufleistung eines PKW. Fügen Sie in die SPSS-Arbeitsdatei eine Variable ein, welche die jahresdurchschnittliche Laufleistung (Angaben in km, auf ganzzahlige Werte gerundet) der erfassten VW Golf zum Inhalt hat. Geben Sie die benutzte SPSS-Berechnungsvorschrift explizit an.

c) Benennen und erstellen Sie ein Diagramm, welches im Hinblick auf die jahresdurchschnittliche Laufleistung eine äquifrequente Vierteilung der statistischen Gesamtheit bildhaft verdeutlicht. Zu welcher Aussage gelangen Sie aus einer alleinigen Betrachtung des Diagramms? Bestimmen, benennen und interpretieren Sie die Kennzahlen, die dem Diagramm zugrunde liegen.

d) Bestimmen und interpretieren Sie für die jahresdurchschnittlichen Laufleistungswerte die Spannweite, den Interquartilsabstand und den Quartilskoeffizienten der Schiefe. Benennen Sie eine grafische Darstellung, die „auf einem Blick" die drei Verteilungskennzahlen bildhaft verdeutlicht. Beschreiben Sie kurz das Erscheinungsbild der jeweiligen Kennzahl.

e) Welche jahresdurchschnittlichen Laufleistungswerte würden im konkreten Fall sowohl „nach unten" als auch „nach oben" als Ausreißerwerte bzw. als Extremwerte klassifiziert. Begründen Sie kurz Ihre Lösung. ♣

Aufgabe 4-11*

Verwenden Sie zur Lösung der folgenden Problemstellungen die SPSS-Datendatei *MS.sav* aus dem lehrbuchbezogenen Downloadbereich. Die Datei beinhaltet (einem Mietspiegel gleich) Daten von zufällig ausgewählten Mietwohnungen, die im Jahr 2011 auf dem Berliner Mietwohnungsmarkt angeboten wurden. Von Interesse sind die Zwei-Zimmer-Mietwohnungen aus dem Stadtteil Pankow.

a) Erläutern Sie am konkreten Sachverhalt die folgenden statistischen Grundbegriffe: Merkmalsträger, Grundgesamtheit, Stichprobe, Identifikationsmerkmal, Erhebungsmerkmal, Zustandsmenge, Skala.

b) Wie viele Pankower Zwei-Zimmer-Mietwohnungen wurden zufällig ausgewählt und erfasst? Geben Sie die SPSS-Auswahlbedingung in der verbindlich en Syntax explizit an.

c) Segmentieren Sie die interessierenden Mietwohnungen derart, dass sie hinsichtlich ihres Mietpreises in vier gleichgroße Teilmengen gegliedert werden. Benennen, berechnen und interpretieren Sie die dafür erforderlichen statistischen Kennzahlen „auf Euro und Cent genau".

d) Ergänzen Sie Ihre Analyseergebnisse aus der Problemstellung c) durch eine geeignete und konkret zu benennende Grafik. Zu welcher analytischen Aussage gelangen Sie aus einer alleinigen Betrachtung der Grafik?

e) Erläutern Sie anhand der Grafik den statistischen Begriff „Ausreißerwert".

f) Welche und wie viele der interessierenden Mietwohnungen sind im statistischen Sinne „Mietpreisausreißer"?

g) Berechnen und interpretieren Sie für die interessierenden Mietwohnungen das arithmetische Mittel und die Standardabweichung der Mietpreise.

h) Wie viele der interessierenden Mietwohnungen besitzen einen Mietpreis, der im sogenannten Ein-Sigma-Bereich zu liegen kommt? Geben Sie die applizierte SPSS-Auswahlbedingung explizit an.

i) Fügen Sie in die SPSS-Arbeitsdatei eine Variable ein, welche für die interessierenden Mietwohnungen die standardisierten Mietpreise beinhaltet. Bestimmen Sie für diese Werte das arithmetische Mittel und die Standardabweichung. Wie viele der interessierenden Mietwohnungen besitzen einen standardisierten Mietpreis, der im sogenannten Ein-Sigma-Bereich liegt? ♣

Aufgabe 4-12*

Verwenden Sie zur Lösung der folgenden Problemstellungen die SPSS-Datendatei *MS.sav* aus dem lehrbuchbezogenen Downloadbereich. Die Datei basiert auf Daten von Berliner Mietwohnungen, die im Jahr 2011 statistisch erhoben wurden. Von Interesse sind Vier-Zimmer-Mietwohnungen aus dem Berliner Stadtteil Friedrichshain.

a) Erläutern Sie am konkreten Sachverhalt die folgenden Begriffe: Merkmalsträger, statistische Gesamtheit und ihr Umfang, Identifikationsmerkmal, Erhebungsmerkmal, Zustandsmenge, Skala.

b) Fügen Sie in die Arbeitsdatei eine Variable ein, welche den Quadratmeterpreis (Angaben in €/m²) zum Inhalt hat. Geben Sie die benutzte Berechnungsvorschrift in der verbindlichen SPSS-Syntax an.

c) Charakterisieren Sie den Quadratmeterpreis aus statistisch-methodischer Sicht. Geben Sie zudem die Zustandsmenge und die Skalierung an.

d) Erstellen Sie für die Quadratmeterpreise der interessierenden Mietwohnungen ein Stengel-Blatt-Diagramm. Zu welcher analytischen Aussage gelangen Sie aus einer alleinigen Betrachtung des Diagramms?

e) Interpretieren Sie im Diagramm die „modale“ Ziffernfolge sowohl aus sachlogischer als auch aus statistisch-methodischer Sicht.

f) Komplettieren Sie anhand des Diagramms die folgende Häufigkeitstabelle.

Nummer	Preisklasse (Angaben in €/m²)	Häufigkeit		
		absolut	relativ	relativ, kumuliert
1	bis unter 5			
2	5 bis unter 6			
3	mindestens 6			
gesamt				

Wie groß ist der Anteil der betrachteten Mietwohnungen, die gemäß der Tabelle einen Quadratmeterpreis von mindestens 5 €/m² besitzen?

g) Wie viele Mietwohnungen sind durch einen Quadratmeterpreis von mindestens 5,25 €/m², jedoch von höchstens 5,75 €/m² gekennzeichnet? Geben Sie die applizierte Auswahlbedingung in der verbindlichen SPSS-Syntax an. ♣

Aufgabe 4-13*

Verwenden Sie zur Lösung der folgenden Problemstellungen die SPSS-Datendatei *GC.sav* aus dem lehrbuchbezogenen Downloadbereich. Die Datei beinhaltet Daten von Personenkraftwagen der Marke Renault Clio, die im ersten Quartal 2011 auf dem Berliner Gebrauchtwagenmarkt angeboten wurden.

a) Erläutern Sie am konkreten Sachverhalt die folgenden statistischen Grundbegriffe: Merkmalsträger, Gesamtheit, Identifikationsmerkmale, Erhebungsmerkmale, Zustandsmenge, Skala.

b) Bei Autoversicherungen bildet die jahresdurchschnittliche Fahrleistung (Angaben in km) eines Personenkraftwagens die Beitragsbemessungsbasis. Fügen Sie in die Arbeitsdatei eine Variable ein, welche für die erfassten Gebrauchtwagen diese Kennzahl zum Inhalt hat. Runden Sie die Kennzahlenwerte auf ganze Zahlen und geben Sie die angewandte Berechnungsvorschrift in der verbindlichen SPSS-Syntax an.
c) Segmentieren Sie die erfassten Gebrauchtwagen derart, dass sie hinsichtlich der interessierenden Kennzahl in vier gleichgroße Teilmengen gegliedert werden. Benennen, berechnen und interpretieren Sie die dafür erforderlichen und auf ganze Zahlen gerundeten statistischen Parameterwerte.
d) Unterlegen Sie Ihre Analyseergebnisse aus der Problemstellung c) durch eine geeignete und konkret zu benennende Grafik. Zu welcher analytischen Aussage gelangen Sie aus einer alleinigen Betrachtung der Grafik? Ergänzen Sie Ihre Aussage durch die Berechnung, grafische Deutung und Interpretation der Spannweite und des Interquartilsabstandes.
e) Berechnen und interpretieren Sie für die erfassten Gebrauchtwagen das arithmetische Mittel und die Standardabweichung der jahresdurchschnittlichen Fahrleistungswerte. Runden Sie die berechneten und mit der zugehörigen Dimension versehenen Kennzahlen auf ganzzahlige Werte.
f) Wie groß sind die Anzahl und der prozentuale Anteil der erfassten Gebrauchtwagen, die hinsichtlich ihrer jahresdurchschnittlichen Fahrleistung im sogenannten Ein-Sigma-Bereich liegen? Verwenden Sie zur Beantwortung dieser Frage die Ergebnisse aus der Problemstellung e) und geben Sie die benutzte Auswahlbedingung in der verbindlichen SPSS-Syntax explizit an. ♣

Aufgabe 4-14*

Im Auftrag einer Berliner Tageszeitung wurden im Mai 2010 im Zuge einer Blitzumfrage volljährige und in Berlin wohnhafte Personen zufällig ausgewählt und unter anderem mit der folgenden vorlagegestützten Fragestellung konfrontiert: „Welche der fünf aufgelisteten Maßnahmen sind aus Ihrer Sicht zur Bekämpfung der Finanzkrise unbedingt erforderlich?" Die validen Umfrageergebnisse sind in der SPSS-Datendatei *BU.sav* in den Variablen M1 bis M5 gespeichert. Die Datei ist im lehrbuchbezogenen Downloadbereich verfügbar.
a) Wie viele der Befragten nannten keine der aufgelisteten Maßnahmen?
b) Charakterisieren Sie die Variablen M1 bis M5.
c) Werten Sie die interessierenden Variablen aus und beantworten Sie die folgenden Fragen: i) Wie viel Prozent der befragten Personen nannten wenigstens eine Maßnahme? ii) Welche Maßnahme wurde am wenigsten und wie oft genannt? iii) Wie viele Maßnahme-Nennungen wurden insgesamt statistisch erfasst? iv) Von den befragten Personen, die wenigstens eine Maßnahme nannten, wurden im Durchschnitt wie viele Maßnahmen genannt?

d) Demoskopen und Journalisten sind im Rahmen vergleichbarer Umfragen stets an einem statistischen Indikator interessiert, der Auskunft über die Anzahl der Maßnahmen gibt, die von jedem Befragten insgesamt genannt wurden. Die SPSS-Datendatei enthält eine Variable „Indikator“, welche diese personenbezogenen Maßnahme-Nennungen zählt.

Von Interesse sind alle befragten männlichen Personen, welche die Inflationsgefahr als hochgradig einschätzten. i) Wie viele der befragten Personen genügen diesen Kriterien? Geben Sie die benutzte Auswahlbedingung in der verbindlichen SPSS-Syntax explizit an. ii) Erstellen Sie für die Variable „Indikator“ eine Häufigkeitstabelle und beantworten Sie die folgenden Fragen: Wie groß ist der prozentuale Anteil der interessierenden Personen, die 1) genau, 2) höchstens, 3) mindestens eine Maßnahme nannten? ♣

Aufgabe 4-15*

Die unvollständige Semigrafik basiert auf statistisch erhobenen Daten von Eigentumswohnungen mit sechs Wohnräumen, die im zweiten Quartal 2011 auf dem Berliner Wohnungsmarkt zum Kauf angeboten wurden.

```
Basis: Wohnfläche (m²)
Frequency     Stem & Leaf
                 1 . 579
                 2 . 012234
                 2 . 556777889
                 3 . 0112334
                 3 . 59
Stem width:    100
Each leaf:       4 cases
```

a) Benennen Sie den Merkmalsträger, die Identifikationsmerkmale, das Erhebungsmerkmal und seine Skalierung.

b) Benennen Sie die Semigrafik und komplettieren Sie die Rubrik „Frequency“.

c) Wie viele Eigentumswohnungen wurden statistisch erfasst?

d) Interpretieren Sie in der Semigrafik die modale Ziffernfolge sowohl aus sachlogischer als auch aus statistisch-methodischer Sicht.

e) Wie viele der erfassten Eigentumswohnungen besitzen gemäß der semigrafischen Darstellung eine Wohnfläche von mindestens 350 m^2?

f) Komplettieren Sie anhand der Semigrafik die folgende Häufigkeitstabelle.

Nummer	Klasse (Angaben in m^2)	Häufigkeit		
		absolut	relativ	relativ, kumuliert
1	150 bis unter 250			
2	250 bis unter 300			
3	300 bis unter 400			
gesamt				

Wie viel Prozent der betrachteten Eigentumswohnungen besitzen gemäß der Häufigkeitstabelle eine Wohnfläche von mindestens 250 m^2?

g) Erläutern Sie anhand der Häufigkeitstabelle aus der Problemstellung f) kurz die Begriffe „äquidistante Klassen“ und „äquifrequente Klassen“. ♣

5 Aufgaben zur Stochastik

Die mit einem * markierten Aufgaben sind Klausuraufgaben.

Aufgabe 5-1

Eine  -Münze wird zweimal geworfen.

a) Erläutern Sie am konkreten Sachverhalt den Begriff „Zufallsexperiment“.

b) Geben Sie die Ergebnismenge des Zufallsexperiments explizit an. Wie viele Ergebnisse gibt es aus kombinatorischer Sicht insgesamt zu verzeichnen?

c) Erläutern Sie anhand der Ergebnismenge des betrachteten Zufallsexperiments exemplarisch die Begriffe: Ergebnis, Ereignis, Elementarereignis.

d) Von Interesse sind die folgenden zufälligen Ereignisse: Die Zahl erscheint A: keinmal, B: einmal, C: zweimal, D: höchstens einmal, E: mindestens einmal. Wie viele Ergebnisse sind für das jeweilige zufällige Ereignis günstig? Notieren Sie für die interessierenden Ereignisse die jeweils günstigen Ergebnisse.

e) Einmal unterstellt, dass jedes Ergebnis des betrachteten Zufallsexperiments gleichmöglich ist. Geben Sie gemäß der Problemstellung d) die Wahrscheinlichkeit für die interessierenden zufälligen Ereignisse an. Welcher Wahrscheinlichkeitsbegriff liegt Ihrer Berechnung zugrunde? Begründen Sie kurz Ihre Aussage.

f) Welche der in der Problemstellung d) vermerkten zufälligen Ereignisse sind in ihrer paarweisen Betrachtung i) disjunkt und ii) gleichwahrscheinlich? Begründen Sie kurz Ihre Aussagen. ♣

Aufgabe 5-2

Aus der Menge Ω der Hörer der Statistik-Vorlesung wird eine Person zufällig ausgewählt. Von Interesse sind die folgenden zufälligen Ereignisse: A: „Die Person ist männlichen Geschlechts.“, B: „Die Person wohnt in Berlin.“, C: „Die Person ist Bafög-Empfänger.“

a) Beschreiben Sie die folgenden Ereignisse verbal, wenn Sie der Einfachheit halber zum Beispiel das zum Ereignis A gehörende Komplementärereignis mit A^c bezeichnen: i) $A \cap B$, ii) $A \cap B \cap C$, iii) $A^c = \Omega \setminus A$, iv) $A \cap B^c$ mit $B^c = \Omega \setminus B$, v) $C \setminus A$, vi) $A \setminus C$, vii) $(A \cup A^c) \cap B^c$, viii) $A \cap A^c$, ix) $B \cup B^c$

b) Unter welcher Bedingung gilt i) $A \cap B \cap C = A$ und ii) $A^c = B$? ♣

Aufgabe 5-3

Um sich ein Bild darüber zu verschaffen, warum und weshalb Studierende in den wirtschaftswissenschaftlichen Bachelor-Studiengängen die fakultativen Statistik-Tutorien besuchen, befragte die Tutorin Melanie B. alle 66 Teilnehmer an den Tutorien unter anderem danach, ob sie einem Nebenjob nachgehen (Ereignis N) bzw. ob sie Wiederholer des Statistik-Kurses (Ereignis W) sind.

Die empirisch erhobenen Befragungsergebnisse hat sich die Tutorin Melanie B. kurz und knapp im nachfolgend skizzierten Diagramm vermerkt.

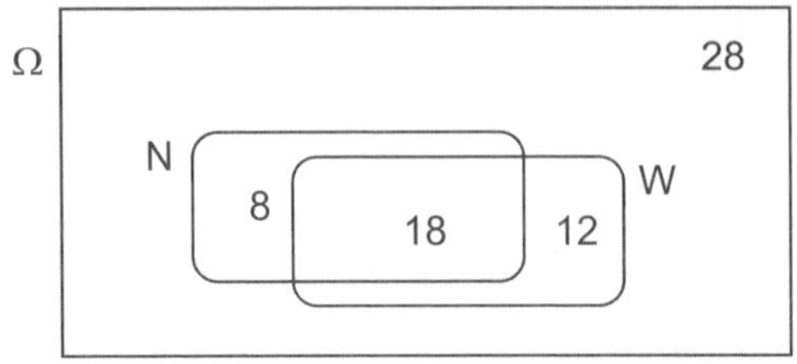

a) Wie wird in der Mengentheorie das Diagramm bezeichnet?

b) Beschreiben Sie die folgenden Ereignisse verbal und geben Sie jeweils die zugehörige Teilnehmeranzahl an: i) $W^c = \Omega \setminus W$, ii) $(N \cup W)^c$, iii) $N^c \cap W^c$, iv) $(N \cap W)^c$, v) $N^c \cup W^c$

c) Wie groß ist die Wahrscheinlichkeit, dass ein zufällig ausgewählter Tutorium-Teilnehmer i) einem Nebenjob nachgeht, ii) ein Kurswiederholer ist, iii) einem Nebenjob nachgeht und den Statistik-Kurs wiederholt, iv) einem Nebenjob nachgeht, unter der Bedingung, dass er (sie) den Statistik-Kurs wiederholt, v) ein Kurswiederholer ist unter der Bedingung, dass er (sie) einem Nebenjob nachgeht?

d) Gilt im konkreten Fall i) $(N \cup W)^c = N^c \cap W^c$, ii) $(N \cap W)^c = N^c \cup W^c$? Unter welcher Bezeichnung firmieren die beiden Beziehungen?

e) Sind die zufälligen Ereignisse N und W i) disjunkt und ii) stochastisch voneinander unabhängig? Begründen Sie kurz Ihre jeweilige Aussage. ♣

Aufgabe 5-4

Die nachfolgend aufgelisteten Problemstellungen beruhen auf dem folgenden Vorgang: Zwei ideale, sechsseitige und unterschiedlich farbige Spielwürfel werden einmal geworfen.

a) Erläutern Sie konkret den Begriff „Zufallsexperiment".

b) Geben Sie explizit die Ergebnismenge des Zufallsexperiments an. Wie viele Ergebnisse beinhaltet die Ergebnismenge?

c) Erläutern Sie anhand der Ergebnismenge die Begriffe: Ergebnis, Ereignis, Elementarereignis.

d) Stellen Sie die folgenden Ereignisse als Ergebnismengen explizit dar: Ereignis A: Die Summe der Augenzahlen ist kleiner als vier., Ereignis B: Die Summe der Augenzahlen ist höchstens vier., Ereignis C: Die Summe der Augenzahlen ist mindestens vier. Wie viele Ergebnisse beinhalten die Ereignisse jeweils?

e) Welche der zufälligen Ereignisse A bis C sind paarweise disjunkt? Begründen Sie Ihre Aussagen.

f) Erläutern Sie konkret die folgenden Mengenoperationen und geben Sie jeweils die zugehörige Ergebnismenge an: i) $(A \cup C)$, ii) $(B \cap C)$, iii) $(\Omega \setminus A)$.

g) Bestimmen Sie für die zufälligen Ereignisse A bis C die zugehörige Ereigniswahrscheinlichkeit. Welchen Wahrscheinlichkeitsbegriff legen Sie Ihren Berechnungen zugrunde? Begründen Sie kurz Ihre Aussage.

h) Überprüfen Sie die folgenden Aussagen auf ihre Gültigkeit. i) Die Chancen, beim einmaligen Werfen zweier verschiedenfarbiger, sechsseitiger und idealer Würfel eine Augenzahlsumme kleiner als vier zu erhalten, stehen eins zu elf. ii) Wenn die Chancen eins zu elf stehen, beträgt die zugehörige Ereigniswahrscheinlichkeit 0,0833... ♣

Aufgabe 5-5*

Eine Befragung von zufällig und unabhängig voneinander ausgewählten Reisenden auf dem Flughafen Berlin-Tegel erbrachte im zweiten Quartal 2007 unter anderem das folgende Ergebnis: Von den insgesamt 683 befragten Fluggästen gaben 52 % an, geschäftlich unterwegs zu sein. 370 der Befragten gaben an, mit einem Taxi zum Flughafen gefahren zu sein. 242 Fluggäste waren geschäftlich unterwegs und nutzten ein Taxi auf dem Weg zum Flughafen.

Von Interesse sind die folgenden Ereignisse: Ein zufällig ausgewählter und befragter Fluggast ist i) mit dem Taxi zum Flughafen gefahren (Ereignis T), ii) geschäftlich unterwegs (Ereignis G).

a) Erläutern Sie kurz den Begriff „relative Häufigkeit als Wahrscheinlichkeit in Konvergenz“ und benennen Sie den zugehörigen theoretischen Hintergrund.

b) Geben Sie die folgenden Wahrscheinlichkeiten an: i) $P(T)$, ii) $P(G)$, iii) $P(G \cap T)$, iv) $P(G \mid T)$, v) $P(T \mid G)$. Benennen Sie den theoretischen Sachverhalt, auf dessen Grundlage Sie die Wahrscheinlichkeiten bestimmt haben.

c) Benennen Sie die folgenden Beziehungen und überprüfen Sie diese anhand der verfügbaren Informationen auf ihre Gültigkeit: i) $P(G \cup T) = P(G) + P(T)$, ii) $P(G \cup T) = P(G) + P(T) - P(G \cap T)$, iii) $P(G \cap T) = P(G) \times P(T)$, iv) $P(G \cap T) = P(G) \times P(T \mid G) = P(T) \times P(G \mid T)$. ♣

Aufgabe 5-6

Für eine Gruppe von zehn Studierenden wurde jeweils der Vorname notiert und zugleich vermerkt, in welchem Semester die betreffende Person studiert. Es liegt die folgende Ergebnismenge vor: {(Anja, 3), (Julia, 3), (Bianca, 3), (Daniela, 4), (Ramona, 4), (Sandra, 4), (Peter, 3), (Daniel, 3), (Niko, 3), (Oliver, 4)}.

Man betrachte für das Zufallsexperiment „zufällige Auswahl einer Person aus den zehn Studierenden“ die Ereignisse A: „Die ausgewählte Person ist weiblich.“ und B: „Die ausgewählte Person studiert im dritten Semester.“

a) Bestimmen Sie die Wahrscheinlichkeiten $P(A)$, $P(B)$, $P(A \cup B)$, $P(A \cap B)$.

b) Überprüfen Sie durch Einsetzen der in a) berechneten Wahrscheinlichkeiten, ob die Beziehung i) $P(A \cup B) = P(A) + P(B)$, ii) $P(A \cap B) = P(A) \times P(B)$ gilt. Welche Schlussfolgerung können Sie jeweils aus der Überprüfung ziehen? ♣

Aufgabe 5-7

Fünf der sechs Seiten eines Würfels von drei Zentimeter Kantenlänge werden rot angestrichen. Die sechste Fläche bleibt ohne Anstrich. Der Würfel wird in Teilwürfel von einem Zentimeter Kantenlänge zerlegt. Diese Teilwürfel werden in ein Gefäß gelegt. Das Gefäß wird geschüttelt. Aus dem Gefäß wird mit geschlossenen Augen ein Würfel entnommen.
(Quelle: PISA-Studie 2006, Schwerpunkt Naturwissenschaften)

a) Benennen Sie das Zufallsexperiment und geben Sie die Ergebnismenge an.
b) Von Interesse sind die folgenden zufälligen Ereignisse: K: Der entnommene Teilwürfel besitzt keine rote Fläche. E: Der entnommene Teilwürfel besitzt eine rote Fläche. Z: Der entnommene Teilwürfel besitzt zwei rote Flächen. D: Der entnommene Teilwürfel besitzt drei rote Flächen. V: Der entnommene Teilwürfel besitzt vier rote Flächen. Geben Sie für jedes interessierende Ereignis die Anzahl der zugehörigen Teilwürfel an.
c) Geben Sie für jedes interessierende zufällige Ereignis die Wahrscheinlichkeit seines Eintretens an. Welcher Wahrscheinlichkeitsbegriff liegt Ihren Berechnungen zugrunde? Begründen Sie kurz Ihre Antwort.
d) Charakterisieren Sie das zufällige Ereignis V. ♣

Aufgabe 5-8*

Verwenden Sie zur Lösung der folgenden Problemstellungen die Informationen über die jeweiligen prozentualen Anteile der Frauen mit dem betreffenden Bildungsabschluss aus der beigefügten Grafik.

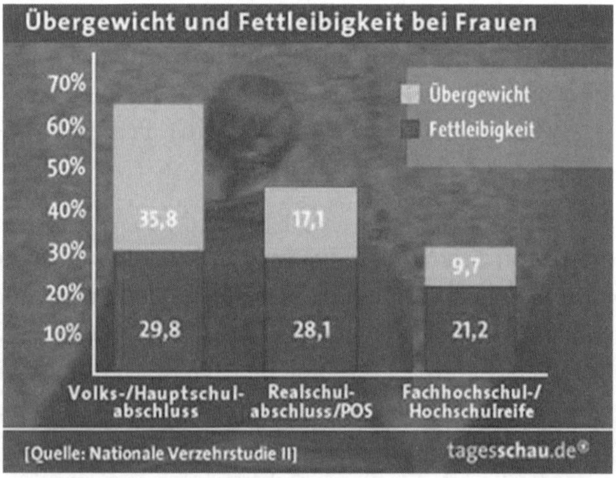

Gehen Sie von der Prämisse aus, dass lediglich weibliche Personen mit einem Schulabschluss von Interesse sind, worunter wiederum 45 % einen Volks- bzw. Hauptschulabschluss und 32 % einen Realabschluss bzw. einen Abschluss einer Polytechnischen Oberschule (POS) besitzen. Von Interesse sind die folgenden Ereignisse: Eine zufällig ausgewählte weibliche Person i) besitzt einen Volks-

bzw. Hauptschulabschluss (Ereignis A), ii) besitzt einen Realschul- bzw. POS-Abschluss (Ereignis B), iii) besitzt die Fachhochschul- bzw. Hochschulreife (Ereignis C) und iv) ist übergewichtig (Ereignis D).

a) Geben Sie dem schwachen Gesetz großer Zahlen gemäß die folgenden Ereigniswahrscheinlichkeiten an: P(A), P(B), P(C), P(D | A), P(D | B), P(D | C).
b) Worin besteht die Kernaussage des schwachen Gesetzes großer Zahlen?
c) Geben Sie die Wahrscheinlichkeit dafür an, dass eine zufällig ausgewählte weibliche Person übergewichtig ist. Benennen Sie die benutzte Rechenregel.
d) Eine übergewichtige weibliche Person wird zufällig ausgewählt. Von Interesse ist ihr Schulabschluss. Welcher Schulabschluss ist am wahrscheinlichsten? Begründen Sie kurz Ihre „Risiko-Entscheidung".
e) Geben Sie die Wahrscheinlichkeit dafür an, dass eine zufällig ausgewählte weibliche Person die Fachhochschul- bzw. Hochschulreife besitzt und zugleich übergewichtig ist. Benennen Sie die angewandte Rechenregel. ♣

Aufgabe 5-9*

Die Grafiken beruhen auf einer empirischen Studie aus dem Jahr 2010, in deren Zentrum die Motivation von Arbeitnehmern in deutschen Unternehmen stand.

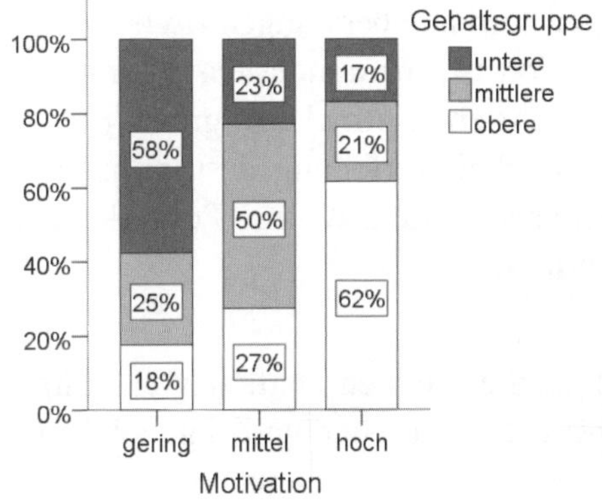

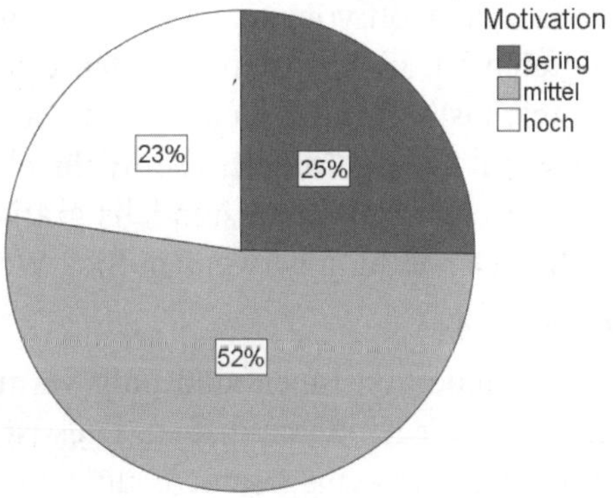

Von Interesse sind die folgenden zufälligen Ereignisse: G: Arbeitnehmer mit geringer Motivation, M: Arbeitnehmer mit mittlerer Motivation, H: Arbeitnehmer mit hoher Motivation, O: Arbeitnehmer der oberen Gehaltsgruppe.

a) Beschreiben Sie das zufällige Ereignis ($O \cap H$) verbal.
b) Bestimmen Sie gemäß dem schwachen Gesetz großer Zahlen aus den verfügbaren Informationen die folgenden Wahrscheinlichkeiten: P(G), P(M), P(H), P(O | G), P(O | M), P(O | H). Worin besteht die Kernaussage des schwachen Gesetzes großer Zahlen?
c) Berechnen Sie gemäß b) die Wahrscheinlichkeit für das Eintreten des zufälligen Ereignisses O. Benennen Sie die angewandte Formel.
d) Aus der Menge der Arbeitnehmer der oberen Gehaltsgruppe wird ein Arbeitnehmer zufällig ausgewählt. Geben Sie die Wahrscheinlichkeit dafür an, dass

dieser Arbeitnehmer ein Arbeitnehmer mit i) geringer, ii) mittlerer, iii) hoher Motivation ist. Benennen Sie die angewandte Rechenregel.

e) Welches Ergebnis erhalten Sie, wenn Sie gemäß d) die Summe der drei a-posteriori-Wahrscheinlichkeiten bilden? Welche Rechenregel liegt dieser Berechnung zugrunde? Warum? ♣

Aufgabe 5-10*

Eine umtriebige Studentin der Betriebswirtschaftslehre vertreibt im Rahmen ihrer Nebenjobtätigkeit Produkte eines amerikanischen Kosmetikunternehmens. In der letzten Vertriebsbesprechung berichtete sie, dass sie im vergangenen Monat insgesamt zwölf voneinander unabhängige Verkaufsberatungen durchgeführt hat und dass sich die Chance, eine Verkaufsberatung erfolgreich abzuschließen, unverändert auf eins zu drei belief.

a) Benennen und charakterisieren Sie den zugrundeliegenden Zufallsprozess und das theoretische Verteilungsmodell, mit dessen Hilfe der in Rede stehende Zufallsprozess beschrieben werden kann.

b) Bestimmen Sie unter der Angabe der jeweils applizierten SPSS-Funktion die Wahrscheinlichkeit dafür, dass ceteris paribus die Studentin im kommenden Monat bei zwölf voneinander unabhängigen Verkaufsberatungen i) viermal erfolgreich ist, ii) höchstens viermal erfolgreich ist, iii) mindestens viermal erfolgreich ist, vi) mindestens einmal, aber höchstens viermal erfolgreich ist.

c) Sie werden aufgefordert, die Wahrscheinlichkeitsverteilung des applizierten theoretischen Verteilungsmodells grafisch darzustellen. Welche Form der grafischen Darstellung verwenden Sie? Warum? ♣

Aufgabe 5-11

Studienfreunde von Ihnen sind jung vermählt. Sie träumen beide davon, einmal gemeinsam vier Kinder zu haben. Dies ist für Sie (als Freund und zugleich Trauzeuge) ein Anlass, insgesamt neun Szenarien einer Familienplanung näher zu betrachten. Der Einfachheit halber gehen Sie bei Ihren Familienplanungsszenarien von den folgenden Prämissen aus: Erstens soll der Kinderwunsch Ihrer Studienfreunde durch vier chronologisch und voneinander unabhängig ablaufende Einfachgeburten erfüllt werden und zweitens sollen die Chancen, dass im Zuge einer Einfachgeburt ein Junge das „Licht der Welt erblickt", unverändert bei 105 zu 100 stehen.

a) Es bezeichne X die Anzahl der Jungen in einer Familie mit vier Kindern. Erläutern Sie am konkreten Sachverhalt den Begriff „Zufallsgröße". Charakterisieren Sie die Zufallsgröße und geben Sie ihren Wertebereich an.

b) Benennen und charakterisieren Sie den zugrundeliegenden Zufallsprozess und das theoretische Verteilungsmodell, mit dessen Hilfe der in Rede stehende Zufallsprozess beschrieben werden kann.

c) Bestimmen Sie unter der expliziten Angabe der jeweiligen SPSS-Funktion die Wahrscheinlichkeit dafür, dass ceteris paribus in der Wunschfamilie i) ein Junge vorkommt, ii) höchstens ein Junge vorkommt, iii) weniger als ein Junge vorkommt, iv) mehr als ein Junge vorkommt, v) mindestens ein Junge vorkommt, vi) mehr als ein Junge, aber höchstens drei Jungen vorkommen, vii) mindestens ein Junge, aber höchstens drei Jungen vorkommen, viii) mehr als ein Junge, aber weniger als drei Jungen vorkommen und ix) wenigstens ein Junge, aber weniger als drei Jungen vorkommen.

d) Mit wie vielen Jungen kann ceteris paribus die Wunschfamilie Ihrer Studienfreunde erwartungsgemäß rechnen? Wie wird diese Maßzahl bezeichnet?

e) Einmal unterstellt, dass sich Ihre Studienfreunde sehnlichst einen Jungen als „Stammhalter" wünschen. Wie viele Kinder müssten sie ihr Eigen nennen, wenn ceteris paribus die Wahrscheinlichkeit dafür, dass mindestens ein Junge als Stammhalter geboren wird, mindestens 0,99 betragen soll? ♣

Aufgabe 5-12*

Um ihre Verärgerung über die Flut von Spam-E-Mails statistisch belegen zu können, erfasste im Sommersemester 2011 die Studentin L. täglich sowohl die Anzahl der unter ihrer E-Mail-Adresse eingegangenen E-Mails als auch die Anzahl der als „Spam" identifizierten E-Mails. Im Zuge der Auswertung der statistisch erhobenen Daten stellte sie zu ihrer Überraschung fest, dass sich an jedem Wochentag die Chancen, dass eine eingehende E-Mail als eine Spam-E-Mail identifiziert wird, nahezu unverändert auf sieben zu drei belaufen.

a) Wie groß ist unter den gegebenen Bedingungen die Wahrscheinlichkeit dafür, dass eine eingehende E-Mail als eine Spam-E-Mail identifiziert wird?

b) Gehen Sie für die weiteren Betrachtungen von den folgenden Prämissen aus: Am heutigen Tag gehen unter der E-Mail-Adresse der Studentin L. zufällig und unabhängig voneinander insgesamt elf E-Mails ein. Die Wahrscheinlichkeit dafür, dass eine eingehende E-Mail als Spam identifiziert wird, ist unveränderlich und identisch mit der unter a) berechneten Wahrscheinlichkeit. Von Interesse ist die Anzahl S identifizierter Spam-E-Mails. i) Charakterisieren Sie den zugrundeliegenden Zufallsprozess. ii) Benennen und spezifizieren Sie das theoretische Verteilungsmodell, mit dessen Hilfe der Zufallsprozess beschrieben werden kann. iii) Charakterisieren Sie die Zufallsgröße S.

c) Berechnen Sie unter Verwendung des vollständig spezifizierten Verteilungsmodells aus der Problemstellung b) und unter der expliziten Angabe der von Ihnen benutzten SPSS-Funktion die auf drei Dezimalstellen gerundete Wahrscheinlichkeit dafür, dass ceteris paribus von den E-Mails, die am heutigen Tag eingehen, i) sieben, ii) höchstens sieben, iii) mindestens sieben, iv) mehr als fünf, aber höchstens neun E-Mails als Spam identifiziert werden.

d) Bestimmen und interpretieren Sie den Erwartungswert der Zufallsgröße S. ♣

Aufgabe 5-13*

Im Jahr 2007 ergab eine umfangreiche statistische Untersuchung auf den Berliner Flughäfen, dass die Anzahl A der von einem Fluggast eines Inlandsfluges als Reisegepäck aufgegebenen Gepäckstücke hinreichend genau durch das theoretische Modell einer POISSON-Verteilung mit dem Parameter $\lambda = 1$ beschrieben werden kann.

a) Charakterisieren Sie das theoretische Verteilungsmodell.
b) Interpretieren Sie den Verteilungsparameter.
c) Welche ist die wahrscheinlichste Anzahl von Gepäckstücken, die von einem Inlandsfluggast als Reisegepäck aufgegeben werden?
d) Geben Sie die Wahrscheinlichkeit dafür an, dass ein Inlandsfluggast i) höchstens und ii) mindestens ein Gepäckstück als Reisegepäck aufgibt.
e) Im Verlaufe eines Tages passierten insgesamt 1582 Inlandsfluggäste den Abfertigungsschalter. Wie viele dieser Fluggäste hätten ceteris paribus mindestens ein Gepäckstück als Reisegepäck aufgegeben? ♣

Aufgabe 5-14*

Verwenden Sie zur Lösung der folgenden Problemstellungen die SPSS-Datendatei *SF.sav* aus dem lehrbuchbezogenen Downloadbereich. Die Datendatei basiert auf semesterbezogenen Studierendenbefragungen, die am Fachbereich Wirtschaftswissenschaften I der HTW Berlin auf der Grundlage eines standardisierten Fragebogens durchgeführt wurden. Von Interesse sind die Studierenden, die im Wintersemester 2007/08 und im Sommersemester 2008 befragt wurden.

a) Wie viele der interessierenden Studierenden wurden befragt? Geben Sie die Auswahlbedingung in der verbindlichen SPSS-Syntax an.
b) Charakterisieren Sie die Variable *F11* und geben Sie ihre Zustandsmenge an.
c) Wie viel Prozent der befragten Studierenden, die eine „gültige“ Antwort gaben, hatten i) keine Prüfungswiederholung, ii) höchstens eine Prüfungswiederholung und iii) mindestens eine Prüfungswiederholung zu „stemmen“?
d) Fassen Sie für die weiteren Betrachtungen die Anzahl W der Prüfungswiederholungen als eine poissonverteilte Zufallsgröße auf. Charakterisieren Sie kurz das zugrundeliegende theoretische Verteilungsmodell.
e) Schätzen Sie aus den verfügbaren Daten (auf zwei Dezimalstellen gerundet) den Verteilungsparameter des zugrundeliegenden Verteilungsmodells. Interpretieren Sie den Verteilungsparameter sachlogisch.
f) Berechnen Sie unter Beachtung der gemäß Problemstellung d) getroffenen Annahme und unter Verwendung Ihrer Analyseergebnisse aus der Problemstellung e) sowie unter der expliziten Angabe der jeweils benutzten SPSS-Funktion die Wahrscheinlichkeit dafür, dass ein zufällig ausgewählter Student i) keine Prüfungswiederholung, ii) höchstens eine Prüfungswiederholung und iii) mindestens eine Prüfungswiederholung zu „stemmen“ hatte.

g) Zu welcher Aussage gelangen Sie aus dem Vergleich der Ergebnisse aus den Problemstellungen c) und f)? ♣

Aufgabe 5-15*

Eine statistische Analyse aus dem Jahr 2011 ergab, dass der Mietpreis M (Angaben in €/m²) von Berliner Zwei-Zimmer-Mietwohnungen in gehobener Wohnlage als eine normalverteilte Zufallsgröße aufgefasst werden kann, die wie folgt spezifiziert ist: M ~ N(6,25 €/m², 1,15 €/m²).

a) Charakterisieren Sie die Zufallsgröße und interpretieren Sie die „vollständig spezifizierten" Verteilungsparameter statistisch und sachlogisch.

b) Nennen Sie drei charakteristische Eigenschaften des Verteilungsmodells.

c) Komplettieren Sie die folgende Tabelle, indem Sie das Marktsegment „Berliner Zwei-Zimmer-Mietwohnungen in gehobener Wohnlage" gemäß der praktizierten Klassifikation und unter Verwendung der vollständig spezifizierten Verteilung der Zufallsgröße strukturieren. Geben Sie jeweils explizit die applizierte SPSS-Funktion an.

Mietpreissegment	Mietpreisklasse	Anteil (in %)
unteres	$M < 4{,}50$ €/m²	
mittleres	$4{,}50$ €/m² $\leq M < 6$ €/m²	
gehobenes		
oberes	$M \geq 7{,}50$ €/m²	
insgesamt		

d) Erläutern Sie anhand des gehobenen Mietpreissegments die folgenden Begriffe: untere und obere Klassengrenze, Klassenbreite, Klassenhäufigkeit.

e) Sie werden aufgefordert, die unter c) praktizierte Marktsegmentierung mittels einer geeigneten Grafik darzustellen. Welche grafische Darstellung ist dafür geeignet? Begründen Sie kurz Ihre Applikation.

f) Welcher Mietpreis wird ceteris paribus im Mietwohnungsmarkt von 90 % der Mietwohnungen nicht überschritten? Wie wird in der Statistik dieser Wert bezeichnet? Geben Sie explizit die von Ihnen benutzte SPSS-Funktion an. ♣

Aufgabe 5-16*

Verwenden Sie zur Lösung der folgenden Problemstellungen die SPSS-Datendatei *BR.sav* aus dem lehrbuchbezogenen Downloadbereich. Die Datei beinhaltet die börsentäglichen Renditen (Angaben in Prozent) des Deutschen Aktienindexes DAX für das erste Halbjahr 2011.

a) Prüfen Sie auf einem Signifikanzniveau von 0,05 mit Hilfe eines geeigneten und konkret zu benennenden Verfahrens die folgende unvollständig spezifizierte Verteilungshypothese: „Die börsentäglichen DAX-Renditen sind Realisationen einer normalverteilten Zufallsgröße." Interpretieren Sie das Ergebnis.

b) Ein theoretisches Modell, das im Wertpapier-Management angewandt wird, basiert auf der statistisch geprüften Annahme, dass die börsentäglichen DAX-Renditen Realisationen einer normalverteilten Zufallsgröße sind. Spezifizieren Sie das Verteilungsmodell durch die zugehörigen Parameterwerte. Benennen, bestimmen und interpretieren Sie die Parameterwerte aus den verfügbaren Daten. Runden Sie die berechneten Parameterwerte auf zwei Dezimalstellen.
c) Bestimmen Sie unter Verwendung des vollständig spezifizierten Normalverteilungsmodells aus b) die Wahrscheinlichkeit dafür, dass ceteris paribus die DAX-Rendite an einem beliebigen Börsentag mindestens 2 % beträgt. Geben Sie die benutzte Berechnungsvorschrift in der verbindlichen SPSS-Syntax an.
d) Bestimmen Sie unter Verwendung des vollständig spezifizierten Normalverteilungsmodells aus b) die börsentägliche DAX-Rendite, die ceteris paribus an einem beliebigen Börsentag mit einer Wahrscheinlichkeit von 0,95 höchstens zu erwarten ist. Geben Sie die benutzte Berechnungsvorschrift in der verbindlichen SPSS-Syntax an. ♣

Aufgabe 5-17*

Die Studentin der Betriebswirtschaftslehre Annika G. betreibt gemeinsam mit ihrer Familie im Bundesland Brandenburg einen Öko-Bauernhof, der auf die Produktion von Hühnereiern spezialisiert ist. Inspiriert durch die Lehrveranstaltungen im Fach Statistik erfasst und analysiert sie das Gewicht G (Angaben in Gramm) von 1000 Hühnereiern. Die statistische Analyse der empirisch erfassten Hühnereiergewichte bestätigte die Annahme, dass das Gewicht G eines Hühnereies als eine normalverteilte Zufallsgröße aufgefasst werden darf, wobei im Durchschnitt ein Hühnerei 63 Gramm schwer ist und die einzelnen Hühnereiergewichte im Durchschnitt um 5 Gramm um das Durchschnittsgewicht von 63 Gramm streuen.

a) Charakterisieren Sie die Zufallsgröße und das ihr zugrundeliegende theoretische Verteilungsmodell.
b) Wie ist im konkreten Fall das theoretische Verteilungsmodell der Hühnereiergewichte hinsichtlich seiner Parameter spezifiziert?
c) Bestimmen und interpretieren Sie das Gewichtsquantil der Ordnung 0,33.
d) Welchen Erlös würde die Öko-Bäuerin Annika G. auf einem Berliner Wochenmarkt erwartungsgemäß erzielen, wenn sie ceteris paribus alle diese 1000 Hühnereier verkaufen und ein Hühnerei der Gewichtskategorie S: $G < 55$ g für 0,15 €, der Gewichtskategorie M: $55 \text{ g} \leq G < 65$ g für 0,20 €, der Gewichtskategorie L: $65 \text{ g} \leq G < 75$ g für 0,25 € und der Gewichtskategorie XL: $G \geq 75$ g für 0,30 € anbietet?
e) Erläutern Sie kurz die Kernaussage des zentralen Grenzwertsatzes. Welchem theoretischen Verteilungsmodell wird durch den zentralen Grenzwertsatz eine „fundamentale Rolle" eingeräumt? ♣

Aufgabe 5-18*

Die statistische Analyse der jahresdurchschnittlichen Fahrleistung X einer großen Anzahl von PKW der Marke „Mercedes A-Klasse“, die im Wirtschaftsjahr 2008 im Autodienst der Berliner Mercedes-Benz-Niederlassung zur Inspektion abgegeben wurden, lieferte das folgende Ergebnis: X ~ N(14350 km, 4650 km).

a) Fassen Sie die jahresdurchschnittliche Fahrleistung X als eine Zufallsgröße auf. Charakterisieren Sie die Zufallsgröße und das ihr zugrundeliegende theoretische Verteilungsmodell.

b) Benennen und interpretieren Sie die Verteilungsparameter.

c) Von Interesse ist das Ereignis A:= {[a, b]}, das darin besteht, dass die jahresdurchschnittliche Fahrleistung X eines zufällig ausgewählten PKW der Marke „Mercedes A-Klasse“ im geschlossenen Fahrleistungsintervall [a, b] liegt. Geben Sie jeweils das Fahrleistungsintervall an, welches den sogenannten i) Ein-Sigma-Bereich, ii) Zwei-Sigma-Bereich, iii) Drei-Sigma-Bereich beschreibt.

d) Geben Sie unter der expliziten Angabe der benutzten SPSS-Funktion die Wahrscheinlichkeit dafür an, dass ceteris paribus die jahresdurchschnittliche Fahrleistung X eines zufällig ausgewählten PKW der Marke „Mercedes A-Klasse“ im sogenannten i) Ein-Sigma-Bereich, ii) Zwei-Sigma-Bereich bzw. iii) Drei-Sigma-Bereich liegt.

e) Bestimmen und interpretieren Sie ceteris paribus für die jahresdurchschnittliche Fahrleistung X von PKW der Marke „Mercedes A-Klasse“ i) das untere Fahrleistungsquartil und ii) das obere Fahrleistungsquartil. Geben Sie jeweils die benutzte SPSS-Funktion explizit an. ♣

Aufgabe 5-19*

Verwenden Sie zur Lösung der Problemstellungen die SPSS-Datendatei *GO.sav* aus dem lehrbuchbezogenen Downloadbereich. Die Datei beinhaltet Daten von zufällig ausgewählten Personenkraftwagen der Marke Opel, die im Jahr 2011 auf dem Berliner Gebrauchtwagenmarkt zum Verkauf angeboten wurden. Für die weiteren Betrachtungen sind lediglich PKW vom Typ „Vectra“ von Interesse.

a) Wie viele der interessierenden Gebrauchtwagen wurden zufällig ausgewählt? Geben Sie die Auswahlbedingung in der verbindlichen SPSS-Syntax an.

b) Fügen Sie in die Arbeitsdatei eine Variable mit dem Namen „Jahr“ ein, welche die jahresdurchschnittliche Fahrleistung (Angaben in Kilometern) zum Inhalt hat. Geben Sie die angewandte Berechnungsvorschrift in der verbindlichen SPSS-Syntax explizit an.

c) Welche jahresdurchschnittliche Fahrleistung besitzt der Gebrauchtwagen mit der Nummer 10356?

d) Ein Modell, das in der Versicherungswirtschaft für Basiskalkulationen von PKW-Versicherungen angewandt wird, beruht auf einer disjunkten und äquifrequenten Vierteilung von vergleichbaren PKW bezüglich ihrer jahresdurchschnittlichen Fahrleistung. Benennen und berechnen Sie für die interessierenden Gebrauchtwagen die erforderlichen und auf ganze Zahlen gerundeten Parameterwerte, die eine solche Vierteilung ermöglichen.

e) Ein Modell, das in der Versicherungswirtschaft für Beitragskalkulationen von PKW-Versicherungen angewandt wird, basiert auf der statistisch geprüften Prämisse, dass die jahresdurchschnittliche Fahrleistung von PKW eine normalverteilte Zufallsgröße ist. Spezifizieren Sie das Normalverteilungsmodell durch die zugehörigen Parameterwerte. Benennen und bestimmen Sie für die interessierenden PKW die Parameterwerte aus den verfügbaren Daten. Runden Sie die berechneten Parameterwerte auf ganze Zahlen.

f) Bestimmen Sie unter Verwendung des vollständig spezifizierten Normalverteilungsmodells aus der Problemstellung e) den prozentualen Anteil der interessierenden PKW, die eine jahresdurchschnittliche Fahrleistung von mindestens 15.000 km, aber von höchstens 20.000 km besitzen. Geben Sie die benutzte Berechnungsvorschrift in der verbindlichen SPSS-Syntax explizit an.

g) Bestimmen Sie unter Verwendung des vollständig spezifizierten Normalverteilungsmodells aus der Problemstellung e) den jahresdurchschnittlichen Fahrleistungswert, den das fahrleistungsschwächste Fünftel der interessierenden PKW höchstens besitzt. Geben Sie die benutzte Berechnungsvorschrift in der verbindlichen SPSS-Syntax explizit an. Wie wird in der statistischen Methodenlehre dieser Wert bezeichnet? ♣

Aufgabe 5-20*

Die statistische Analyse der Verweildauer (Angaben in Stunden) von zufällig ausgewählten Besuchern der Berliner Ausstellung „Die schönsten Franzosen kommen aus New York - Französische Meisterwerke des 19. Jahrhunderts" aus dem Jahr 2005 ergab, dass die Verweildauer eines Besuchers in der Ausstellung als eine exponentialverteilte Zufallsgröße mit dem Parameter $\lambda = 0{,}45$ (h^{-1}) aufgefasst werden kann.

a) Charakterisieren Sie die Zufallsgröße.

b) Bestimmen und interpretieren Sie den Erwartungswert der Zufallsgröße „Verweildauer eines Ausstellungsbesuchers".

c) Berechnen Sie die Wahrscheinlichkeit dafür, dass ceteris paribus ein zufällig ausgewählter Ausstellungsbesucher i) höchstens zwei Stunden bzw. ii) mindestens zwei Stunden in der Ausstellung verweilt? Geben Sie jeweils die von Ihnen applizierte Berechnungsvorschrift in der verbindlichen SPSS-Syntax explizit an.

d) Welche Verweildauer wird ceteris paribus von einem Ausstellungsbesucher mit einer Wahrscheinlichkeit von 0,95 nicht überschritten? Wie wird dieser Wert in der Statistik bezeichnet? Geben Sie die von Ihnen benutzte SPSS-Funktion in der verbindlichen Syntax explizit an. ♣

Aufgabe 5-21*

Die beiden nachfolgend dargestellten Grafiken beziehen sich auf das Fach Statistik in den wirtschaftswissenschaftlichen Bachelor-Studiengängen der HTW Berlin im vergangenen Semester.

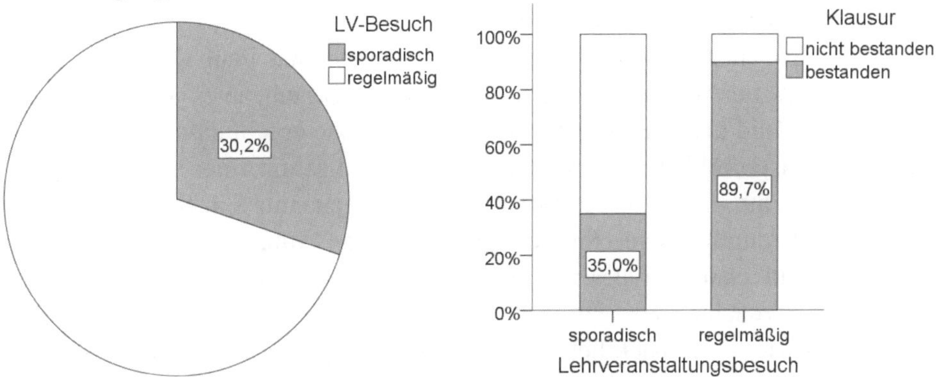

Von Interesse sind die folgenden Ereignisse: Ein zufällig ausgewählter Klausurteilnehmer

- besuchte die Lehrveranstaltungen sporadisch (Ereignis S) bzw. regelmäßig (Ereignis R).
- hat die Semesterabschlussklausur nicht bestanden (Ereignis N).

a) Beschreiben Sie das Ereignis $(S \cap N)$ verbal.

b) Bestimmen Sie gemäß dem schwachen Gesetz großer Zahlen aus den verfügbaren Informationen die folgenden Ereigniswahrscheinlichkeiten: P(S), P(R), P(N | S), P(N | R). Worin besteht die Kernaussage des schwachen Gesetzes großer Zahlen?

c) Berechnen Sie unter Verwendung der Ergebnisse aus der Problemstellung b) die Wahrscheinlichkeit für das Eintreten des Ereignisses N. Benennen Sie die angewandte Rechenregel. Auf welchen elementaren Rechenregeln der Wahrscheinlichkeitsrechnung basiert die angewandte Rechenregel?

d) Wie viele Klausurteilnehmer haben die Klausur nicht bestanden, wenn insgesamt 265 Studierende an der Klausur teilgenommen haben?

e) Aus der Menge der Klausurteilnehmer, welche die Klausur nicht bestanden haben, wird ein Klausurteilnehmer zufällig ausgewählt. Von Interesse ist, ob dieser Klausurteilnehmer im vergangenen Semester die Lehrveranstaltungen zur Statistik sporadisch oder regelmäßig besuchte. Welches der beiden interessierenden zufälligen Ereignisse ist am wahrscheinlichsten? Begründen Sie kurz Ihre Entscheidung und benennen Sie die angewandte Rechenregel.

f) Erläutern Sie anhand des betrachteten Sachverhalts kurz die folgenden Begriffe: a-priori-Wahrscheinlichkeit, a-posteriori-Wahrscheinlichkeit, Maximum-Likelihood-Prinzip. ♣

Aufgabe 5-22*

Der vom Fach Statistik begeisterte Student Paul betreibt gemeinsam mit seiner Familie in der Uckermark (Bundesland Brandenburg) eine Straußenfarm. In den Sommermonaten bietet das Familienunternehmen allwöchentlich auf dem Markt ein begehrtes Produkt feil: Straußeneier.

Zur preisbezogenen Klassifikation der Straußeneier hat Paul für ein großes Los von Straußeneiern das Gewicht eines jedes Straußeneies (Angaben in Gramm) erfasst und analysiert. Die statistische Analyse ergab, dass das Gewicht eines zufällig ausgewählten Straußeneies als eine Realisation einer normalverteilten Zufallsgröße aufgefasst werden kann und der sogenannte Ein-Sigma-Bereich der Zufallsgröße durch das geschlossene Intervall von [1400, 1600] gegeben ist.

a) Benennen und charakterisieren Sie das theoretische Verteilungsmodell der Straußeneiergewichte.

b) Wie ist das Modell hinsichtlich seiner Parameter spezifiziert? Benennen, bestimmen und interpretieren Sie die Verteilungsparameter.

c) Welchen Erlös würde das Familienunternehmen auf einem Wochenmarkt erwartungsgemäß erzielen, wenn Sie von den folgenden Prämissen ausgehen: Es werden 100 Straußeneier verkauft. Während ein Straußenei, dass hinsichtlich seines Gewichtes unterhalb bzw. oberhalb des sogenannten Ein-Sigma-Bereiches liegt, für 20 € bzw. 30 € veräußert wird, beläuft sich der Preis eines Straußeneies im sogenannten Ein-Sigma-Gewichtsbereich auf 25 €. ♣

Aufgabe 5-23

Zeigen Sie die Richtigkeit der folgenden Aussagen: Kann das Gewicht G von Hühnereiern durch eine Normalverteilung beschrieben werden, wobei im konkreten Fall $\mu = 63$ g und $\sigma = 5$ g gelten soll, dann ist die Wahrscheinlichkeit dafür, dass ein zufällig ausgewähltes Hühnerei dem Gewichtsintervall

a) $[\mu - k\cdot\sigma, \mu + k\cdot\sigma]$ zugeordnet wird,

$$P(\mu - k\cdot\sigma \le G < \mu + k\cdot\sigma) = 2\cdot\Phi(k) - 1 \approx \begin{cases} 0{,}683 & \text{für} \quad k = 1 \\ 0{,}955 & \text{für} \quad k = 2 \\ 0{,}997 & \text{für} \quad k = 3 \end{cases}.$$

b) $[\mu - z\cdot\sigma, \mu + z\cdot\sigma]$ zugeordnet wird,

$$P(\mu - z\cdot\sigma \le G < \mu + z\cdot\sigma) = 2\cdot\Phi(z) - 1 \approx \begin{cases} 0{,}90 & \text{für} \quad z = 1{,}65 \\ 0{,}95 & \text{für} \quad z = 1{,}96 \\ 0{,}99 & \text{für} \quad z = 2{,}58 \end{cases}.$$

c) Unter welcher Bezeichnung firmieren in der statistischen Methodenlehre die unter a) indizierten Aussagen?

d) Erläutern Sie am konkreten Sachverhalt kurz die folgenden Begriffe: i) Dichtefunktion, ii) Verteilungsfunktion, iii) Modellspezifikation. ♣

6 Aufgaben zur Statistischen Induktion

Die mit einem * markierten Aufgaben sind Klausuraufgaben.

Aufgabe 6-1

Verwenden Sie zur Lösung der folgenden Problemstellungen die SPSS-Datendatei *HE.sav* aus dem lehrbuchbezogenen Downloadbereich. Fassen Sie die zugrunde liegende Menge von Merkmalsträgern als eine statistische Grundgesamtheit auf.

a) Benennen Sie konkret den Merkmalsträger und charakterisieren Sie die statistische Grundgesamtheit.

b) Benennen Sie die Erhebungsmerkmale und geben Sie die Zustandsmenge sowie die Skalierung des jeweiligen Erhebungsmerkmals an.

c) Bestimmen und interpretieren Sie für jedes Erhebungsmerkmal in der statistischen Grundgesamtheit das arithmetische Mittel und die Standardabweichung.

d) Sie wählen aus der statistischen Grundgesamtheit einen Merkmalsträger zufällig aus und beschreiben ein interessierendes Erhebungsmerkmal im Zuge eines Messvorgangs mit Hilfe einer positiven reellen Zahl. Wie wird in der statistischen Methodenlehre diese Abbildung bezeichnet?

e) Wählen Sie aus der statistischen Grundgesamtheit zufällig ein Dutzend Hühnereier aus. Wie wird in der Statistik diese Auswahl von i) Merkmalsträgern und von ii) Merkmalswerten bezeichnet?

f) Bestimmen und interpretieren Sie für jedes Erhebungsmerkmal den Stichprobenmittelwert und die Stichprobenstandardabweichung für die von Ihnen gezogene Zufallsstichprobe.

g) Konstruieren Sie für jedes Erhebungsmerkmal jeweils auf einem Konfidenzniveau von 0,90 und von 0,99 aus der von Ihnen gezogenen Zufallsstichprobe ein realisiertes Schätzintervall für den „wahren Durchschnittswert“ in der Grundgesamtheit. Zu welcher Aussage gelangen Sie aus dem Vergleich der merkmalsspezifischen realisierten Schätzintervalle?

h) Können im konkreten Fall die realisierten Intervallschätzungen als „vertrauenswürdig“ angesehen werden? Begründen Sie kurz Ihre Aussage. ♣

Aufgabe 6-2

Verwenden Sie zur Beantwortung der nachfolgenden Fragestellungen die SPSS-Datendatei *AZ.sav* aus dem lehrbuchbezogenen Downloadbereich. Die Datei beinhaltet die Ergebnisse des Werfens eines gewöhnlichen Spielwürfels.

a) Charakterisieren Sie die Zufallsgröße A: „Augenzahl beim einmaligen Werfen eines gewöhnlichen Spielwürfels“.

b) Welchem theoretischen Verteilungsmodell genügt die Zufallsgröße „Augenzahl“, wenn Sie davon ausgehen, dass ein fairer bzw. idealer Spielwürfel verwendet wurde?

c) Fassen Sie die in der SPSS-Datendatei gespeicherten Ergebnisse als eine realisierte Zufallsstichprobe auf. Wie groß ist der Umfang der Zufallsstichprobe? Erläutern Sie am konkreten Sachverhalt kurz die Begriffe „Stichprobenvariable", „Realisation einer Stichprobenvariablen" und „Zufallsstichprobe".

d) Überprüfen Sie mit Hilfe des Chi-Quadrat-Anpassungstests auf einem Signifikanzniveau von 0,025 die folgende Behauptung: „Der benutzte Spielwürfel ist ideal." Interpretieren Sie Ihr Ergebnis. ♣

Aufgabe 6-3*

Verwenden Sie zur Lösung der folgenden Problemstellungen die SPSS-Datendatei *VS.sav* aus dem lehrbuchbezogenen Downloadbereich. Die Datei beinhaltet Daten von zufällig ausgewählten volljährigen Personen, die im Jahr 2007 im Rahmen der nationalen Verzehrstudie II deutschlandweit befragt wurden. Für die weiteren Betrachtungen sind lediglich Personen mit einem Realschulabschluss von Interesse.

a) Wie viele der interessierenden Personen wurden zufällig ausgewählt und befragt? Geben Sie die geschlechtsspezifische Häufigkeitsverteilung an.

b) Fügen Sie in die Datei eine Variable ein, die für die interessierenden Personen den Körper-Masse-Index zum Inhalt hat. Geben Sie die Berechnungsvorschrift in der SPSS-Syntax explizit an.

Hinweis: Der Körper-Masse-Index (Angaben in kg/m²) ist definiert als Quotient aus dem Körpergewicht (in kg) und dem Quadrat der Körpergröße (in m).

c) Prüfen Sie auf einem Signifikanzniveau von 0,02 mit Hilfe des KOLMOGOROV-SMIRNOV-Anpassungstests auf eine unvollständig spezifizierte Normalverteilung die folgende Hypothese: „In der statistischen Grundgesamtheit aller weiblichen Personen mit einem Realschulabschluss ist der Körper-Masse-Index eine normalverteilte Zufallsgröße."

d) Gehen Sie für die weiteren Betrachtungen davon aus, dass der Körper-Masse-Index einer männlichen Person mit einem Realschulabschluss eine normalverteilte Zufallsgröße ist. Schätzen Sie die Verteilungsparameter aus den erhobenen Daten und geben Sie die Werte auf zwei Dezimalstellen gerundet an.

e) Bestimmen Sie unter Verwendung der Ergebnisse aus der Problemstellung d) und unter der expliziten Angabe der von Ihnen angewandten SPSS-Funktion die Wahrscheinlichkeit (auf vier Dezimalstellen gerundet) dafür, dass eine zufällig ausgewählte männliche Person mit einem Realschulabschluss einen Körper-Masse-Index von mindestens 20 kg/m², aber weniger als 25 kg/m² besitzt und aus physiologischer Sicht als normalgewichtig eingestuft wird.

f) Berücksichtigen Sie die Prämissen aus der Problemstellung d) und bestimmen unter der expliziten Angabe der von Ihnen benutzten SPSS-Funktion den Körper-Masse-Index, der von drei Viertel der interessierenden Personen nicht überschritten wird. Wie wird dieser Wert bezeichnet? ♣

Aufgabe 6-4*

Verwenden Sie zur Lösung der Aufgabenstellungen die SPSS-Datendatei *MS.sav* aus dem lehrbuchbezogenen Downloadbereich. Die Datei beinhaltet Daten von zufällig ausgewählten Mietwohnungen, die im Jahr 2011 auf dem Berliner Mietwohnungsmarkt angeboten wurden. Von Interesse sind alle für den Berliner Stadtteil Wilmersdorf erhobenen Vier-Zimmer-Mietwohnungen.

a) Wie viele Wilmersdorfer Vier-Zimmer-Wohnungen wurden statistisch erhoben? Geben Sie explizit die von Ihnen benutzte SPSS-Auswahlbedingung an.

b) Die statistisch erhobenen Wilmersdorfer Vier-Zimmer-Mietwohnungen sind das Ergebnis einer systematischen Zufallsauswahl. Erläutern Sie am konkreten Sachverhalt kurz das Prinzip einer systematischen Zufallsauswahl.

c) Kann der Mietpreis einer zufällig ausgewählten Wilmersdorfer Vier-Zimmer-Mietwohnung als eine Realisation einer normalverteilten Zufallsgröße aufgefasst werden? Überprüfen Sie diesen Sachverhalt auf einem Signifikanzniveau von 0,05 mit Hilfe eines geeigneten und konkret zu benennenden Verfahrens. Gehen Sie davon aus, dass Sie keine Kenntnisse über die „wahren“ Verteilungsparameter besitzen.

d) Fassen Sie die Mietpreise von Wilmersdorfer Vier-Zimmer-Mietwohnungen als Realisationen einer normalverteilten Zufallsgröße auf. Schätzen Sie die Verteilungsparameter aus der Zufallsstichprobe, benennen Sie die Verteilungsparameter und geben Sie jeweils ihren Wert auf zwei Dezimalstellen gerundet mit Maßeinheit an. Formulieren Sie anhand der verfügbaren Informationen eine vollständig spezifizierte Verteilungshypothese.

e) Berechnen Sie unter Verwendung der Ergebnisse aus der Problemstellung d) und unter der expliziten Angabe der benutzten SPSS-Funktion die Wahrscheinlichkeit dafür, dass eine zufällig ausgewählte Wilmersdorfer Vier-Zimmer-Mietwohnung mindestens einen Mietpreis von 7 €/m² besitzt.

f) Bestimmen Sie unter Verwendung der Ergebnisse aus der Problemstellung d) und unter der expliziten Angabe der benutzten SPSS-Funktion das untere Mietpreisquartil. Interpretieren Sie diesen Wert. ♣

Aufgabe 6-5*

Verwenden Sie die SPSS-Datendatei *RT.sav* aus dem lehrbuchbezogenen Downloadbereich. Die Datei beinhaltet Daten von zufällig ausgewählten Personenkraftwagen der Marke „Renault Twingo“, die im zweiten Halbjahr 2007 auf dem Berliner Gebrauchtwagenmarkt angeboten wurden. Fassen Sie die erhobenen Daten als das Ergebnis einer reinen Zufallsauswahl auf.

a) Erläutern Sie am konkreten Sachverhalt kurz die folgenden Begriffe: Merkmalsträger, Grundgesamtheit, Stichrobe, Stichprobenumfang.

b) Erläutern Sie kurz am konkreten Sachverhalt das Prinzip einer reinen Zufallsauswahl.

c) Fügen Sie in die Datei eine Variable ein, die für jeden Merkmalsträger die durchschnittliche Fahrleistung pro Altersjahr (Angaben in km) angibt. Geben Sie explizit die benutzte Berechnungsvorschrift in der SPSS-Syntax an.
d) Berechnen und interpretieren Sie für die jahresdurchschnittliche Fahrleistung den Stichprobenmittelwert und die Stichprobenstandardabweichung. Runden Sie die Werte auf ganze Zahlen.
e) Bestimmen und interpretieren Sie auf einem Konfidenzniveau von 0,9 ein realisiertes Konfidenzintervall für die mittlere jahresdurchschnittliche Fahrleistung von PKW der Marke Renault Twingo.
f) Prüfen Sie mit Hilfe eines geeigneten und konkret zu benennenden Verfahrens auf einem Signifikanzniveau von 0,025 die folgende Hypothese: „Die jahresdurchschnittliche Fahrleistung eines PKW der Marke Renault Twingo ist eine normalverteilte Zufallsgröße."
g) Gehen Sie davon aus, dass die jahresdurchschnittliche Fahrleistung eine normalverteilte Zufallsgröße ist. Geben Sie unter Verwendung der betreffenden Stichprobenparameter und unter der expliziten Angabe der applizierten SPSS-Funktion die Wahrscheinlichkeit dafür an, dass ein zufällig ausgewählter PKW der Marke Renault Twingo im Jahresdurchschnitt mindestens 10000 km gefahren wird. Bestimmen und interpretieren Sie zudem das Fahrleistungsquantil der Ordnung 0,95. ♣

Aufgabe 6-6*

Verwenden Sie zur Lösung der folgenden Problemstellungen die SPSS-Datendatei *VS.sav* aus dem lehrbuchbezogenen Downloadbereich. Die Datei beinhaltet Daten von zufällig ausgewählten volljährigen Personen, die im Jahr 2007 im Rahmen der nationalen Verzehrstudie II deutschlandweit befragt wurden. Von Interesse sind alle erfassten weiblichen Personen im Alter von höchstens 30 Jahren mit einem Hauptschul- oder Realschulabschluss.

a) Berechnen Sie für die interessierenden Personen den Körper-Masse-Index (vgl. Aufgabe 6-3*). Für wie viele der ausgewählten Personen kann ein Indexwert berechnet werden? Geben Sie den benutzten SPSS-Filter explizit an.
b) Können die Körper-Masse-Indizes der interessierenden Personen in ihrer schulabschlussbezogenen Gliederung jeweils als Realisationen einer normalverteilten Zufallsgröße aufgefasst werden? Überprüfen Sie diesen Sachverhalt mit Hilfe eines geeigneten und konkret zu benennenden Verfahrens auf einem Signifikanzniveau von 0,05. Gehen Sie davon aus, dass Sie keine Kenntnisse über die Verteilungsparameter besitzen.
c) Können die Körper-Masse-Indizes der interessierenden Personen in ihrer schulabschlussbezogenen Gliederung als varianzhomogen aufgefasst werden? Überprüfen Sie den Sachverhalt mit Hilfe eines geeigneten und konkret zu benennenden Verfahrens auf einem Signifikanzniveau von 0,05.

d) Können die Körper-Masse-Indizes der interessierenden Personen in ihrer schulabschlussbezogenen Gliederung als mittelwerthomogen aufgefasst werden? Überprüfen Sie den Sachverhalt mit Hilfe eines geeigneten und konkret zu benennenden Verfahrens auf einem Signifikanzniveau von 0,05.

e) Konstruieren Sie auf einem Konfidenzniveau von 0,975 ein Konfidenzintervall über den wahren, jedoch unbekannten durchschnittlichen Körper-Masse-Index in der statistischen Grundgesamtheit aller weiblichen Personen im Alter von höchstens 30 Jahren mit einem Realschulabschluss. ♣

Aufgabe 6-7*

Verwenden Sie zur Lösung der folgenden Problemstellungen die SPSS-Datendatei *GW.sav* aus dem lehrbuchbezogenen Downloadbereich. Die Datei beinhaltet Daten von zufällig ausgewählten PKW, die im ersten Halbjahr 2010 auf dem Berliner Gebrauchtwagenmarkt zum Verkauf angeboten wurden. Von Interesse sind die erfassten Gebrauchtwagen vom Typ Audi A4 und Ford Escort.

a) Wie viele Gebrauchtwagen des Typs Audi A4 und Ford Escort wurden erfasst? Geben Sie die SPSS-Auswahlbedingung explizit an.

b) Fügen Sie unter der expliziten Angabe der benutzten Berechnungsvorschrift in die SPSS-Arbeitsdatei eine Variable ein, welche die jahresdurchschnittliche Fahrleistung (Angaben in Kilometer, ganzzahlig gerundet) der interessierenden Gebrauchtwagen beschreibt.

c) Bestimmen und interpretieren Sie für die Variable „jahresdurchschnittliche Fahrleistung" die typenspezifischen Stichprobenmittelwerte.

d) Können die jahresdurchschnittlichen Fahrleistungen der interessierenden Gebrauchtwagen in ihrer typenspezifischen Gliederung jeweils als Realisationen einer normalverteilten Zufallsgröße aufgefasst werden? Überprüfen Sie diesen Sachverhalt mit Hilfe eines geeigneten und konkret zu benennenden Verfahrens auf einem Signifikanzniveau von 0,05. Gehen Sie davon aus, dass Sie keine Kenntnisse über die Verteilungsparameter besitzen.

e) Können die jahresdurchschnittlichen Fahrleistungen der interessierenden Gebrauchtwagen in ihrer typenspezifischen Gliederung als Realisationen varianzhomogener und mittelwerthomogener Zufallsgrößen aufgefasst werden? Überprüfen Sie den jeweiligen Sachverhalt mit Hilfe eines geeigneten und konkret zu benennenden Verfahrens auf einem Signifikanzniveau von 0,05.

f) Konstruieren Sie auf einem Konfidenzniveau von 0,95 ein Schätzintervall über das wahre, jedoch unbekannte und ganzzahlig gerundete arithmetische Mittel der jahresdurchschnittlichen Fahrleistungen in der statistischen Grundgesamtheit aller Gebrauchtwagen des Typs Audi A4, die im ersten Halbjahr 2010 auf dem Berliner Gebrauchtwagenmarkt zum Verkauf angeboten wurden. Interpretieren Sie Ihr Ergebnis sowohl aus statistisch-methodischer als auch aus sachlogischer Sicht. ♣

Aufgabe 6-8*

Verwenden Sie zur Lösung der folgenden Problemstellungen die SPSS-Datendatei *AM.sav*, die Sie im lehrbuchbezogenen Downloadbereich finden. Die Datei basiert auf dem vom ADAC herausgegebenen Automarkenindex AUTOMARXX für das Jahr 2007. Die interessierenden Erhebungsmerkmale „Markenimage", „Markeninnovationen", „Markenqualität", „Marktposition", „Kundenbindung" und „Kundenzufriedenheit" wurden jeweils auf einer Punkte-Skala mit den Randwerten null für „ungenügend" und neun für „ausgezeichnet" gemessen. Von Interesse sind alle erfassten Automarken.

a) Fügen Sie in die Datei eine Variable ein, die für jede Automarke das arithmetische Mittel der in Rede stehenden Erhebungsmerkmale zum Inhalt hat. Geben Sie die Berechnungsvorschrift explizit an.
b) Können die Durchschnittsbewertungen, die gemäß a) berechnet wurden, in ihrer kontinentalen Gliederung jeweils als Realisationen einer normalverteilten Zufallsgröße aufgefasst werden? Überprüfen Sie diesen Sachverhalt mit Hilfe eines geeigneten und konkret zu benennenden Verfahrens auf einem Signifikanzniveau von 0,02. Gehen Sie davon aus, dass Sie keine Kenntnisse über die Verteilungsparameter besitzen.
c) Können die gemäß a) berechneten Durchschnittsbewertungen in ihrer kontinentalen Gliederung als varianz- und als mittelwerthomogen aufgefasst werden? Überprüfen Sie den jeweiligen Sachverhalt mit Hilfe eines geeigneten und konkret zu benennenden Verfahrens auf einem Signifikanzniveau von 0,02. Gehen Sie davon aus, dass die kontinentalspezifischen Durchschnittsbewertungen jeweils Realisationen von normalverteilten Zufallsgrößen sind.
d) Ist es im konkreten Fall sinnvoll, einen Post-Hoc-Test durchzuführen? Begründen Sie kurz Ihre Entscheidung und geben Sie gegebenenfalls unter Beibehaltung der SPSS-Standardeinstellungen und unter Benennung des Testverfahrens das Testergebnis an. ♣

Aufgabe 6-9*

Verwenden Sie zur Lösung der folgenden Problemstellungen die SPSS-Datendatei *VS.sav* aus dem lehrbuchbezogenen Downloadbereich. Die Datei beinhaltet Daten von zufällig ausgewählten volljährigen Personen, die 2007 im Rahmen der nationalen Verzehrstudie II deutschlandweit befragt wurden. Von Interesse sind alle männlichen Befragten im Alter von höchstens 25 Jahren.

a) Wie viele männliche Personen in der interessierenden Altersgruppe wurden befragt? Geben Sie die SPSS-Auswahlbedingung explizit an.
b) Können die Körper-Masse-Indizes der interessierenden Personen in ihrer schulabschlussbezogenen Gliederung jeweils als Realisationen einer normalverteilten Zufallsgröße aufgefasst werden? Überprüfen Sie diesen Sachverhalt mit Hilfe eines geeigneten und konkret zu benennenden Verfahrens auf einem

Signifikanzniveau von 0,05. Gehen Sie davon aus, dass Sie keine Kenntnisse über die Verteilungsparameter besitzen.

c) Können die Körper-Masse-Indizes der interessierenden Personen in ihrer schulabschlussbezogenen Gliederung sowohl als varianzhomogen als auch als mittelwerthomogen aufgefasst werden? Überprüfen Sie den jeweiligen Sachverhalt mit Hilfe eines geeigneten und konkret zu benennenden Verfahrens auf einem Signifikanzniveau von 0,05.

d) Ist es im konkreten Fall sinnvoll, einen Post-Hoc-Test durchzuführen? Begründen Sie kurz Ihre Entscheidung und geben Sie gegebenenfalls unter Beibehaltung der SPSS-Standardeinstellungen und unter Benennung des Testverfahrens das Testergebnis an. ♣

Aufgabe 6-10*

Verwenden Sie zur Lösung der folgenden Problemstellungen die SPSS-Datendatei *GW.sav* aus dem lehrbuchbezogenen Downloadbereich. Die Datei beinhaltet Daten von zufällig ausgewählten PKW, die im ersten Halbjahr 2010 auf dem Berliner Gebrauchtwagenmarkt zum Verkauf angeboten wurden. Für die weiteren Betrachtungen sind alle erfassten Gebrauchtwagentypen von Interesse.

a) Wie viele Gebrauchtwagen wurden insgesamt und in ihrer typenspezifischen Gliederung erfasst?

b) Fügen Sie unter der expliziten Angabe der benutzten Berechnungsvorschrift in die SPSS-Arbeitsdatei eine Variable ein, welche die monatsdurchschnittliche Fahrleistung (Angaben in Kilometer, ganzzahlig gerundet) der interessierenden Gebrauchtwagen beschreibt.

c) Können die monatsdurchschnittlichen Fahrleistungen der Gebrauchtwagen in ihrer typenspezifischen Gliederung jeweils als Realisationen einer normalverteilten Zufallsgröße aufgefasst werden? Überprüfen Sie diesen Sachverhalt mit Hilfe eines geeigneten und konkret zu benennenden Verfahrens auf einem Signifikanzniveau von 0,05. Gehen Sie davon aus, dass Sie keine Kenntnisse über die Verteilungsparameter besitzen.

d) Können die monatsdurchschnittlichen Fahrleistungen der Gebrauchtwagen in ihrer typenspezifischen Gliederung als varianzhomogen aufgefasst werden? Überprüfen Sie den Sachverhalt mit Hilfe eines geeigneten und konkret zu benennenden Verfahrens auf einem Signifikanzniveau von 0,05.

e) Können die monatsdurchschnittlichen Fahrleistungen der Gebrauchtwagen in ihrer typenspezifischen Gliederung als mittelwerthomogen aufgefasst werden? Überprüfen Sie den Sachverhalt mit Hilfe eines geeigneten und konkret zu benennenden Verfahrens auf einem Signifikanzniveau von 0,05.

f) Ist es im konkreten Fall sinnvoll, den gemäß e) applizierten Mittelwerthomogenitätstest noch durch einen geeigneten Post-Hoc-Test zu ergänzen? Begründen Sie kurz Ihre Aussage und geben Sie ein mögliches Ergebnis an. ♣

Aufgabe 6-11*

Verwenden Sie zur Lösung der folgenden Problemstellungen die SPSS-Datendatei *EW.sav* aus dem lehrbuchbezogenen Downloadbereich. Die Datei beinhaltet Daten von zufällig ausgewählten Eigentumswohnungen, die im ersten Quartal 2011 auf dem Berliner Wohnungsmarkt zum Kauf angeboten wurden. Für die weiteren Betrachtungen sind lediglich Vier-Raum- und Fünf-Raum-Eigentumswohnungen von Interesse.

a) Wie viele Vier-Raum-Eigentumswohnungen und wie viele Fünf-Raum-Eigentumswohnungen wurden jeweils zufällig ausgewählt und erfasst? Geben Sie die SPSS-Auswahlbedingung explizit an.

b) Fügen Sie in die Arbeitsdatei eine Variable ein, welche für die interessierenden Eigentumswohnungen den Quadratmeterpreis (Angaben in €/m²) zum Inhalt hat. Geben Sie die Berechnungsvorschrift in der verbindlichen SPSS-Syntax explizit an.

Hinweis: Gehen Sie für die weiteren Betrachtungen davon aus, dass die Quadratmeterpreise von Eigentumswohnungen mit einer gleichen Wohnraumanzahl jeweils Realisationen einer normalverteilten Zufallsgröße sind.

c) Können auf dem Berliner Eigentumswohnungsmarkt für Vier-Raum- bzw. Fünf-Raum-Wohnungen sowohl die Varianzen als auch die arithmetischen Mittelwerte der Quadratmeterpreise als homogen aufgefasst werden? Überprüfen Sie den jeweiligen Sachverhalt mit Hilfe eines geeigneten und konkret zu benennenden Verfahrens auf einem Signifikanzniveau von 0,05. Interpretieren Sie Ihre Analyseergebnisse.

d) Beschreiben Sie für die zufällig ausgewählten und erfassten Vier-Raum- bzw. Fünf-Raum-Eigentumswohnungen die jeweilige Quadratmeterpreisverteilung mit Hilfe eines Boxplots. Zu welcher Aussage gelangen Sie aus einer vergleichenden Betrachtung der beiden Boxplots? ♣

Aufgabe 6-12*

Verwenden Sie zur Lösung der folgenden Problemstellungen die SPSS-Datendatei *RH.sav* aus dem lehrbuchbezogenen Downloadbereich. Die Daten basieren auf einer Gästebefragung in Romantik-Hotels aus dem Jahr 2010. Für die weiteren Betrachtungen sind lediglich die befragten Hotelgäste in der Altersgruppe „30 Jahre bis unter 40 Jahre" von Interesse.

a) Wie viele Hotelgäste der interessierenden Altersgruppe wurden zufällig ausgewählt und befragt? Geben Sie die SPSS-Auswahlbedingung in der verbindlichen Syntax explizit an.

b) Wie verteilen sich die interessierenden Hotelgäste, die im Hinblick auf das Erhebungsmerkmal „Geschlecht" eine gültige Antwort gaben, auf die Ausprägungen des Erhebungsmerkmals? Wie viele Hotelgäste gaben keine Antwort bzw. keine gültige Antwort?

c) Die SPSS-Variable „Gesamt“ beinhaltet für jeden befragten Hotelgast einen Gesamtzufriedenheitswert, der als ein arithmetisches Mittel aus den erfassten Werten der vierzehn Zufriedenheitskriterien Z1 bis Z14 berechnet wurde, die jeweils auf einer Punkteskala mit den Randwerten null für unzufrieden und fünf für zufrieden gemessen wurden.

Können in der Grundgesamtheit der Hotelgäste die Gesamtzufriedenheitswerte in ihrer geschlechtsspezifischen Gliederung als Realisationen von i) normalverteilten, ii) varianzhomogenen und iii) mittelwerthomogenen Zufallsgrößen aufgefasst werden? Überprüfen Sie die drei Sachverhalte jeweils mit Hilfe eines geeigneten und konkret zu benennenden Verfahrens auf einem Signifikanzniveau von 0,05. Gehen Sie davon aus, dass Sie keine Kenntnis über die Kennzahlen in der Grundgesamtheit der Hotelgäste besitzen. ♣

Aufgabe 6-13*

Verwenden Sie zur Lösung der Problemstellungen die SPSS-Datendatei *HL.sav* aus dem lehrbuchbezogenen Downloadbereich. Die Datei beinhaltet Daten, die zur Bewertung des neuen Hochschullogos der HTW Berlin im Sommersemester 2009 im Zuge einer Blitzumfrage stichprobenartig erhoben wurden.

a) Können die abgegebenen Voten in ihrer statusgruppenspezifischen Gliederung jeweils als Realisationen einer normalverteilten Zufallsgröße aufgefasst werden? Überprüfen Sie den jeweiligen Sachverhalt mit Hilfe eines geeigneten Verfahrens auf einem Signifikanzniveau von 0,05. Gehen Sie jeweils davon aus, dass Sie keine Kenntnis über die Verteilungsparameter besitzen.

b) Können die statusgruppenspezifischen Voten jeweils als Realisationen von varianzhomogenen und von mittelwerthomogenen Zufallsgrößen aufgefasst werden? Überprüfen Sie den jeweiligen Sachverhalt mit Hilfe eines geeigneten Verfahrens auf einem Signifikanzniveau von 0,05.

c) Ist es im konkreten Fall sinnvoll, einen Post-Hoc-Test durchzuführen? Begründen Sie kurz Ihre Aussage und benennen Sie gegebenenfalls ein geeignetes Verfahren sowie das sich daraus ergebende Analyseergebnis. ♣

Aufgabe 6-14*

Verwenden Sie zur Lösung der folgenden Problemstellungen die SPSS-Datendatei *EW.sav* aus dem lehrbuchbezogenen Downloadbereich. Die Datei beinhaltet Daten von zufällig ausgewählten Eigentumswohnungen, die im Jahr 2011 auf dem Berliner Wohnungsmarkt zum Kauf angeboten wurden.

a) Fügen Sie in die Arbeitsdatei eine Variable ein, welche den Quadratmeterpreis (Angaben in €/m²) für jede erfasste Eigentumswohnung zum Inhalt hat. Geben Sie die Berechnungsvorschrift in der SPSS-Syntax explizit an.

b) Können die Quadratmeterpreise in ihrer Gliederung nach der Wohnraumanzahl jeweils als Realisationen einer normalverteilten Zufallsgröße aufgefasst werden? Überprüfen Sie den jeweiligen Sachverhalt mit Hilfe eines geeigneten und konkret zu benennenden Verfahrens auf einem Signifikanzniveau von 0,05. Gehen Sie jeweils davon aus, dass Sie keine Kenntnis über die Verteilungsparameter besitzen.

c) Können die Quadratmeterpreise in ihrer Gliederung nach der Wohnraumanzahl jeweils als Realisationen von varianzhomogenen und von mittelwerthomogenen Zufallsgrößen aufgefasst werden? Überprüfen Sie den jeweiligen Sachverhalt mit Hilfe eines geeigneten und konkret zu benennenden Verfahrens auf einem Signifikanzniveau von 0,05.

d) Ist es im konkreten Fall sinnvoll, einen Post-Hoc-Test durchzuführen? Begründen Sie kurz Ihre Aussage und benennen Sie gegebenenfalls ein geeignetes Verfahren sowie das sich daraus ergebende Analyseergebnis. ♣

Aufgabe 6-15*

Verwenden Sie zur Lösung der Problemstellungen die SPSS-Datendatei *KV.sav* aus dem lehrbuchbezogenen Downloadbereich. Die Datei basiert auf einer Studie des Kaufverhaltens von Kunden, die im Wirtschaftsjahr 2012 in einem großen und stark frequentierten Berliner Supermarkt bewerkstelligt wurde. Dabei wurden unter anderem an jeder Kasse für jeden fünften Kunden die Kassennummer und der kundenbezogene Umsatz erfasst.

a) Wie viele Kunden wurden zufällig ausgewählt und erfasst? Benennen und erläutern Sie kurz das praktizierte Auswahlverfahren.

b) Fassen Sie die Kassennummer als eine Zufallsgröße K auf und prüfen Sie auf einem Signifikanzniveau von 0,05 mit Hilfe des Chi-Quadrat-Anpassungstests die Hypothese: „Die Zufallsgröße K genügt dem Modell einer Gleichverteilung." Interpretieren Sie Ihr Ergebnis.

c) Prüfen Sie auf einem Signifikanzniveau von 0,05 mit Hilfe des Kolmogorov-Smirnov-Anpassungstests in der Lilliefors-Modifikation die Hypothese: „Der kundenbezogene Umsatz ist eine normalverteilte Zufallsgröße." Interpretieren Sie Ihr Ergebnis.

d) Fassen Sie die erfassten kundenbezogenen Umsätze als Realisationen einer normalverteilten Zufallsgröße auf.

- Wie ist das Normalverteilungsmodell spezifiziert? Benennen Sie die Parameterwerte und geben Sie diese auf Euro und Eurocent gerundet an.
- Bestimmen Sie unter Verwendung des vollständig spezifizierten Verteilungsmodells und unter Angabe der benutzten SPSS Berechnungsvorschrift
  - ➢ den kundenbezogenen Umsatz, der unter den gegebenen Bedingungen mit einer Wahrscheinlichkeit von 0,9 höchstens zu erwarten ist.
  - ➢ die Wahrscheinlichkeit dafür, dass sich unter den gegebenen Bedingungen ein kundenbezogener Umsatz auf mindestens 100 € beläuft. ♣

7 Aufgaben zur Zusammenhangsanalyse

Die mit einem * markierten Aufgaben sind Klausuraufgaben.

Aufgabe 7-1*

Die beiden Grafiken beruhen auf einer Studierendenbefragung, die im Sommersemester 1996 an Berliner Hochschulen durchgeführt wurde.

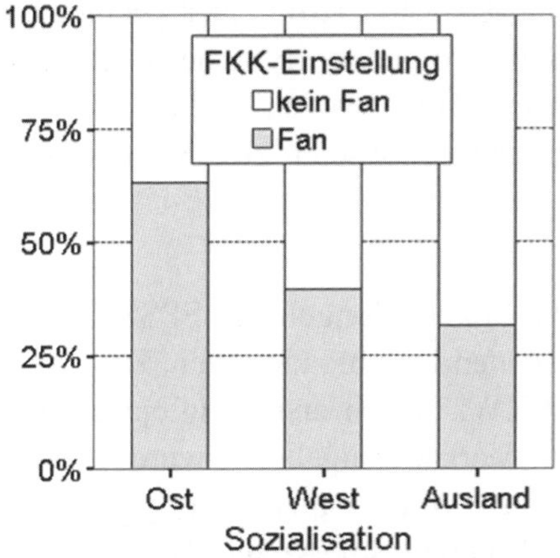

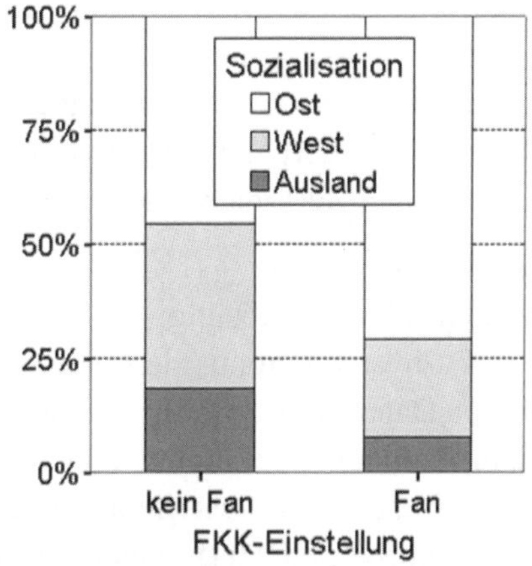

a) Benennen Sie den Merkmalsträger und charakterisieren Sie die Erhebungsmerkmale, die der statistischen Analyse zugrunde liegen, indem Sie jeweils die Zustandsmenge und die Skalierung angeben.
b) Wie werden in der statistischen Methodenlehre die Grafiken bezeichnet?
c) Welche Form der statistischen Datenanalyse liegt diesen Grafiken zugrunde?
d) Zu welcher analytischen Aussage gelangen Sie allein aus einer vergleichenden Betrachtung der jeweiligen Grafik? Begründen Sie kurz Ihre Aussagen. ♣

Aufgabe 7-2*

Verwenden Sie zur Lösung der Problemstellungen die SPSS-Datendatei *SB.sav* aus dem lehrbuchbezogenen Downloadbereich. Die Datei basiert auf einer Studierendenbefragung, die mittels einer systematischen Zufallsauswahl im Sommersemester 1996 an Berliner Hochschulen durchgeführt wurde.

a) Wie viele Studierende wurden zufällig ausgewählt und befragt? Wie wird diese Information in der Induktiven Statistik bezeichnet?
b) Skizzieren Sie das Grundprinzip der praktizierten Zufallsauswahl.
c) Charakterisieren Sie die Erhebungsmerkmale „Einstellung zur Frei-Körper-Kultur“ und „Religionszugehörigkeit“, indem Sie jeweils die Zustandsmenge und die Skalierung angeben.
d) Erstellen Sie für die in Rede stehenden Erhebungsmerkmale eine Kontingenztabelle. Welchen Typs ist die Kontingenztabelle? Warum?
e) Wie viele Konditionalverteilungen können Sie insgesamt aus der Kontingenztabelle ableiten?

f) Zu welcher Aussage gelangen Sie aus einer vergleichenden Betrachtung der durch das Erhebungsmerkmal „Religionszugehörigkeit“ bedingten Verteilungen des Erhebungsmerkmals „Einstellung zur Frei-Körper-Kultur“?
g) Messen Sie mit Hilfe einer geeigneten und konkret zu benennenden Maßzahl die Stärke der statistischen Kontingenz zwischen den beiden interessierenden Erhebungsmerkmalen.
h) Prüfen Sie auf einem Signifikanzniveau von 0,025 mit Hilfe eines geeigneten und konkret zu benennenden Verfahrens die folgende Hypothese: „In der Grundgesamtheit von Studierenden an Berliner Hochschulen sind die Einstellung zur Frei-Körper-Kultur und die Religionszugehörigkeit zwei voneinander unabhängige Merkmale“. ♣

Aufgabe 7-3*

Verwenden Sie zur Lösung der folgenden Problemstellungen die SPSS-Datendatei *GW.sav* aus dem aus dem lehrbuchbezogenen Downloadbereich. Die Datei beinhaltet Daten von zufällig ausgewählten PKW, die im ersten Halbjahr 2010 auf dem Berliner Gebrauchtwagenmarkt zum Verkauf angeboten wurden. Von Interesse sind die erfassten Gebrauchtwagen vom Typ Honda Accord.

a) Benennen Sie den Merkmalsträger und die Erhebungsmerkmale. Wie sind die Erhebungsmerkmale skaliert?
b) Wie viele interessierende Merkmalsträger wurden zufällig ausgewählt? Wie wird diese Menge zufällig ausgewählter Merkmalsträger bezeichnet?
c) Fügen Sie in die Arbeitsdatei eine Variable ein, welche die monatsdurchschnittliche Fahrleistung (Angaben in km) der erfassten Honda Accord beschreibt. Geben Sie die Berechnungsvorschrift in der SPSS-Syntax an.
d) Analysieren Sie mit Hilfe einer geeigneten und konkret zu benennenden Maßzahl den statistischen Zusammenhang zwischen i) Alter und Fahrleistung, ii) Alter und Zeitwert, iii) Alter und monatsdurchschnittlicher Fahrleistung. Interpretieren Sie das jeweilige Ergebnis statistisch und sachlogisch.
e) Prüfen Sie jeweils auf einem Signifikanzniveau von 0,05 mit Hilfe eines geeigneten und konkret zu benennenden Verfahrens die folgende Hypothese: „In der statistischen Grundgesamtheit aller im ersten Halbjahr 2010 auf dem Berliner Gebrauchtwagenmarkt angebotenen PKW des Typs Honda Accord sind i) das Alter und die Fahrleistung und ii) das Alter und die monatsdurchschnittliche Fahrleistung zwei voneinander unabhängige Merkmale.“ Interpretieren Sie das jeweilige Ergebnis statistisch und sachlogisch.
f) Messen Sie mit Hilfe des partiellen Maßkorrelationskoeffizienten die Stärke und die Richtung des statistischen Zusammenhangs zwischen dem Alter und der monatsdurchschnittlichen Fahrleistung. Verwenden Sie das Erhebungsmerkmal „(bisherige) Fahrleistung“ als die sogenannte Kontrollvariable. Interpretieren Sie die Maßzahl. ♣

Aufgabe 7-4*

Die beiden Grafiken beruhen auf statistisch erhobenen Daten von 70 PKW der Marke „Renault Twingo", die im zweiten Quartal 2007 auf dem Berliner Gebrauchtwagenmarkt zum Verkauf angeboten wurden.

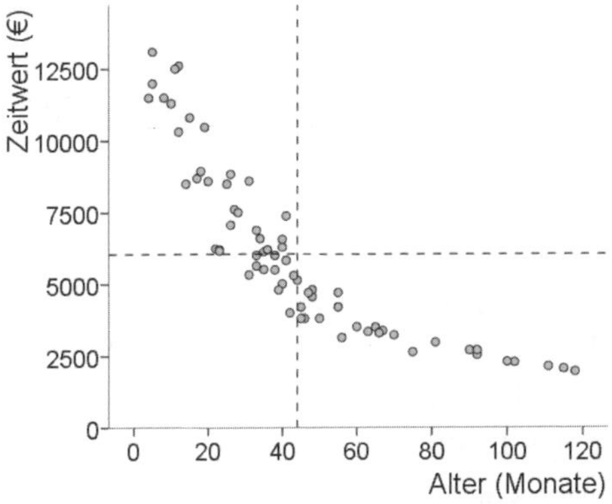

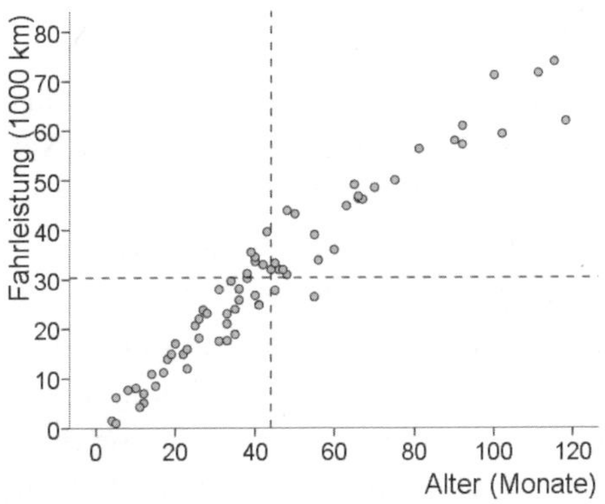

a) Benennen Sie den Merkmalsträger und charakterisieren Sie die Gesamtheit.

b) Benennen Sie die interessierenden statistischen Erhebungsmerkmale.

c) Auf welcher Skala sind die Ausprägungen der Erhebungsmerkmale definiert. Geben Sie für jedes Erhebungsmerkmal die zugehörige Zustandsmenge an.

d) Wie werden in der Statistik die beigefügten Grafiken bezeichnet?

e) Worin besteht die Kernaussage der jeweiligen Grafik? Erläutern Sie kurz den jeweiligen grafischen Analysebefund.

f) Die parallel zur Ordinate bzw. Abszisse verlaufenden gestrichelten Linien markieren jeweils das durchschnittliche Niveau der erfassten Merkmalswerte. Geben Sie die Werte näherungsweise an und interpretieren Sie diese sachlogisch. Erläutern Sie anhand der jeweiligen Grafik zudem die Grundidee einer statistischen Maßkorrelationsanalyse.

g) Die beigefügte Tabelle ist ein Auszug aus dem zugehörigen SPSS-Ergebnisprotokoll, wobei die Variablen *Fahr* bzw. *Wert* die Fahrleistung bzw. den Zeitwert kennzeichnen. Benennen und interpretieren Sie die jeweiligen Maßzahlen sowohl aus statistischer und als auch aus sachlogischer Sicht.

Korrelationsmatrix

	Alter	Fahr	Wert
Alter	1	,966	-,861
Fahr	,966	1	-,883
Wert	-,861	-,883	1

h) In welchem logischen Zusammenhang stehen die statistischen Analysebefunde aus der vorhergehenden Problemstellung mit den beiden eingangs beigefügten grafischen Darstellungen? ♣

Aufgabe 7-5*

Verwenden Sie zur Lösung der folgenden Problemstellungen die SPSS-Datendatei *PS.sav* aus dem lehrbuchbezogenen Downloadbereich. Die Datei basiert auf den bundesländerspezifischen Ergebnissen der Pisa-Studie aus dem Jahr 2009. Von Interesse sind die drei Kompetenzfaktoren „Fremdsprache", „Muttersprache" und „Naturwissenschaften", die im Zuge einer Faktorenanalyse aus zehn empirisch erhobenen und auf einer metrischen Skala gemessenen Schülerkompetenzen extrahiert wurden. Die zehn Schülerkompetenzen wurden in der SPSS-Variablen „Indikator" in Gestalt eines arithmetischen Mittels zu einer bundeslandbezogenen Kennzahl aggregiert.

a) Bestimmen Sie für die drei Kompetenzfaktoren jeweils das arithmetische Mittel und die Standardabweichung. Zu welcher analytischen Aussage gelangen Sie allein aus einer Betrachtung der Mittelwerttabelle?
b) Geben Sie die Kompetenzfaktorwerte für das Bundesland Sachsen an und interpretieren Sie den jeweiligen Wert sachlogisch.
c) Erstellen Sie für die drei Kompetenzfaktoren eine Korrelationsmatrix. Charakterisieren Sie die Korrelationsmatrix. Zu welcher analytischen Aussage gelangen Sie allein aus der Betrachtung der Korrelationsmatrix?
d) Messen Sie mit Hilfe einer geeigneten und konkret zu benennenden Maßzahl die Stärke und die Richtung des statistischen Zusammenhangs zwischen dem muttersprachlichen Kompetenzfaktor und der Indikatorvariablen. Interpretieren Sie Ihr Ergebnis.
e) Messen Sie mit Hilfe einer geeigneten und konkret zu benennenden Maßzahl die Stärke und die Richtung des statistischen Zusammenhangs zwischen dem muttersprachlichen und dem fremdsprachlichen Schülerkompetenzfaktor unter Ausschaltung des Einflusses der Indikatorvariablen. Interpretieren Sie Ihr Analyseergebnis. ♣

Aufgabe 7-6

Verwenden Sie zur Lösung der folgenden Problemstellungen die SPSS-Datendatei *RT.sav* aus dem lehrbuchbezogenen Downloadbereich. Die Datei beinhaltet Daten von Personenkraftwagen der Marke „Renault Twingo", die im zweiten Halbjahr 2007 auf dem Berliner Gebrauchtwagenmarkt zum Verkauf angeboten wurden und im Zuge einer systematischen Zufallsauswahl erfasst wurden.

a) Charakterisieren Sie kurz das praktizierte Auswahlverfahren.
b) Messen Sie mit Hilfe des i) Maßkorrelationskoeffizienten nach BRAVAIS & PEARSON und ii) des Rangkorrelationskoeffizienten nach SPEARMAN die Stärke und die Richtung des statistischen Zusammenhangs zwischen dem Alter und dem Zeitwert. Interpretieren Sie die jeweilige Maßzahl.
c) Woraus erklären sich die unterschiedlichen Werte der beiden vorhergehend berechneten Korrelationskoeffizienten?

d) Fügen Sie in die SPSS-Arbeitsdatei für die Erhebungsmerkmale „Alter“ und „Zeitwert“ jeweils eine Variable ein, welche die Rangfolge der Merkmalswerte beinhaltet. Geben Sie die Rangsummen für die beiden „ordinalisierten“ Erhebungsmerkmale an.

Hinweis: Vereinbaren Sie für die Rangbindungen der Einfachheit halber die Option „mittleren Rang zuweisen“.

e) Messen Sie mit Hilfe des Maßkorrelationskoeffizienten nach BRAVAIS & PEARSON die Stärke und die Richtung des statistischen Zusammenhangs zwischen den Rangfolgen für die Erhebungsmerkmale „Alter“ und „Zeitwert“. Zu welcher Aussage gelangen Sie aus dem Vergleich des Maßkorrelationskoeffizienten mit dem unter b) berechneten Rangkorrelationskoeffizienten? ♣

Aufgabe 7-7

Die nachfolgend angegebene Kreuzproduktmatrix ist das Resultat der statistischen Analyse von Eigenschaften, die an einer statistischen Gesamtheit von Hühnereiern empirisch erhoben wurden.

		Breite (mm)	Gewicht (g)
Breite (mm)	Quadratsummen und Kreuzprodukte	1092,157	3616,738
	Anzahl	785	785
Gewicht (g)	Quadratsummen und Kreuzprodukte	3616,738	17769,944
	Anzahl	785	785

a) Charakterisieren Sie die statistische Gesamtheit.

b) Welche Eigenschaften wurden an den statistischen Einheiten beschrieben?

c) Geben Sie für jede Eigenschaft die Zustandsmenge an. Auf welcher Skala sind die Eigenschaftsausprägungen definiert?

d) Bestimmen Sie für jede Eigenschaft die deskriptive Varianz und die deskriptive Standardabweichung. Worüber geben die beiden statistischen Maßzahlen Auskunft?

e) Berechnen Sie die deskriptive Kovarianz. Worüber gibt diese statistische Maßzahl Auskunft?

f) Bestimmen und interpretieren Sie den bivariaten Maßkorrelationskoeffizienten für die beiden statistisch erfassten Eigenschaften. Skizzieren Sie Ihren Lösungsweg. ♣

Aufgabe 7-8*

Verwenden Sie zur Lösung der folgenden Problemstellungen die SPSS-Datendatei *AX.sav* aus dem lehrbuchbezogenen Downloadbereich. Die Datei basiert auf der Halbzeitbilanz 2008 des vom ADAC herausgegebenen Automarkenindex AUTOMARXX. Von Interesse sind die drei markenspezifischen Komponenten „Produkt“, „Markt“ und „Kunde“, die im Zuge einer Faktorenanalyse aus sechs empirisch erhobenen Kenngrößen extrahiert wurden. Die Kenngrößen wurden jeweils auf der in Deutschland üblichen Notenskala mit den Randwerten „1 für sehr gut“ und „5 für ungenügend“ gemessen und gemäß dem ADAC-Wägungsschema in der SPSS-Variablen „Gesamt“ zu einer Gesamtbewertung aggregiert.

a) Bestimmen Sie für die markenspezifischen Komponenten das arithmetische Mittel und die Standardabweichung. Zu welcher analytischen Aussage gelangen Sie aus den vorliegenden Analyseergebnissen?
b) Interpretieren Sie die Komponentenwerte für die Automarke „Mercedes“.
c) Erstellen Sie für die markenspezifischen Komponenten eine Korrelationsmatrix. Charakterisieren Sie die Korrelationsmatrix. Zu welcher analytischen Aussage gelangen Sie allein aus der Betrachtung der Korrelationsmatrix?
d) Messen Sie mit Hilfe einer geeigneten und konkret zu benennenden Maßzahl die Stärke und die Richtung des statistischen Zusammenhangs zwischen der Kundenkomponente und der Gesamtbewertung. Interpretieren Sie Ihr Analyseergebnis.
e) Messen Sie mit Hilfe einer geeigneten und konkret zu benennenden Maßzahl die Stärke und die Richtung des statistischen Zusammenhangs zwischen der Kundenkomponente und der Gesamtbewertung unter Ausschaltung des Einflusses der Produkt- und der Marktkomponente. Interpretieren Sie Ihr Analyseergebnis. ♣

Aufgabe 7-9*

Verwenden Sie zur Lösung der folgenden Aufgabenstellungen die SPSS-Datendatei *GB.sav* aus dem lehrbuchbezogenen Downloadbereich. Die Datei beruht auf einer deutschlandweiten Gästebefragung in Fünf-Sterne-Hotels aus dem Wirtschaftsjahr 2007. Von Interesse sind alle zufällig ausgewählten und befragten männlichen Hotelgäste.

a) Wie viele männliche Hotelgäste wurden zufällig ausgewählt und befragt?
b) Bewerkstelligen Sie für die Merkmale „Schulabschluss“ und „Aufenthaltsgrund“ eine Kontingenzanalyse und messen Sie für die interessierenden Hotelgäste mit Hilfe einer geeigneten und konkret zu benennenden Maßzahl die Stärke der statistischen Kontingenz zwischen den beiden Merkmalen.
c) Interpretieren Sie anhand der Kontingenztabelle gemäß der Problemstellung b) die Marginalverteilung für das Merkmal „Aufenthaltsgrund“.
d) Ergänzen Sie die Kontingenzanalyse aus der Problemstellung b) durch einen Vergleich der durch den Schulabschluss bedingten Verteilungen. Wie viele bedingte Verteilungen ergeben sich im konkreten Fall? Zu welcher Aussage gelangen Sie aus der Betrachtung der bedingten Verteilungen?
e) Prüfen Sie auf einem Signifikanzniveau von 0,03 mit Hilfe eines konkret zu benennenden Verfahrens die folgende Hypothese: „Für männliche Gäste, die in Fünf-Sterne-Hotels logieren, sind der Aufenthaltsgrund und der Schulabschluss zwei voneinander unabhängige Merkmale.“

f) Einmal angenommen, dass die Hypothese aus der Problemstellung e) verworfen werden muss. Welchen Wert hätte die zugrundeliegende Prüfgröße mindestens annehmen müssen, damit dies der Fall ist? Wie wird dieser „Mindestwert" der Prüfgröße in der Statistik bezeichnet? ♣

Aufgabe 7-10*

Verwenden Sie zur Lösung der folgenden Problemstellungen die SPSS-Datendatei *EW.sav* aus dem lehrbuchbezogenen Downloadbereich. Die Datei beinhaltet auf Daten von zufällig ausgewählten Eigentumswohnungen, die Jahr 2011 auf dem Berliner Wohnungsmarkt zum Kauf bzw. Verkauf angeboten wurden. Für die weiteren Betrachtungen sind lediglich die erfassten Fünf-Raum-Eigentumswohnungen von Interesse.

a) Wie viele Fünf-Raum-Eigentumswohnungen wurden zufällig ausgewählt und statistisch erfasst? Geben Sie die SPSS-Auswahlbedingung explizit an.
b) Benennen Sie für die Menge der erfassten Fünf-Raum-Eigentumswohnungen die statistischen Erhebungsmerkmale. Charakterisieren Sie die Erhebungsmerkmale unter Angabe ihrer Zustandsmenge und Skalierung.
c) Fügen Sie in die Arbeitsdatei eine Variable ein, die für jede erfasste Fünf-Raum-Eigentumswohnung den Quadratmeterpreis (Angaben in €/m²) zum Inhalt hat. Geben Sie die benutzte Berechnungsvorschrift in der verbindlichen SPSS-Syntax explizit an.
d) Zu welcher analytischen Aussage gelangen Sie aus einer alleinigen Betrachtung eines jeden der beiden dargestellten Diagramme? Wie werden die Diagramme in der statistischen Methodenlehre bezeichnet?

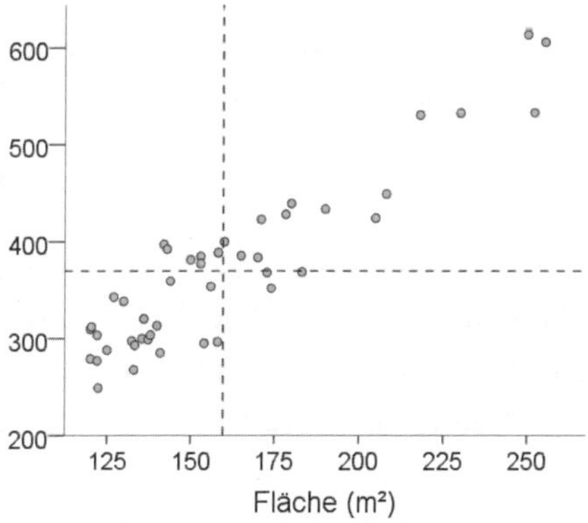

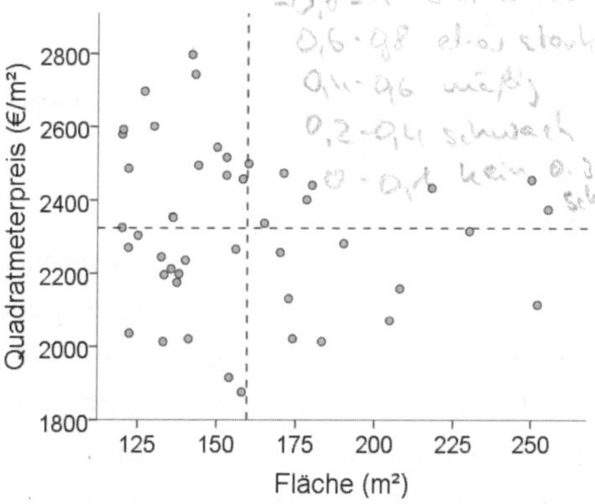

e) Berechnen und interpretieren Sie für jedes in den Diagrammen vermerkte Erhebungsmerkmal das zugehörige und ganzzahlig gerundete arithmetische Mittel. Durch welche grafische Komponente wird der Mittelwert repräsentiert?
f) Ergänzen Sie das jeweilige Diagramm durch die Berechnung und Benennung einer geeigneten statistischen Maßzahl. Interpretieren Sie den jeweiligen Wert sowohl aus statistisch-methodischer als auch aus sachlogischer Sicht. ♣

Aufgabe 7-11*

Die nebenstehende Grafik beruht auf einer Kundenbefragung aus dem Jahr 2007 in Berliner Sportgeschäften. Die zugehörigen Daten, die in der SPSS-Datendatei *SG.sav* gespeichert sind, finden Sie im lehrbuchbezogenen Downloadbereich. Von Interesse sind alle befragten Kunden.

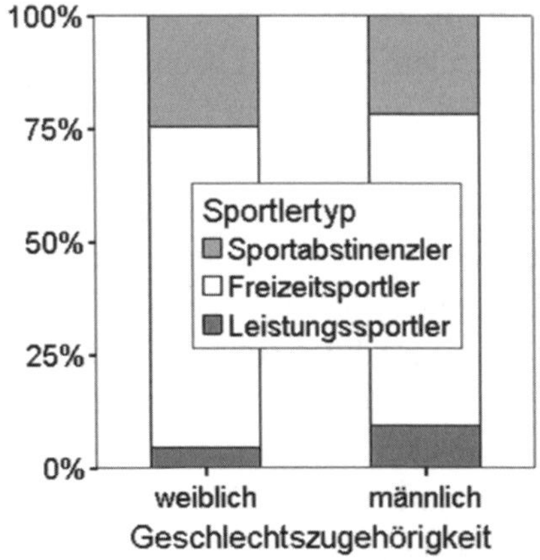

a) Benennen Sie die analysierten Erhebungsmerkmale. Geben Sie jeweils ihre Zustandsmenge und ihre Skalierung an.
b) Was beschreiben die beiden strukturierten Säulen? Zu welcher Aussage gelangen Sie allein aus deren Vergleich?
c) Messen Sie mit Hilfe des Kontingenzmaßes V nach CRAMÉR die Stärke der statistischen Kontingenz zwischen den betrachteten Erhebungsmerkmalen.
d) Prüfen Sie auf einem Signifikanzniveau von 0,025 mit Hilfe eines konkret zu benennenden Verfahrens die folgende Hypothese: „Für Kunden von Berliner Sportgeschäften sind die betrachteten Erhebungsmerkmale voneinander unabhängig."
e) Erstellen Sie für die betrachteten Erhebungsmerkmale eine Kontingenztabelle und bestimmen anhand der Kontingenztabelle die Wahrscheinlichkeit für die folgenden zufälligen Ereignisse: F: Kunde ist Freizeitsportler, W: Kunde ist weiblich.
f) Gilt im konkreten Fall $P(F \cup W) = P(F) + P(W)$? Begründen Sie kurz Ihre Aussage unter Verwendung der Ergebnisse aus der Problemstellung e). Wie heißt diese Rechenregel? ♣

Aufgabe 7-12

Verwenden Sie zur Lösung der folgenden Problemstellungen die SPSS-Datendatei *HE.sav* aus dem lehrbuchbezogenen Downloadbereich. Die Datei basiert auf den Breiten- und Höhendaten (Angaben jeweils in Millimetern) sowie den Gewichtsdaten (Angaben in Gramm) von 785 Hühnereiern, die von Hühnern der Rasse Loheimer Braun gelegt wurden.

a) Erläutern Sie am konkreten Sachverhalt die folgenden statistischen Grundbegriffe: Einheit, Gesamtheit, Erhebungsmerkmal, Zustandsmenge, Skala.
b) Erstellen Sie für die in Rede stehenden Erhebungsmerkmale eine Korrelationsmatrix. Charakterisieren Sie die Korrelationsmatrix und interpretieren Sie den ausgewiesenen Breite-Höhe-Wert statistisch und sachlogisch.

c) Messen Sie die Stärke und die Richtung des statistischen Zusammenhanges zwischen Breite und Höhe unter Ausschaltung des Einflusses des Gewichts. Wie wird diese Maßzahl bezeichnet? Interpretieren Sie die Maßzahl.

d) Von Interesse sind alle erfassten Hühnereier mit einem Gewicht von 64 g. i) Wie viele „gleichgewichtige" 64-Gramm-Hühnereier wurden statistisch erfasst? ii) Geben Sie die Auswahlbedingung in der verbindlichen SPSS-Syntax explizit an. iii) Messen und interpretieren Sie aus sachlogischer Sicht den statistischen Zusammenhang zwischen Breite und Höhe.

e) Fügen Sie in die Arbeitsdatei jeweils eine Variable ein, die für jedes der in Rede stehenden Erhebungsmerkmale die standardisierten Werte enthält. i) Geben Sie für die standardisierten Erhebungsmerkmale das jeweilige arithmetische Mittel und die jeweilige Standardabweichung an. ii) Erstellen Sie für die standardisierten Erhebungsmerkmale eine Korrelationsmatrix. Charakterisieren Sie die Korrelationsmatrix. iii) Zu welcher Aussage gelangen Sie aus einem Vergleich Ihrer Analyseergebnisse mit den Ergebnissen aus b)? ♣

Aufgabe 7-13*

Verwenden Sie zur Lösung der folgenden Problemstellungen die SPSS-Datendatei *AB.sav* aus dem lehrbuchbezogenen Downloadbereich. Die Daten basieren auf einer Arbeitnehmerbefragung in Berliner Verwaltungen aus dem Jahr 2010. Im Zuge der Befragung wurden zufällig und unabhängig voneinander Arbeitnehmer ausgewählt und interviewt.

a) Erläutern Sie am konkreten Sachverhalt exemplarisch und kurz die folgenden statistischen Grundbegriffe: Merkmalsträger, Grundgesamtheit, Stichprobe, realisierte Stichprobe, Identifikations- und Erhebungsmerkmal.

b) Wie viele Arbeitnehmer wurden zufällig ausgewählt und befragt?

c) Geben Sie die Zustandsmenge des Erhebungsmerkmals „Motivation" an. Auf welcher Skala sind die Merkmalsausprägungen definiert?

d) Welchen Typs ist eine Kontingenztabelle, die Sie für die Erhebungsmerkmale „Motivation" und „Gehalt" erstellen? Warum?

e) Bestimmen Sie die durch das Merkmal „Gehalt" bedingten Verteilungen des Merkmals „Motivation". Wie viele bedingte Verteilungen erhalten Sie in diesem Fall? Zu welcher Aussage gelangen Sie allein aus einer vergleichenden Betrachtung dieser bedingten Verteilungen?

f) Messen und interpretieren Sie mit Hilfe des Kontingenzmaßes V nach CRAMÉR die Stärke der statistischen Kontingenz zwischen den gemäß Problemstellung d) analysierten Merkmalen.

g) Prüfen Sie auf einem Signifikanzniveau von 0,02 mit Hilfe des χ^2-Unabhängigkeitstests die folgende Hypothese: „In der statistischen Grundgesamtheit aller Arbeitnehmer in Berliner Verwaltungen ist die Motivation unabhängig vom Gehalt." Interpretieren Sie Ihr Ergebnis.

h) Betrachten Sie die Motivation-Geschlecht-Kontingenz. Von Interesse sind die beiden zufälligen Ereignisse: Ein befragter Arbeitnehmer ist gering motiviert (Ereignis G). Ein befragter Arbeitnehmer ist männlich (Ereignis M). i) Bestimmen Sie gemäß dem schwachen Gesetz großer Zahlen aus den verfügbaren Daten die folgenden Ereigniswahrscheinlichkeiten auf drei Dezimalstellen genau: P(G), P(M) und $P(G \cap M)$. ii) Gilt im konkreten Fall die Beziehung $P(G \cap M) = P(G) \times P(M)$? Benennen Sie die Beziehung und kommentieren Sie kurz das Ergebnis Ihrer Betrachtungen. ♣

Aufgabe 7-14*

Verwenden Sie zur Lösung der folgenden Problemstellungen die SPSS-Datendatei *GW.sav* aus dem lehrbuchbezogenen Downloadbereich. Die Datei beinhaltet Daten von Personenkraftwagen, die im ersten Halbjahr 2010 auf dem Berliner Gebrauchtwagenmarkt angeboten wurden und im Zuge einer systematischen Zufallsauswahl statistisch erfasst wurden. Von Interesse sind alle erfassten Gebrauchtwagen vom Typ VW Passat.

a) Benennen Sie den Merkmalsträger sowie die Skalierung der erhobenen Merkmale.
b) Erläutern Sie kurz das praktizierte Auswahlverfahren. Wie viele VW Passat wurden zufällig ausgewählt und statistisch erfasst?
c) Fügen Sie für die interessierenden Gebrauchtwagen in die Arbeitsdatei eine Variable ein, welche die jahresdurchschnittliche Fahrleistung beschreibt. Geben Sie explizit die Berechnungsvorschrift in der SPSS-Syntax an.
d) Können die Merkmale *Alter*, *Fahrleistung*, *Zeitwert* und *jahresdurchschnittliche Fahrleistung* als normalverteilte Zufallsgrößen aufgefasst werden? Prüfen Sie mit Hilfe eines geeigneten und konkret zu benennenden Verfahrens auf einem Signifikanzniveau von 0,05 den jeweiligen Sachverhalt. Gehen Sie jeweils von einem vollständig spezifizierten Normalverteilungsmodell aus.
e) Messen und interpretieren Sie jeweils den bivariaten statistischen Zusammenhang zwischen den unter d) genannten Merkmalen. Können auf einem Signifikanzniveau von 0,05 die Zusammenhänge als signifikant gedeutet werden?
f) Berechnen, interpretieren und testen Sie den statistischen Zusammenhang zwischen Zeitwert und jahresdurchschnittlicher Fahrleistung unter Ausschaltung des Alterseinflusses. Wie wird diese Form der statistischen Zusammenhangsanalyse bezeichnet?
g) Führen Sie für das Merkmal *Zeitwert* eine logarithmische Transformation durch und erstellen Sie für die originären und transformierten Zeitwertangaben sowie für die originären Altersangaben eine Streudiagramm-Matrix. Zu welcher Aussage gelangen Sie allein aus deren Betrachtung? Messen Sie zudem die Stärke und die Richtung der jeweiligen bivariaten Korrelation. Woraus erklären sich die unterschiedlichen Ergebnisse? ♣

8 Aufgaben zur Regressionsanalyse

Die mit einem * markierten Aufgaben sind Klausuraufgaben.

Aufgabe 8-1*

Die statistische Analyse der Abhängigkeit des Zeitwertes vom Alter von 30 PKW der Marke „VW Passat" Benziner mit einem 2-Liter-Triebwerk, die im ersten Quartal 2008 auf dem Berliner Gebrauchtwagenmarkt zum Verkauf angeboten wurden, ergab das folgende Bild:

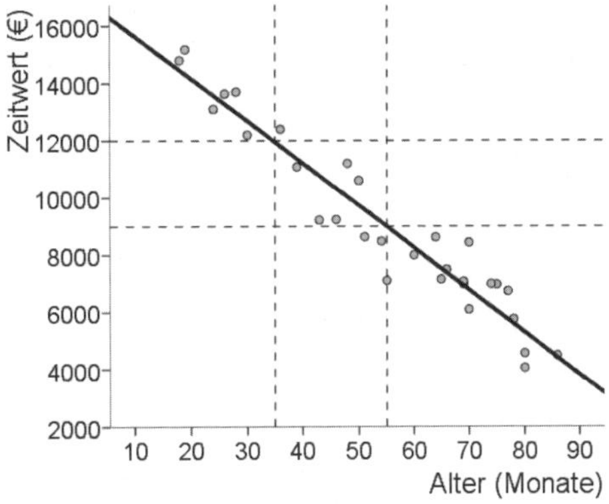

a) Benennen Sie den Merkmalsträger sowie die Erhebungsmerkmale und ihre Skalierung.

b) Wie bezeichnet man das Diagramm?

c) Die im Diagramm dargestellte Funktion wurde mit Hilfe der Methode der kleinsten Quadratesumme geschätzt. Charakterisieren Sie aus statistisch-methodischer Sicht die geschätzte Funktion.

d) Bestimmen Sie anhand der Grafik näherungsweise die Parameter der Funktion, geben Sie die Funktion explizit an und interpretieren Sie die Parameterwerte sachlogisch.

e) Für die geschätzte Funktion ermittelt man ein Bestimmtheitsmaß von 0,922. Interpretieren Sie diese Maßzahl.

f) Geben Sie unter Verwendung der verfügbaren Informationen eine Maßzahl an, welche die Stärke und die Richtung des statistischen Zusammenhangs zwischen den in Rede stehenden Erhebungsmerkmalen misst. Benennen Sie diese Maßzahl, interpretieren Sie diese sachlogisch und begründen Sie kurz Ihre Herangehensweise aus statistisch-methodischer Sicht. ♣

Aufgabe 8-2*

Verwenden Sie zur Lösung der folgenden Problemstellungen die SPSS- Datendatei *RT.sav* aus dem lehrbuchbezogenen Downloadbereich. Die Datei beinhaltet Daten von zufällig ausgewählten Personenkraftwagen der Marke „Renault Twingo", die im zweiten Halbjahr 2007 auf dem Berliner Gebrauchtwagenmarkt zum Verkauf angeboten wurden.

a) Benennen Sie den Merkmalsträger und erläutern Sie am konkreten Sachverhalt kurz den Begriff „Zufallsstichprobe".

b) Messen Sie mit Hilfe einer geeigneten und konkret zu benennenden Maßzahl die Stärke und die Richtung des statistischen Zusammenhangs zwischen dem Alter und der Fahrleistung. Interpretieren Sie Ihr Analyseergebnis.

c) Schätzen Sie mit Hilfe der Methode der kleinsten Quadratesumme eine inhomogene lineare Funktion, welche die statistische Abhängigkeit der Fahrleistung vom Alter modelliert. Benennen Sie die Funktion und geben Sie unter Verwendung geeigneter Symbole die geschätzte Funktion explizit an.
d) Interpretieren Sie das Bestimmtheitsmaß.
e) Geben Sie explizit die zur geschätzten Funktion gehörende Grenz- und Elastizitätsfunktion an.
f) Bestimmen und interpretieren Sie den Wert der Grenz- und der Elastizitätsfunktion für einen vier Jahre alten PKW der Marke Renault Twingo.
g) Welche Fahrleistung hätte ceteris paribus ein vier Jahre alter PKW der Marke Renault Twingo zu verzeichnen? ♣

Aufgabe 8-3*

Verwenden Sie zur Lösung der Problemstellungen die SPSS-Datendatei *RT.sav* aus dem lehrbuchbezogenen Downloadbereich. Die Datei beinhaltet Daten von Personenkraftwagen der Marke „Renault Twingo", die im zweiten Halbjahr 2007 auf dem Berliner Gebrauchtwagenmarkt zum Verkauf angeboten wurden.

a) Messen Sie mit Hilfe einer geeigneten und konkret zu benennenden Maßzahl die Stärke und die Richtung des statistischen Zusammenhangs zwischen dem Zeitwert und der Fahrleistung. Interpretieren Sie Ihr Analyseergebnis.
b) Schätzen Sie mit Hilfe der Methode der kleinsten Quadratesumme eine einfache nichtlineare Funktion, welche die statistische Abhängigkeit des Zeitwertes Z von der Fahrleistung F beschreibt. Verwenden Sie diejenige Funktion, die statistisch am höchsten bestimmt ist. Benennen Sie die Funktion und geben Sie die Funktion explizit an.
c) Bestimmen Sie mittels der geschätzten Funktion den Zeitwert eines gebrauchten PKW der Marke Twingo mit einer Fahrleistung von 33000 km.
d) Geben Sie explizit zu der geschätzten Funktion die zugehörige Grenz- und Elastizitätsfunktion an.
e) Bestimmen und interpretieren Sie die marginale Zeitwertneigung und die Zeitwertelastizität für einen gebrauchten PKW der Marke Twingo mit einer Fahrleistung von 33000 km. ♣

Aufgabe 8-4*

Verwenden Sie zur Lösung der folgenden Problemstellungen die SPSS-Datendatei *VW.sav* aus dem lehrbuchbezogenen Downloadbereich. Die Datei beinhaltet Daten von zufällig ausgewählten PKW der Marke VW, die im Jahr 2010 auf dem Berliner Gebrauchtwagenmarkt zum Verkauf angeboten wurden. Von Interesse sind alle erfassten VW Golf mit einem 1,6-Liter-Triebwerk.

a) Wie viele VW Golf wurden zufällig ausgewählt und statistisch erfasst? Geben Sie die SPSS-Auswahlbedingung explizit an.

b) Konstruieren Sie ein Modell, das die statistische Abhängigkeit der Fahrleistung F vom Alter A zum Gegenstand hat. Verwenden Sie dazu das logarithmische Modell. Stellen Sie das numerisch bestimmte Modell in seiner funktionalen Form explizit dar.
c) Wie groß ist der Anteil der Fahrleistungsvarianz, der mit Hilfe des Modells allein aus der Altersvarianz statistisch erklärt werden kann? Benennen Sie die Maßzahl, die diese Information liefert.
d) Geben Sie die zum konstruierten Modell gehörende Grenz- und Elastizitätsfunktion explizit an.
e) Bestimmen und interpretieren Sie jeweils den Wert der Grenz- und der Elastizitätsfunktion an der Stelle 60.
f) Wie alt wäre ceteris paribus ein VW Golf mit einer bisherigen Fahrleistung von 100000 km?
g) Welche bisherige Fahrleistung hätte ceteris paribus ein zehn Jahre alter VW Golf zu verzeichnen? ♣

Aufgabe 8-5*

Verwenden Sie zur Lösung der folgenden Problemstellungen die SPSS-Datendatei *AX.sav* aus dem lehrbuchbezogenen Downloadbereich. Die Datei basiert auf der Halbzeitbilanz 2008 des vom ADAC herausgegebenen Automarkenindex AUTOMARXX. Von Interesse sind die drei markenspezifischen Komponenten „Produkt“, „Markt“ und „Kunde“, die im Zuge einer Faktorenanalyse mit Hilfe der Hauptkomponentenmethode und des ANDERSON-RUBIN-Verfahrens aus sechs empirisch erhobenen Kenngrößen extrahiert wurden. Die Kenngrößen wurden jeweils auf der in Deutschland üblichen Notenskala mit den Randwerten „1 für sehr gut“ und „5 für ungenügend“ gemessen und gemäß dem ADAC-Wägungsschema in der SPSS-Variablen „Gesamt“ zu einer Gesamtbewertung aggregiert. Die Gesamtbewertung bildet wiederum die Grundlage für den Automarken-Rangplatz, der in der SPSS-Variablen „Rang“ abgebildet ist.

a) Schätzen Sie mit Hilfe der Methode der kleinsten Quadratsumme eine inhomogene lineare Funktion, welche die statistische Abhängigkeit des Automarken-Rangplatzes von den drei markenspezifischen Komponenten modelliert. Benennen Sie die Funktion und stellen Sie diese geschätzte Funktion unter Verwendung geeigneter Symbole explizit dar.
b) Wie groß ist der Anteil der Rangplatzvarianz, der durch die markenspezifischen Komponenten statistisch erklärt werden kann? Wie wird diese Maßzahl bezeichnet?
c) Fassen Sie die verfügbaren Daten als eine realisierte Zufallsstichprobe auf und prüfen Sie auf einem Signifikanzniveau von 0,05 die unter a) geschätzten Funktionsparameter auf Signifikanz.

d) Welchen Rangplatz würden Sie unter Verwendung der Analyseergebnisse aus der Problemstellung a) einer Automarke zuordnen, die bezüglich der drei markenspezifischen Komponenten jeweils einen durchschnittlichen Wert besitzt?

e) Bestimmen und interpretieren Sie unter Verwendung der Analyseergebnisse aus der Problemstellung a) die auf die Marktkomponente bezogene partielle marginale Rangplatzneigung. ♣

Aufgabe 8-6*

Analysieren Sie unter Verwendung der im lehrbuchbezogenen Downloadbereich verfügbaren SPSS-Datendatei *GW.sav* für die Gebrauchtwagen der Marke „5er BMW" die statistische Abhängigkeit des Zeitwertes vom Alter, von der Fahrleistung und vom Hubraum. Verwenden Sie für die zu schätzende Zeitwertfunktion einen inhomogenen linearen Modellansatz.

a) Geben Sie unter Verwendung geeigneter Symbole die geschätzte Zeitwertfunktion mit ganzzahlig gerundeten Parameterwerten explizit an.

b) Können bei Annahme einer Irrtumswahrscheinlichkeit von 0,05 die in Rede stehenden Zeitwertfaktoren als signifikant von null verschieden angesehen werden? Begründen Sie kurz Ihre Ergebnisse.

c) Interpretieren Sie das zugehörige Bestimmtheitsmaß.

d) Welchen Zeitwert besäße ceteris paribus ein gebrauchter PKW der Marke „5er BMW" mit den folgenden Eigenschaften: 5 Jahre alt, 2,5-Liter-Triebwerk, bereits 100000 km gefahren?

e) Geben Sie die zum geschätzten Zeitwertmodell gehörenden partiellen Grenzfunktionen an.

f) Bestimmen und interpretieren Sie die jeweiligen marginalen Zeitwertneigungen auf der Basis der unter d) genannten Eigenschaften. Interpretieren Sie Ihre Ergebnisse sachlogisch.

g) Treffen Sie eine Kollinearitätsaussage über die Zeitwertfaktoren. ♣

Aufgabe 8-7*

Analysieren Sie unter Verwendung der im lehrbuchbezogenen Downloadbereich verfügbaren SPSS-Datendatei *VW.sav* für die Gebrauchtwagen des Typs VW Polo die statistische Abhängigkeit des Zeitwertes vom Alter, von der Fahrleistung und vom Hubraum. Verwenden Sie für die zu schätzende Zeitwertfunktion einen inhomogenen linearen Modellansatz.

a) Wie viele VW Polo wurden zufällig ausgewählt und statistisch erfasst? Geben Sie die SPSS-Auswahlbedingung explizit an.

b) Erläutern Sie anhand der ausgewählten VW Polo kurz die folgenden Begriffe: Grundgesamtheit, Zufallsstichprobe, realisierte Zufallsstichprobe.

c) Benennen Sie die Zeitwertfunktion und geben Sie unter Verwendung geeigneter Symbole die geschätzte Zeitwertfunktion explizit an.

d) Können bei Annahme einer Irrtumswahrscheinlichkeit von 0,05 die in Rede stehenden Zeitwertfaktoren als signifikant von null verschieden angesehen werden?
e) Interpretieren Sie das zugehörige Bestimmtheitsmaß.
f) Welchen Zeitwert besäße ceteris paribus ein gebrauchter PKW des Typs VW Polo mit den folgenden Eigenschaften: drei Jahre alt, bereits 20000 km gefahren, 1,3-Liter-Triebwerk?
g) Geben Sie die zum geschätzten Zeitwertmodell gehörenden partiellen Grenzfunktionen an.
h) Bestimmen und interpretieren Sie die jeweiligen marginalen Zeitwertneigungen auf der Basis der unter f) genannten Eigenschaften. Interpretieren Sie Ihre Ergebnisse sachlogisch. ♣

Aufgabe 8-8*

Verwenden Sie zur Lösung der folgenden Problemstellungen die SPSS-Datendatei *VW.sav* aus dem lehrbuchbezogenen Downloadbereich. Für die weiteren Betrachtungen sind lediglich die erfassten Gebrauchtwagen des Typs VW Polo von Interesse.

a) Konstruieren Sie mit Hilfe der Methode der kleinsten Quadratesumme ein Modell, das die statistische Abhängigkeit des Zeitwertes Z vom Alter A, von der Fahrleistung F und vom Hubraum H zum Gegenstand hat. Verwenden Sie dazu einen exponentiellen Modellansatz. Stellen Sie das numerisch bestimmte Modell in seiner funktionalen Form explizit dar.

   Hinweis: Fügen Sie zur Lösung der Problemstellung in die SPSS-Arbeitsdatei eine Variable ein, welche die natürlichen Logarithmen der beobachteten Zeitwerte beinhaltet und schätzen Sie mit Hilfe der Methode der kleinsten Quadratesumme eine multiple inhomogene lineare Regressionsfunktion der logarithmierten Zeitwerte über den originären Alters-, Fahrleistungs- und Hubraumangaben.

b) Wie groß ist der Anteil der Zeitwertvarianz, der mit Hilfe des Modells allein aus der Alters-, der Fahrleistungs- und der Hubraumvarianz statistisch erklärt werden kann? Benennen Sie die Maßzahl, die diese Information liefert.
c) Welchen Zeitwert besäße ceteris paribus ein gebrauchter PKW des Typs VW Polo mit den folgenden Eigenschaften: drei Jahre alt, bereits 20000 km gefahren, 1,3-Liter-Triebwerk?
d) Geben Sie die zum konstruierten Modell gehörenden partiellen Grenzfunktionen explizit an.
e) Bestimmen und interpretieren Sie die jeweiligen marginalen Zeitwertneigungen auf der Basis der im Kontext der Problemstellung c) genannten Eigenschaften. Interpretieren Sie Ihre Ergebnisse sachlogisch.
f) Woraus erklären sich die Unterschiede in den Ergebnissen im Vergleich zur Aufgabe 8-7*? ♣

Aufgabe 8-9*

Verwenden Sie zur Lösung der folgenden Problemstellungen die SPSS-Datendatei *GA.sav* aus dem lehrbuchbezogenen Downloadbereich. Die Datei beinhaltet Daten von zufällig ausgewählten PKW der Marke Audi A3, die im Jahr 2011 auf dem Berliner Gebrauchtwagenmarkt zum Verkauf angeboten wurden.

a) Messen Sie mit Hilfe einer geeigneten und konkret zu benennenden Maßzahl die Stärke und die Richtung des statistischen Zusammenhangs zwischen dem Verkaufswert und dem Alter. Interpretieren Sie Ihr Ergebnis sowohl statistisch als auch sachlogisch.

b) Bestimmen Sie mit Hilfe der Methode der kleinsten Quadratesumme eine inhomogene Funktion, welche die statistische Abhängigkeit des Verkaufswertes V vom Alter A beschreibt. Verwenden Sie dazu das sogenannte lineare Modell. Benennen Sie die Funktion und geben Sie die Funktion mit ganzzahlig gerundeten Werten explizit an.

c) Bestimmen Sie mit Hilfe der unter b) geschätzten Funktion den Verkaufswert für einen fünfzehn Jahre alten Audi A3. Interpretieren Sie Ihr Ergebnis.

d) In der empirischen Wirtschaftsforschung hat es sich als vorteilhaft erwiesen, für vergleichbare Gebrauchtwagen nichtlineare inhomogene Verkaufswertfunktionen zu bestimmen. Welches der im SPSS-Dialogfeld „Kurvenanpassung" implementierten bivariaten Modelle ist im konkreten Fall am besten geeignet, die erfassten Werte zu beschreiben? Benennen Sie das Modell und geben Sie die zugehörige Funktion mit ganzzahlig gerundeten Werten an.

e) Bestimmen Sie mit Hilfe der unter d) geschätzten Funktion den Verkaufswert für einen fünfzehn Jahre alten Audi A3. Zum welcher sachlogischen Aussage gelangen Sie aus dem Vergleich dieses Ergebnisses mit dem Ergebnis aus der Problemstellung c)? ♣

Aufgabe 8-10*

Verwenden Sie zur Lösung der folgenden Problemstellungen die SPSS-Datendatei *GA.sav* aus dem lehrbuchbezogenen Downloadbereich. Die Datei beinhaltet Daten von zufällig ausgewählten PKW der Marke Audi A3, die im Jahr 2011 auf dem Berliner Gebrauchtwagenmarkt zum Verkauf angeboten wurden.

a) Messen Sie mit Hilfe einer geeigneten und konkret zu benennenden Maßzahl die Stärke und die Richtung des statistischen Zusammenhangs zwischen i) dem Verkaufswert V und der Fahrleistung F, ii) dem Alter und der Fahrleistung. Interpretieren Sie jeweils Ihr Ergebnis statistisch und sachlogisch.

b) Im Gebrauchtwagenhandel ist es üblich, für vergleichbare PKW die Fahrleistung F in Abhängigkeit vom Alter A mit Hilfe einer geeigneten Funktion zu bestimmen. Schätzen Sie mittels der verfügbaren Daten eine inhomogene logarithmische Funktion, charakterisieren Sie diese aus methodischer Sicht und geben Sie die Funktion mit ganzzahlig gerundeten Werten explizit an.

c) Bestimmen Sie mit Hilfe der unter b) geschätzten Funktion die Fahrleistung für einen zehn Jahre alten Audi A3.

d) Geben Sie für die unter b) geschätzte Funktion die zugehörige Grenzfunktion explizit an.

e) Bestimmen und interpretieren Sie mit Hilfe der unter b) geschätzten Funktion die marginale Fahrleistungsneigung sowohl für einen fünf Jahre alten als auch für einen zehn Jahre alten Audi A3. Bewerten Sie Ihre Ergebnisse. ♣

Aufgabe 8-11*

Verwenden Sie zur Lösung der folgenden Problemstellungen die SPSS-Datendatei *ET.sav* aus dem lehrbuchbezogenen Downloadbereich. Die Datei beinhaltet Daten von zufällig ausgewählten Eigentumswohnungen, die im Jahr 2012 auf dem Berliner Wohnungsmarkt zum Kauf angeboten wurden. Für die weiteren Betrachtungen sind Eigentumswohnungen mit fünf Räumen von Interesse.

a) Wie viele Eigentumswohnungen mit fünf Räumen wurden zufällig ausgewählt und erfasst? Geben Sie die SPSS-Auswahlbedingung explizit an.

b) Messen Sie mit Hilfe einer geeigneten und konkret zu benennenden Maßzahl die Stärke und die Richtung des statistischen Zusammenhangs zwischen der Wohnfläche und dem Verkaufswert. Interpretieren Sie Ihr Ergebnis statistisch und sachlogisch.

c) Bestimmen Sie mit Hilfe der Methode der kleinsten Quadratesumme eine Funktion, welche die statistische Abhängigkeit des Verkaufswertes W von der Wohnfläche F beschreibt. Verwenden Sie dazu das sogenannte lineare Modell i) mit einer Konstanten bzw. ii) ohne Konstante. Geben Sie jeweils die geschätzte Funktion explizit an und charakterisieren Sie diese.

d) Wie groß ist der Anteil der Verkaufswertevarianz, der mit Hilfe der inhomogenen linearen Funktion allein aus der Wohnflächenvarianz statistisch erklärt werden kann? Wie wird dieser Wert in der Statistik bezeichnet?

e) Bestimmen Sie mit Hilfe der gemäß Problemstellung c) geschätzten Funktionen jeweils den Verkaufswert (Angaben in 1000 €) für eine Eigentumswohnung mit einer Wohnfläche von 200 m^2.

f) Bestimmen und interpretieren Sie unter Verwendung der Ergebnisse aus c) die jeweilige marginale Verkaufswertneigung für eine Eigentumswohnung mit einer Wohnfläche von 200 m^2. ♣

Aufgabe 8-12*

Verwenden Sie zur Lösung der folgenden Problemstellungen die SPSS-Datendatei *ET.sav* aus dem lehrbuchbezogenen Downloadbereich. Die Datei beinhaltet Daten von zufällig ausgewählten Eigentumswohnungen, die im Jahr 2012 auf dem Berliner Wohnungsmarkt zum Kauf angeboten wurden. Für die weiteren Betrachtungen sind Wohnungen mit mindestens fünf Räumen von Interesse.

a) Messen und interpretieren Sie mit Hilfe einer geeigneten und konkret zu benennenden Maßzahl die Stärke und die Richtung des statistischen Zusammenhangs zwischen i) der Wohnfläche und dem Quadratmeterpreis, ii) der Wohnfläche und dem Verkaufswert.

b) Bestimmen Sie mit Hilfe der Methode der kleinsten Quadratesumme eine Funktion, welche die statistische Abhängigkeit des Verkaufswertes W von der Wohnfläche F beschreibt. Verwenden Sie dazu das sogenannte logarithmische Modell. Geben Sie die geschätzte Funktion mit ganzzahlig gerundeten Parameterwerten an. Wie wird die geschätzte Funktion in der Statistik bezeichnet?

c) Wie groß ist der Anteil der Varianz der Verkaufswerte, der mit Hilfe der geschätzten Funktion allein aus der Wohnflächenvarianz statistisch erklärt werden kann? Wie wird dieser Wert in der Statistik bezeichnet?

d) Bestimmen Sie mit Hilfe der geschätzten Funktion den Verkaufswert für eine Eigentumswohnung mit einer Wohnfläche von 300 m^2.

e) Bestimmen und interpretieren Sie sowohl die marginale Verkaufswertneigung als auch die Verkaufswertelastizität für eine Eigentumswohnung mit einer Wohnfläche i) von 200 m^2 und ii) von 400 m^2. ♣

Aufgabe 8-13*

Verwenden Sie zur Lösung der folgenden Problemstellungen die SPSS-Datendatei *GO.sav* aus dem lehrbuchbezogenen Downloadbereich. Die Datei beinhaltet Daten von zufällig ausgewählten Personenkraftwagen der Marke „Opel“, die 2011 auf dem Berliner Gebrauchtwagenmarkt zum Verkauf angeboten wurden. Von Interesse sind die erfassten Gebrauchtwagen vom Typ „Astra“.

a) Wie viele gebrauchte Opel Astra wurden zufällig ausgewählt und erfasst? Geben Sie die Auswahlbedingung in der verbindlichen SPSS-Syntax an.

b) Schätzen Sie mit Hilfe der Methode der kleinsten Quadratesumme eine homogene lineare Funktion, welche die statistische Abhängigkeit des Zeitwertes Z vom Alter A, von der bisherigen Fahrleistung F und vom Hubraum H beschreibt. Benennen Sie die Funktion und geben Sie diese mit ganzzahlig gerundeten Parameterwerten an.

c) Bestimmen und interpretieren Sie den Residualstandardfehler.

d) Prüfen Sie auf einem Signifikanzniveau von 0,05 die geschätzten Koeffizienten auf Signifikanz. Interpretieren Sie Ihr Ergebnis.

e) Bestimmen und interpretieren Sie unter Verwendung der geschätzten Funktion die partielle marginale Zeitwertneigung für i) das Alter, ii) die bisherige Fahrleistung und iii) den Hubraum.

f) Welchen Zeitwert würde unter Verwendung der geschätzten Funktion ein PKW „Opel Astra“ besitzen, wenn er zwölf Jahre alt ist, bisher 200.000 km gefahren wurde und ein 1,8-Liter-Triebwerk besitzt? ♣

Aufgabe 8-14*

Verwenden Sie zur Lösung der Problemstellungen die SPSS-Datendatei *AD.sav* aus dem lehrbuchbezogenen Downloadbereich. Die Datei beinhaltet Daten von Personenkraftwagen der Marke Audi, die im Jahr 2012 auf dem Berliner Gebrauchtwagenmarkt angeboten und zufällig gewählt wurden. Von Interesse sind die Personenkraftwagen der Marke Audi A4.

a) Erläutern Sie am konkreten Sachverhalt kurz den Begriff „realisierte Zufallsstichprobe".

b) Fügen Sie in die Arbeitsdatei eine Variable X ein, welche die jahresdurchschnittliche Fahrleistung (Angaben in km) zum Inhalt hat. Geben Sie die Berechnungsvorschrift in der verbindlichen SPSS-Syntax explizit an.

c) Zu welcher analytischen Aussage gelangen Sie aus einer alleinigen Betrachtung eines jeden der beiden Diagramme? Wie werden die Diagramme in der Statistik bezeichnet?

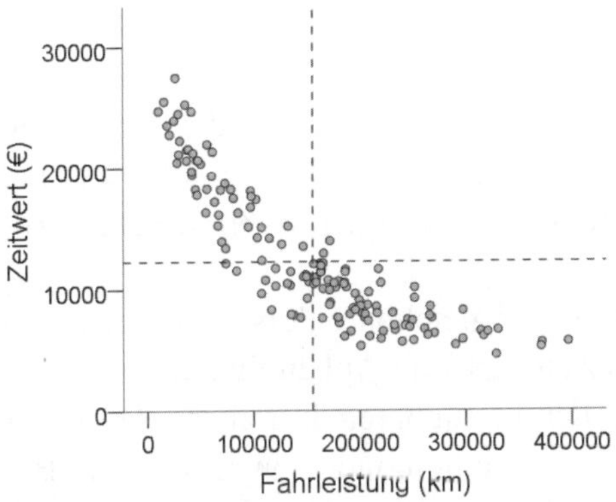

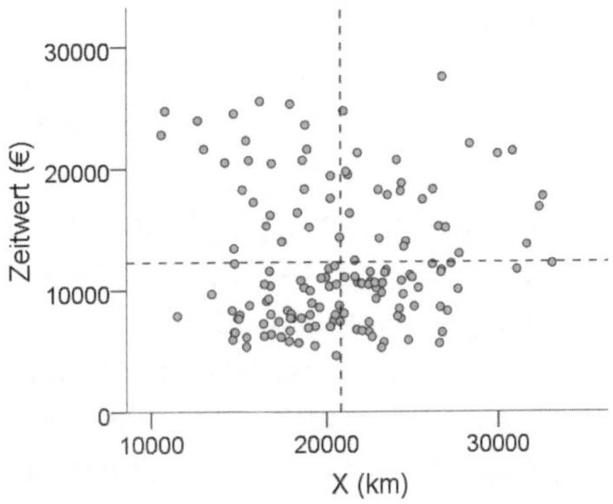

d) Ergänzen Sie die Diagramme durch die Benennung, Berechnung und Interpretation einer geeigneten statistischen Maßzahl.

e) Im Gebrauchtwagenhandel ist es üblich, für vergleichbare Personenkraftwagen mit Hilfe einer geeigneten Funktion den Zeitwert Z in Abhängigkeit von der bisherigen Fahrleistung F zu schätzen. Bestimmen Sie anhand der verfügbaren Daten mit Hilfe der Methode der kleinsten Quadratesumme eine inhomogene Funktion zur Beschreibung dieser Abhängigkeit. Verwenden Sie dazu den logarithmischen Modellansatz. Benennen Sie die Funktion und geben Sie die Funktion mit ganzzahlig gerundeten Parameterwerten explizit an.

f) Bestimmen und interpretieren Sie für die gemäß e) geschätzte Funktion das zugehörige Bestimmtheitsmaß.

g) Bestimmen und interpretieren Sie anhand der gemäß e) bestimmten Funktion für einen Gebrauchtwagen der Marke Audi A4 mit einer bisherigen Fahrleistung von 300000 km sowohl die marginale Zeitwertneigung als auch die Zeitwertelastizität.

h) Bestimmen Sie mit Hilfe der gemäß e) geschätzten Funktion den Zeitwert für einen Gebrauchtwagen der Marke Audi A4 mit einer bisherigen Fahrleistung von 300000 km. Ergänzen Sie die Zeitwertschätzung durch einen Toleranzbereich. Gehen Sie dabei von einem Residualstandardfehler von 1978 € aus. ♣

Aufgabe 8-15

Verwenden Sie zur Lösung der Problemstellungen die SPSS-Datendatei *AD.sav* aus dem lehrbuchbezogenen Downloadbereich. Die Datei beinhaltet Daten von Personenkraftwagen der Marke Audi, die im Jahr 2012 auf dem Berliner Gebrauchtwagenmarkt angeboten und zufällig gewählt wurden. Von Interesse sind die Personenkraftwagen der Marke Audi A3.

a) Fügen Sie in die Arbeitsdatei i) eine Variable Y ein, welche den natürlichen Logarithmus des Alters A zum Inhalt hat und ii) eine Variable X ein, welche die jahresdurchschnittliche Fahrleistung (Angaben in km) zum Inhalt hat. Geben Sie die jeweilige Berechnungsvorschrift in der verbindlichen SPSS-Syntax explizit an.

b) Von Interesse sind die SPSS-Variablen A, Y und Z. Erstellen Sie für diese drei Variablen eine Streudiagramm-Matrix und interpretieren Sie die grafischen Analysebefunde. Ergänzen Sie den jeweiligen grafischen Analysebefund durch die Berechnung und Interpretation des zugehörigen Maßkorrelationskoeffizienten nach BRAVAIS & PEARSON.

c) Im Gebrauchtwagenhandel ist es üblich, für vergleichbare Personenkraftwagen mit Hilfe einer geeigneten Funktion den Zeitwert Z in Abhängigkeit vom Alter A zu schätzen. Bestimmen Sie anhand der verfügbaren Daten mit Hilfe der Methode der kleinsten Quadratesumme eine inhomogene Funktion zur Beschreibung dieser Abhängigkeit. Verwenden Sie dazu den logarithmischen Modellansatz. Charakterisieren Sie die Funktion und geben Sie die Funktion mit ganzzahlig gerundeten Parameterwerten explizit an.

d) Bestimmen Sie mit Hilfe der Methode der kleinsten Quadratesumme eine bivariate inhomogene lineare Funktion zur Beschreibung der Abhängigkeit der Variablen Z von der Variablen Y. Geben Sie die Funktion mit ganzzahlig gerundeten Parameterwerten explizit an. Zu welcher Aussage gelangen Sie aus dem Vergleich dieser Funktion mit der unter c) bestimmten Funktion?

e) Bestimmen Sie mit Hilfe der Methode der kleinsten Quadratesumme eine multiple inhomogene lineare Funktion zur Beschreibung der Abhängigkeit der Variablen Z von den Variablen Y und X. Geben Sie die geschätzte Funktion mit ganzzahlig gerundeten Parameterwerten explizit an und interpretieren Sie das zugehörige Bestimmtheitsmaß.

f) Erläutern Sie anhand der gemäß e) geschätzten Funktion kurz das Grundprinzip eines linearen und eines quasilinearen Regressionsansatzes. ♣

9 Aufgaben zur Zeitreihenanalyse

Die mit einem * markierten Aufgaben sind Klausuraufgaben.

Aufgabe 9-1

Verwenden Sie zur Lösung der folgenden Problemstellungen die SPSS-Datendatei *BB.sav* aus dem lehrbuchbezogenen Downloadbereich. Die Datei beinhaltet für den Zeitraum von Januar 2006 bis Dezember 2010 die Zeitreihe der monatlichen Anzahl von Übernachtungen (Angaben in 1000) in Berliner Beherbergungsbetrieben.

a) Erläutern Sie anhand der verfügbaren Daten kurz den Begriff „Zeitreihe".
b) Charakterisieren Sie die Zeitreihe der Übernachtungszahlen aus statistisch-methodischer Sicht.
c) Kennzeichnen Sie den Beobachtungszeitraum der erfassten Zeitreihe mit Hilfe einer geeigneten Indexmenge und geben Sie die Länge des Beobachtungszeitraumes an.
d) Stellen Sie die Zeitreihe der monatlichen Übernachtungszahlen in einem geeigneten und konkret zu benennenden Diagramm grafisch dar. Zu welcher Aussage gelangen Sie aus der alleinigen Betrachtung des Diagramms?
e) Fügen Sie in die SPSS-Arbeitsdatei eine Variable ein, welche die „geglättete" Zeitreihe der monatsdurchschnittlichen Übernachtungszahlen zum Inhalt hat. Verwenden Sie dazu das Verfahren der gleitenden Durchschnitte zum Stützbereich von zwölf Monaten.
f) Stellen Sie die originäre und die geglättete Zeitreihe der monatlichen Übernachtungszahlen gemeinsam in einem Sequenzdiagramm grafisch dar. Zu welcher analytischen Aussage gelangen Sie aus der alleinigen Betrachtung des Sequenzdiagramms?
g) Speichern Sie die erweiterte SPSS-Arbeitsdatei. ♣

Aufgabe 9-2

Verwenden Sie zur Lösung der folgenden Problemstellungen die SPSS-Datendatei *BB.sav* aus dem lehrbuchbezogenen Downloadbereich. Die Datei beinhaltet für den Zeitraum von Januar 2006 bis Dezember 2010 die Zeitreihe der monatlichen Anzahl von Übernachtungen (Angaben in 1000) in Berliner Beherbergungsbetrieben.

a) Erläutern Sie kurz das Grundanliegen einer Zeitreihenanalyse.
b) Als wissenschaftlicher Mitarbeiter der Berlin Marketing GmbH werden Sie aufgefordert, für die zwölf Monate des Wirtschaftsjahres 2011 eine Prognose der Übernachtungsanzahlen zu liefern. Beschreiben Sie den Beobachtungszeitraum, den Prognosezeitraum und den Relevanzzeitraum der angestrebten Zeitreihenanalyse mit Hilfe geeigneter Indexmengen. Geben Sie zudem die Länge des jeweiligen Zeitraumes an.

c) Schätzen Sie mit Hilfe der Methode der kleinsten Quadratesumme eine inhomogene lineare Funktion, welche die Übernachtungszahlen in ihrer zeitlichen Entwicklung beschreibt. Wie wird diese Funktion in der Zeitreihenanalyse bezeichnet? Geben Sie unter Verwendung geeigneter Symbole die geschätzte Funktion an und interpretieren Sie die geschätzten Funktionsparameter.

d) Fügen Sie in die SPSS-Arbeitsdatei eine Variable ein, welche die Funktionswerte der gemäß Problemstellung c) geschätzten Funktion für den Relevanzzeitraum beinhaltet. Komplettieren Sie in der SPSS-Variablenansicht die Definition der eingefügten SPSS-Variablen und geben Sie den Schätzwert für den Monat Dezember des Wirtschaftsjahres 2011 an.

e) Stellen Sie die gemäß Problemstellung d) ermittelten Funktionswerte gemeinsam mit der originären Zeitreihe in einem Sequenzdiagramm grafisch dar. Zu welcher analytischen Aussage gelangen Sie aus der alleinigen Betrachtung des Sequenzdiagramms? ♣

Aufgabe 9-3

Verwenden Sie zur Lösung der folgenden Problemstellungen die SPSS-Datendatei *BB.sav* aus dem lehrbuchbezogenen Downloadbereich. Die Datei beinhaltet für den Zeitraum von Januar 2006 bis Dezember 2010 die Zeitreihe der monatlichen Anzahl von Übernachtungen (Angaben in 1000) in Berliner Beherbergungsbetrieben.

a) Fügen Sie in Weiterführung der Aufgabe 9-2 in die SPSS-Arbeitsdatei eine Variable ein, welche für den Beobachtungszeitraum die Residuen der linearen Trendfunktion beinhaltet. Komplettieren Sie in der SPSS-Variablenansicht die Definition der eingefügten SPSS-Variablen und stellen Sie die Variable in einem Sequenzdiagramm grafisch dar. Zu welcher analytischen Aussage gelangen Sie aus der Betrachtung des Sequenzdiagramms?

b) Was beschreiben im konkreten Fall die Trendresiduen, die gemäß Problemstellung a) berechnet wurden? Berechnen Sie die Summe der Trendresiduen. Woraus erklärt sich der Residualsummenwert?

c) Fügen Sie in die SPSS-Arbeitsdatei eine Variable „Saison" ein, welche für den Relevanzzeitraum eine saisonale Komponente beinhaltet, die im konkreten Fall die monatsdurchschnittlichen Abweichungen der originären Zeitreihenwerte von den Trendwerten beschreibt. Komplettieren Sie in der SPSS-Variablenansicht die Definition der eingefügten Variablen und interpretieren Sie die Saisonkomponentenwerte für die Monate Oktober und November.

   Hinweis: Kopieren Sie der Einfachheit halber die monatsdurchschnittlichen Abweichungen, die im SPSS-Viewer aufgelistet sind, für jedes Jahr des unterjährigen Relevanzzeitraumes in die SPSS-Arbeitsdatei.

d) Stellen Sie die gemäß der Problemstellungen a) und c) analytisch erzeugten Zeitreihen der Trendresiduen und der Saisonkomponente gemeinsam in einem

Sequenzdiagramm grafisch dar. Zu welcher analytischen Aussage gelangen Sie aus der alleinigen Betrachtung des Sequenzdiagramms? ♣

Aufgabe 9-4

Verwenden Sie zur Lösung der folgenden Problemstellungen die SPSS-Datendatei *BB.sav* aus dem lehrbuchbezogenen Downloadbereich. Die Datei beinhaltet für den Zeitraum von Januar 2006 bis Dezember 2010 die Zeitreihe der monatlichen Anzahl von Übernachtungen (Angaben in 1000) in Berliner Beherbergungsbetrieben.

a) Fügen Sie in Weiterführung der Aufgabe 9-3 in die SPSS-Arbeitsdatei eine Variable ein, welche unter Berücksichtigung der Trend- und der Saisonkomponente für den Relevanzzeitraum die monatlichen Übernachtungen modellhaft beschreibt. Geben Sie die SPSS-Berechnungsvorschrift explizit an.

b) Als wissenschaftlicher Mitarbeiter der Berlin Marketing GmbH werden Sie aufgefordert, für die zwölf Monate des Wirtschaftsjahres 2011 eine Prognose der Übernachtungsanzahlen zu erstellen. Zu welchen monatlichen Prognoseergebnissen gelangen Sie?

c) Charakterisieren Sie das statistische Modell, mit dem Sie im Kontext der Problemstellung b) die monatlichen Übernachtungen in Berliner Beherbergungsbetrieben prognostizierten.

d) Stellen Sie die originäre Zeitreihe und die Zeitreihe der Trend-Saison-Modellwerte gemeinsam in einem Sequenzdiagramm grafisch dar. Zu welcher analytischen Aussage gelangen Sie aus der alleinigen Betrachtung des Sequenzdiagramms?

e) Fügen Sie in die SPSS-Arbeitsdatei eine Variable ein, welche die Modellresiduen zum Inhalt hat. Geben Sie die SPSS-Berechnungsvorschrift für die Modellresiduen explizit an.

f) Stellen Sie die Modellresiduen, die gemäß Problemstellung e) berechnet wurden, in einem Sequenzdiagramm grafisch dar. Zu welcher analytischen Aussage gelangen Sie aus der alleinigen Betrachtung des Sequenzdiagramms?

g) Berechnen und interpretieren Sie den Residualstandardfehler des applizierten Trend-Saison-Modells. ♣

Aufgabe 9-5*

Verwenden Sie zur Lösung der Problemstellungen die SPSS-Datendatei *FG.sav* aus dem lehrbuchbezogenen Downloadbereich. Die Datei basiert auf der (strukturbruchbereinigten) Zeitreihe der Fluggästezahlen (Angaben in 1000 Personen) auf den Berliner Flughäfen.

a) Charakterisieren Sie die Zeitreihe der Fluggästezahlen.

b) Stellen Sie den Beobachtungszeitraum für die Fluggästezahlen mittels einer Indexmenge dar und geben Sie die Länge des Beobachtungszeitraumes an.

c) Die Variable *Trend* beinhaltet die Werte der inhomogenen linearen Kleinste-Quadrate-Trendfunktion. Geben Sie unter Verwendung geeigneter Symbole die Trendfunktion an. Benennen und interpretieren Sie die Trendparameter.

d) Die Variable *Saison* beschreibt die monatsdurchschnittlichen Schwankungen der erfassten Fluggästezahlen (Angaben in 1000) um die Trendfunktion. Prognostizieren Sie unter Verwendung eines additiven Trend-Saison-Modells die Anzahl der Fluggäste auf den Berliner Flughäfen für das Wirtschaftsjahr 2012. An welche Bedingung ist Ihre Prognose gebunden?

e) Beschreiben Sie den Prognose- und den Relevanzzeitraum mit Hilfe einer geeigneten Indexmenge und geben Sie die Länge des Prognosezeitraumes an.

f) Wie hoch ist der Prognosefehler, mit dem Sie ceteris paribus bei der statistischen Vorhersage der Fluggästezahlen rechnen müssen? ♣

Aufgabe 9-6*

Verwenden Sie zur Lösung der Problemstellungen die SPSS-Datendatei *JD.sav* aus dem lehrbuchbezogenen Downloadbereich. Die Datei beinhaltet die Zeitreihe der 2010/11 an der Nashville Stock Exchange, Tennessee, USA, börsentäglich erfassten Schlusskurse für die Stammaktie „Jack Daniels".

a) Fügen Sie in die SPSS-Arbeitsdatei eine Variable ein, welche die zeitlich logische Abfolge der erfassten Schlusskurse mit Hilfe der natürlichen Zahlen beschreibt. Geben Sie die applizierte Berechnungsvorschrift in der verbindlichen SPSS-Syntax explizit an.

   Hinweis: Gehen Sie der Einfachheit und Praktikabilität halber von einer äquidistanten Zeitreihe aus.

   Beschreiben Sie den Beobachtungszeitraum der Zeitreihe mit Hilfe einer geeigneten Indexmenge. Geben Sie die Länge des Beobachtungszeitraumes an.

b) Stellen Sie mit Hilfe einer geeigneten und konkret zu benennenden Grafik den zeitlichen Verlauf der erfassten und auf eine logarithmische Skala transformierten Schlusskurse der JACK-DANIELS-Aktie dar. Zu welcher Aussage gelangen Sie aus einer alleinigen Betrachtung der grafischen Darstellung?

c) Ergänzen Sie die gemäß b) erstellte Grafik durch eine sogenannte i) zentrierte und ii) zurückgreifende 50-Tage-Trajektorie. Zu welcher Aussage gelangen Sie aus der alleinigen Betrachtung der erweiterten Grafik?

d) Im technischen Wertpapiermanagement kommt den börsentäglichen Renditen in Gestalt der börsentäglichen prozentualen Veränderungsraten eine besondere praktische und analytische Bedeutung zu. Fügen Sie in die Arbeitsdatei eine Variable ein, welche die börsentäglichen Renditen für die JACK-DANIELS-Stammaktie zum Inhalt hat. Gehen Sie bei der Berechnung der börsentäglichen Renditen von den Prämissen eines stetigen Verzinsungsmodells aus. Geben Sie die applizierte Berechnungsvorschrift in der verbindlichen SPSS-Syntax an.

e) Prüfen Sie auf einem vorab vereinbarten Signifikanzniveau von 0,05 mit Hilfe des KOLMOGOROV-SMIRNOV-Anpassungstests die folgende unvollständig spezifizierte Verteilungshypothese: „Die börsentäglichen Renditen der JACK-DANIELS-Stammaktie sind Realisationen einer normalverteilten Zufallsgröße." Interpretieren Sie Ihr Ergebnis.

f) Gehen Sie von der Prämisse aus, dass die börsentäglichen Renditen der JACK-DANIELS-Stammaktie dem Modell einer Normalverteilung genügen. i) Spezifizieren Sie unter Verwendung der verfügbaren Daten das Verteilungsmodell durch die Benennung, die Berechnung und die auf zwei Dezimalstellen gerundete Angabe der charakteristischen Verteilungsparameter. ii) Berechnen Sie die Wahrscheinlichkeit dafür, dass sich ceteris paribus an einem beliebigen Börsentag die Rendite der JACK-DANIELS-Stammaktie auf mindestens 2,5 % beläuft. Geben Sie die benutzte Berechnungsvorschrift in der verbindlichen SPSS-Syntax an. iii) Bestimmen Sie den Wert, den ceteris paribus die Rendite der JACK-DANIELS-Stammaktie an einem beliebigen Börsentag mit einer Wahrscheinlichkeit von 0,95 höchstens annimmt. Geben Sie die benutzte Berechnungsvorschrift in der verbindlichen SPSS-Syntax an.

g) Bei der Analyse und Modellierung der zeitlichen Entwicklung von stochastischen Prozessen kommt dem sogenannten BOX-JENKINS-Verfahren und der Klasse der sogenannten ARIMA-Modelle eine besondere praktische Bedeutung zu. i) Auf welchen diagnostischen Instrumenten beruht das BOX-JENKINS-Verfahren? ii) Benennen Sie die Komponenten eines stochastischen Prozesses, die mit Hilfe der Klasse der ARIMA-Modelle nachgebildet werden können.

h) Zur Identifikation der Komponenten eines stochastischen Prozesses, die über eine zeitliche Entwicklungsrichtung hinaus „wirken", ist es im Rahmen des BOX-JENKINS-Verfahrens erforderlich, einen zumindest schwach stationären stochastischen Prozess zu betrachten. Erläutern Sie kurz den Begriff und das Erscheinungsbild eines schwach stationären stochastischen Prozesses.

i) Ein einfaches statistisches Instrument zur Trendelimination bei Zeitreihen bilden die sogenannten Differenzenfilter der Ordnung d. Einmal unterstellt, dass Sie die auf eine logarithmische Skala transformierten Schlusskurswerte für die JACK-DANIELS-Stammaktie mit Hilfe eines Differenzenfilters der Ordnung $d = 1$ in einen (zumindest) schwach stationären stochastischen Prozess umwandeln können. i) Worin liegt der analytische und sachlogische Vorteil der praktizierten Transformation der Schlusskurswerte? ii) Erläutern Sie kurz das Erscheinungsbild der so transformierten börsentäglichen Schlusskurse der JACK-DANIELS-Stammaktie.

j) Sie sind bestrebt, die chronologisch erfassten und auf eine logarithmische Skala transformierten Schlusskurse der JACK-DANIELS-Aktie zu diagnostizieren und zum Zwecke einer kurzfristigen statistischen Vorausberechnung mit Hilfe eines geeigneten ARIMA-Modells nachzubilden. Welche „Bewegungsgesetze" identifizieren Sie mit Hilfe des BOX-JENKINS-Verfahrens für die Schlusskurse, wenn Sie Ihren analytischen Betrachtungen die SPSS-Standardeinstellungen zugrunde legen? Erläutern Sie kurz Ihren Analysebefund. Spezifizieren Sie in der allgemein üblichen Notation ein geeignetes ARIMA(p, d, q)-Modell zur Nachbildung der Schlusskurswerte der JACK-DANIELS-Aktie.

k) Einmal unterstellt, dass Sie für die vier Tage der sechsten Kalenderwoche des Wirtschaftsjahres 2011 mit Hilfe des spezifizierten ARIMA-Modells eine Prognose der börsentäglich erfassten Schlusskurswerte der JACK-DANIELS-Aktie bewerkstelligen wollen. Worauf läuft im konkreten Fall Ihre Prognose der börsentäglichen Schlusskurse letzten Endes hinaus? ♣

Aufgabe 9-7*

Verwenden Sie zur Lösung der Problemstellungen die SPSS-Datendatei *TW.sav* aus dem lehrbuchbezogenen Downloadbereich. Die Datei beinhaltet die Zeitreihe der 2010/11 an der Nashville Stock Exchange, Tennessee, USA, börsentäglich erfassten Schlusskurse des Aktienportfolios „Tennessee Whiskey".

a) Stellen Sie mit Hilfe einer geeigneten und konkret zu benennenden Grafik den zeitlichen Verlauf der erfassten und auf eine logarithmische Skala transformierten Schlusskurse des TENNESSEE-WHISKEY-Aktienportfolios dar. Zu welcher Aussage gelangen Sie aus einer alleinigen Betrachtung der grafischen Darstellung? Ergänzen Sie die Grafik durch eine sogenannte zentrierte 25-Tage-Trajektorie. Zu welcher Aussage gelangen Sie aus einer alleinigen Betrachtung der erweiterten Grafik?

b) Sie sind bestrebt, die chronologisch erfassten und auf eine logarithmische Skala transformierten Schlusskurse des TENNESSEE-WHISKEY-Portfolios zu diagnostizieren und zum Zwecke einer kurzfristigen statistischen Vorausberechnung mit Hilfe eines geeigneten ARIMA-Modells nachzubilden. Welche „Bewegungsgesetze" identifizieren Sie mit Hilfe des BOX-JENKINS-Verfahrens für die erfassten Schlusskurse, wenn Sie Ihren analytischen Betrachtungen die SPSS-Standardeinstellungen zugrunde legen? Skizzieren und begründen Sie kurz Ihren Analysebefund. Spezifizieren Sie in der allgemein üblichen Notation ein geeignetes ARIMA(p, d, q)-Modell zur Nachbildung der Schlusskurswerte des TENNESSEE-WHISKEY-Portfolios.

c) Einmal unterstellt, dass Sie zur Überprüfung der „Prognosefähigkeit" des ARIMA-Modells für die sechste und siebente Kalenderwoche des Wirtschaftsjahres 2011 eine Prognose der erfassten Schlusskurswerte des TENNESSEE-WHISKEY-Portfolios erstellen und im Sinne einer sogenannten ex-Post-Prognose die Prognosewerte mit den „realen" Schlusskursen vergleichen. Worauf läuft im konkreten Fall dieser Wertevergleich letzten Endes hinaus? ♣

10 Aufgaben zur Faktorenanalyse

Die mit einem * markierten Aufgaben sind Klausuraufgaben.

Aufgabe 10-1*

Verwenden Sie zur Lösung der folgenden Problemstellungen die SPSS-Datendatei *AM.sav* aus dem lehrbuchbezogenen Downloadbereich. Die Datei basiert auf dem vom ADAC herausgegebenen Automarkenindex AUTOMARXX für das Jahr 2007. Die interessierenden Erhebungsmerkmale „Markenimage“, „Markeninnovationen“, „Markenqualität“, „Marktposition“, „Kundenbindung“ und „Kundenzufriedenheit“ wurden jeweils auf einer Punkte-Skala mit den Randwerten „null für ungenügend“ und „neun für ausgezeichnet“ gemessen. Von Interesse sind alle erfassten Automarken.

a) Benennen Sie ein statistisches Analysekonzept, das es ermöglicht, die Anzahl der empirisch erfassten Erhebungsmerkmale aufgrund ihrer korrelativen Beziehungen zu reduzieren.

b) Zur Dimensionsreduktion verwenden Sie die Hauptkomponentenmethode, wobei nur Komponenten von Interesse sind, die kein „erklärungsstatistisches Geröll“ darstellen. Wie viele Komponenten extrahieren Sie aus den Erhebungsmerkmalen?

c) Wie groß ist der Anteil an der Gesamtvarianz der Erhebungsmerkmale, der durch die Varianz der extrahierten Komponenten erklärt werden kann?

d) Zur Identifikation einer möglichst einfachen und sachlogisch plausiblen Struktur der extrahierten Komponenten nutzen Sie ein orthogonales Rotationsverfahren, das darauf zielt, die Varianz der Komponentenladungen zu maximieren und die Anzahl der extrahierten Komponenten zu minimieren. Wie wird das Verfahren genannt?

e) Benennen Sie jeweils das Erhebungsmerkmal, das auf der jeweilig extrahierten und rotierten Komponente am geringsten „geladen“ ist. Geben Sie zudem die jeweilige Komponentenladung an.

f) „Taufen“ Sie die extrahierten und rotierten Komponenten sachlogisch.

g) Bestimmen und interpretieren Sie die durchschnittlichen Faktorwerte für die europäischen Automarken. Verwenden und benennen Sie dazu ein Verfahren, das standardisierte und zugleich unkorrelierte Faktorwerte erzeugt. ♣

Aufgabe 10-2*

Verwenden Sie zur Lösung der Problemstellungen die SPSS-Datendatei *KD.sav* aus dem lehrbuchbezogenen Downloadbereich. Die Datei basiert auf Preisen für kommunale Dienstleistungen, die im zweiten Quartal 2008 für ausgewählte Kommunen des Bundeslandes Brandenburg statistisch erhoben wurden.

a) Benennen Sie ein statistisches Analysekonzept, das es ermöglicht, die Anzahl der statistisch erfassten kommunalen Dienstleistungspreise zu reduzieren.

b) Zur Dimensionsreduktion verwenden Sie die sogenannte „principal components analysis“, wobei nur Komponenten von Interesse sind, die kein sogenanntes „scree“ darstellen. Wie viele Komponenten extrahieren Sie aus den erfassten kommunalen Dienstleistungspreisen? Wie groß ist der Anteil an der Gesamtvarianz der statistisch erfassten kommunalen Dienstleistungspreise, der durch die Varianz der extrahierten Komponenten erklärt werden kann?
c) Zur Identifikation einer möglichst einfachen und sachlogisch plausiblen Struktur der extrahierten Komponenten nutzen Sie ein orthogonales Rotationsverfahren, das darauf zielt, die Varianz der Komponentenladungen zu maximieren und die Anzahl der extrahierten Komponenten zu minimieren. Wie wird das Verfahren genannt?
d) Benennen Sie jeweils den kommunalen Dienstleistungspreis, der auf der jeweilig rotierten Komponente am höchsten „geladen“ ist. Geben Sie zudem die jeweilige Komponentenladung an.
e) „Taufen“ Sie die rotierten Komponenten sachlogisch.
f) Bestimmen und interpretieren Sie mit Hilfe des ANDERSON-RUBIN-Verfahrens die Faktorwerte für die Kommune Oranienburg. ♣

Aufgabe 10-3*

Verwenden Sie zur Lösung der folgenden Problemstellungen die SPSS-Datendatei *SA.sav* aus dem lehrbuchbezogenen Downloadbereich. Die Datei basiert auf dem sogenannten Sozialatlas für die traditionellen Berliner Stadtbezirke aus dem Jahr 2005.

a) Benennen Sie den Merkmalsträger und die metrischen Erhebungsmerkmale sowie ein statistisches Analysekonzept, das eine Reduktion der metrischen Erhebungsmerkmale ermöglicht.
b) Wie viele Faktoren können mit der Hauptkomponenten- und der Varimax-Methode aus den metrischen Erhebungsmerkmalen extrahiert werden? Wie groß ist ihr Erklärungsanteil an der Gesamtvarianz?
c) Wie sind letztlich die extrahierten Faktoren inhaltlich bestimmt?
d) Ergänzen Sie die bewerkstelligte Faktoren-Extraktion durch ein sogenanntes Scree-Plot und durch ein Ladungsdiagramm. Zu welcher Aussage gelangen Sie aus einer alleinigen Betrachtung des jeweiligen Diagramms?
e) Bestimmen Sie für die Merkmalsträger die jeweiligen Faktorwerte. Benennen und verwenden Sie dazu ein Verfahren, das standardisierte und unkorrelierte Faktorwerte liefert.
f) Bilden Sie jeweils auf der Grundlage der gemäß Problemstellung e) bestimmten Faktorwerte eines extrahierten Faktors eine Rangordnung für die Merkmalsträger und vergleichen Sie Ihre faktorbasierten Rangordnungen mit den beiden „originären“ SPSS-Variablen *Sozial* und *Bildung*. ♣

Aufgabe 10-4*

Verwenden Sie zur Lösung der folgenden Problemstellungen die SPSS-Datendatei *NB.sav* aus dem lehrbuchbezogenen Downloadbereich. Die Datei basiert auf einer Nutzerbefragung in Berliner Parkhäusern im November 2006. Von Interesse sind die Nutzer von Berliner Parkhäusern der Kategorie „alt".

a) Wie viele Nutzer wurden in Parkhäusern der Kategorie „alt" zufällig ausgewählt und befragt? Geben Sie den „gesetzten" SPSS-Filter explizit an.

b) Benennen Sie ein Analysekonzept, das es ermöglicht, aus den Zufriedenheitskriterien mit dem Parkhausinneren, die jeweils auf einer Punkteskala mit den Randwerten null (für unzufrieden) und neun (für zufrieden) statistisch gemessen wurden und in den SPSS-Variablen *F7a* bis *F7j* abgebildet sind, eine geringere Anzahl von Komponenten zu extrahieren.

c) Als Extraktionsverfahren verwenden Sie die Hauptkomponentenmethode, wobei nur extrahierte Komponenten mit einem Eigenwert größer als eins von Interesse sind. Wie viele Komponenten extrahieren Sie?

d) Wie groß ist der Anteil an der Gesamtvarianz der Erhebungsmerkmale, der durch die Varianz der extrahierten Komponenten erklärt werden kann?

e) Zur Identifikation einer möglichst einfachen und sachlogisch plausiblen Struktur der extrahierten Komponenten nutzen Sie ein orthogonales Rotationsverfahren, das darauf zielt, die Varianz der Komponentenladungen zu maximieren und die Anzahl der extrahierten Komponenten zu minimieren. Wie wird das Verfahren genannt?

f) Benennen Sie für die rotierten Komponenten das Erhebungsmerkmal, das am höchsten „geladen" ist. Geben Sie die jeweilige Komponentenladung an.

g) „Taufen" Sie die extrahierten und rotierten Komponenten sachlogisch.

h) Bestimmen Sie die Faktorwerte für die befragten Parkhausnutzer. Benennen und verwenden Sie dazu ein Verfahren, das standardisierte und unkorrelierte Faktorwerte „erzeugt".

i) Bestimmen Sie den jeweiligen durchschnittlichen Faktorwert für alle befragten weiblichen Nutzer von Berliner Parkhäusern der Kategorie „alt". Interpretieren Sie die durchschnittlichen Faktorwerte sachlogisch. ♣

Aufgabe 10-5*

Verwenden Sie zur Lösung der folgenden Problemstellungen die SPSS-Datendatei *SF.sav* aus dem lehrbuchbezogenen Downloadbereich. Die Datei basiert auf den empirischen Befunden von semesterbezogenen Studierendenbefragungen in den Bachelor-Studiengängen des Fachbereichs Wirtschaftswissenschaften I der Berliner Hochschule für Technik und Wirtschaft. Von Interesse sind alle Studierenden, die im Sommersemester 2011 befragt wurden.

a) Benennen Sie ein statistisches Analysekonzept, das es ermöglicht, aus den Aktivitäten von Studierenden, die jeweils auf einer 100 %-Skala gemessen wurden und in den SPSS-Variablen *F9a* bis *F9f* abgebildet sind, eine geringere Anzahl von Komponenten zu extrahieren.

b) Als Extraktionsverfahren verwenden Sie die Hauptkomponentenmethode, wobei nur extrahierte Komponenten mit einem Eigenwert größer als eins von Interesse sind. Wie viele Komponenten extrahieren Sie?

c) Verwenden Sie zur Identifikation der extrahierten Komponenten ein orthogonales Rotationsverfahren, das darauf zielt, die Varianz der Komponentenladungen zu maximieren und die Anzahl der extrahierten Komponenten zu minimieren. Wie wird das Verfahren genannt?

d) Benennen Sie für jede rotierte Komponente das Erhebungsmerkmal, das am höchsten „geladen" ist. Geben Sie die jeweilige Komponentenladung an und interpretieren Sie den Ladungswert.

e) „Taufen" Sie die extrahierten Komponenten sachlogisch.

f) Bestimmen Sie die Faktorwerte für die Befragten. Verwenden Sie dazu ein Verfahren, das standardisierte und unkorrelierte Faktorwerte „erzeugt". Benennen Sie das Verfahren.

g) Ermitteln und interpretieren Sie jeweils die durchschnittlichen Faktorwerte für die befragten Studierenden, die durch die Ausprägungen des Erhebungsmerkmals „Berufsabschluss" bedingt sind.

h) Ein allseits und traditionell kolportiertes Klischee lautet: „Mädchen sind fleißiger als Jungen". Können Sie unter Verwendung der ermittelten Faktorwerte dieses Klischee auch für die befragten Studierenden empirisch untermauern? Skizzieren Sie kurz Ihren Lösungsansatz. ♣

Aufgabe 10-6*

Verwenden Sie zur Lösung der folgenden Problemstellungen die SPSS-Datendatei *SI.sav* aus dem lehrbuchbezogenen Downloadbereich. Die Datei basiert auf Sozialindikatoren, die im Jahr 2010 für europäische Länder gemessen wurden. Die gemessenen Sozialindikatoren sind den SPSS-Variablen A bis J abgebildet.

a) Benennen Sie ein Analysekonzept, das es ermöglicht, die gemessenen Sozialindikatoren aufgrund ihrer korrelativen Beziehungen hinsichtlich ihrer Anzahl zu reduzieren.

b) Zur angestrebten Reduktion verwenden Sie die Hauptkomponentenmethode, wobei nur Komponenten von Interesse sind, die kein „erklärungsstatistisches Geröll" darstellen. Wie viele Komponenten können Sie aus den gemessenen Sozialindikatoren extrahieren?

c) Wie groß ist der Anteil an der Gesamtvarianz der gemessenen Sozialindikatoren, der durch die Varianz der extrahierten Komponenten insgesamt erklärt werden kann?

d) Zur Identifikation einer möglichst einfachen und sachlogisch plausiblen Struktur der extrahierten Komponenten nutzen Sie ein orthogonales Rotationsverfahren, das darauf zielt, die Varianz der Komponentenladungen zu maximieren und die Anzahl der extrahierten Komponenten zu minimieren. i) Wie wird das Verfahren genannt? ii) Benennen Sie jeweils den Sozialindikator, der auf der jeweiligen Komponente am höchsten „geladen" ist. Geben Sie die jeweilige Komponentenladung an. iii) Versehen Sie die extrahierten Komponenten mit einem geeigneten Namen.

e) Bestimmen Sie die länderspezifischen Komponentenwerte. Verwenden Sie dazu ein Verfahren, das standardisierte und unkorrelierte Komponentenwerte erzeugt. Benennen Sie das applizierte Verfahren.

f) Bestimmen und interpretieren Sie die durchschnittlichen Komponentenwerte für die i) osteuropäischen Länder und ii) westeuropäischen Länder. ♣

Aufgabe 10-7*

Verwenden Sie zur Lösung der folgenden Problemstellungen die SPSS-Datendatei *SL.sav* aus dem lehrbuchbezogenen Downloadbereich. Die Datei basiert auf der aktuellen Schulleistungsstudie aus dem Jahr 2010, im Rahmen derer in den deutschen Bundesländern die Kompetenzen von Schülern der neunten Klasse getestet wurden. Die gemessenen Schülerkompetenzen sind den SPSS-Variablen SK1 bis SK8 abgebildet.

a) Benennen Sie ein Analysekonzept, das es ermöglicht, die gemessenen Schülerkompetenzen aufgrund ihrer korrelativen Beziehungen hinsichtlich ihrer Anzahl zu reduzieren.

b) Erstellen Sie für die gemessenen Schülerkompetenzen eine Korrelationsmatrix. Charakterisieren Sie die Korrelationsmatrix und interpretieren Sie die am schwächsten und am stärksten ausgeprägte bivariate Korrelation.

c) Zur angestrebten Reduktion verwenden Sie die Hauptkomponentenmethode, wobei nur Komponenten von Interesse sind, deren Eigenwerte größer als eins sind. i) Erläutern Sie am praktischen Sachverhalt kurz den Eigenwert-Begriff. ii) Womit ist im konkreten Fall die Summe der Eigenwerte identisch? iii) Wie viele Komponenten können Sie aus den gemessenen Schülerkompetenzen extrahieren? iv) Wie groß ist der Anteil an der Gesamtvarianz der gemessenen Schülerkompetenzen, der durch die Varianz der extrahierten Komponenten insgesamt erklärt werden kann?

d) Zur Identifikation einer möglichst einfachen und sachlogisch plausiblen Struktur der extrahierten Komponenten nutzen Sie ein orthogonales Rotationsverfahren, das darauf zielt, die Varianz der Komponentenladungen zu maximieren und die Anzahl der extrahierten Komponenten zu minimieren. i) Wie wird das Verfahren genannt? ii) Benennen Sie jeweils die Schülerkompetenz, die auf der jeweiligen extrahierten Komponente am höchsten „geladen" ist. Geben Sie die jeweilige Komponentenladung an. iii) Versehen Sie die Komponenten mit einem geeigneten Namen.

e) Bestimmen Sie mit Hilfe des sogenannten ANDERSON-RUBIN-Verfahrens die bundesländerspezifischen Komponentenwerte. Zu welchen analytischen Aussagen gelangen Sie, wenn Sie i) für die Werte einer jeden Komponente das arithmetische Mittel und die Standardabweichung bestimmen und ii) für alle Komponenten eine Korrelationsmatrix erstellen?

f) Bestimmen und interpretieren Sie die durchschnittlichen Faktorwerte, die sich aus der i) West-Ost-Gliederung, ii) Nord-Süd-Gliederung bzw. iii) Dreier-Gliederung der Bundesländer ergeben. ♣

Aufgabe 10-8*

Verwenden Sie zur Lösung der folgenden Problemstellungen die SPSS-Datendatei *RH.sav* aus dem lehrbuchbezogenen Downloadbereich. Die Datei basiert auf einer Gästebefragung in Romantik-Hotels aus dem Jahr 2010. Von Interesse sind die metrischen Erhebungsmerkmale W1 bis W14, welche gästebezogene Wichtigkeitskriterien sind und allesamt auf einer sechsstufigen Punkte-Skala mit den Randwerten null (für unwichtig) und fünf (für wichtig) bemessen wurden.

a) Benennen Sie ein statistisches Analysekonzept, das es ermöglicht, die Anzahl der statistisch erfassten Wichtigkeitskriterien aufgrund ihrer korrelativen Beziehungen zu reduzieren.

b) Zur Dimensionsreduktion verwenden Sie die Hauptkomponentenmethode, wobei nur Komponenten von Interesse sind, die kein „erklärungsstatistisches Geröll“ darstellen. i) Benennen Sie die Kennzahl und ihren Mindestwert, mit deren Hilfe Sie Komponenten identifizieren, die kein erklärungsstatistisches Geröll darstellen. ii) Wie viele Komponenten extrahieren Sie aus den statistisch erfassten Wichtigkeitskriterien?

c) Zur Identifikation einer möglichst einfachen und sachlogisch plausiblen Struktur der extrahierten Komponenten nutzen Sie ein rechtwinkliges Rotationsverfahren, das darauf zielt, die Varianz der Komponentenladungen zu maximieren und die Anzahl der extrahierten Komponenten zu minimieren. i) Wie wird das Verfahren genannt? ii) Benennen Sie jeweils das gästebezogene Wichtigkeitskriterium, das auf der jeweilig extrahierten und rotierten Komponente am höchsten „geladen“ ist. Geben Sie zudem die jeweilige Komponentenladung an. iii) „Taufen“ Sie die extrahierten Komponenten sachlogisch.

d) Bestimmen Sie für die „getauften“ Komponenten die zugehörigen Komponentenwerte. Verwenden Sie zur Komponentenwertberechnung ein geeignetes und konkret zu benennendes Verfahren, das standardisierte und unkorrelierte Werte erzeugt.

e) Bestimmen und interpretieren Sie die durchschnittlichen Komponentenwerte, die sich aus der i) geschlechtsspezifischen, ii) aufenthaltsgrundspezifischen Gliederung der befragten Hotelgäste ergeben. ♣

11 Aufgaben zur Clusteranalyse

Die mit einem * markierten Aufgaben sind Klausuraufgaben.

Aufgabe 11-1*

Verwenden Sie zur Lösung der folgenden Problemstellungen die SPSS-Datendatei *AM.sav*, die Sie im lehrbuchbezogenen Downloadbereich finden. Die Datei basiert auf dem vom ADAC herausgegebenen Automarkenindex AUTOMARXX für das Jahr 2007. Die interessierenden Erhebungsmerkmale „Markenimage", „Markeninnovationen", „Markenqualität", „Marktposition", „Kundenbindung" und „Kundenzufriedenheit" wurden jeweils auf einer Punkte-Skala mit den Randwerten „null für ungenügend" und „neun für ausgezeichnet" gemessen. Von Interesse sind alle erfassten „nicht-asiatischen" Automarken.

a) Geben Sie explizit die SPSS-Auswahlbedingung an.
b) Benennen Sie ein statistisches Analysekonzept, das es ermöglicht, die interessierenden Automarken derart zu gruppieren, dass die Automarken, die sich bezüglich der originär erfassten Erhebungsmerkmale am ähnlichsten sind, jeweils in einer Gruppe zusammengefasst werden.
c) Sie entschließen sich für ein Gruppierungsverfahren, das von der feinsten Gliederung ausgeht und schrittweise die interessierenden Automarken zu homogenen Gruppen zusammenfasst. Wie wird dieses statistische Verfahren bezeichnet?
d) Wie viele Gruppen von Automarken identifizieren Sie, wenn Sie von den folgenden Prämissen ausgehen: Als Gruppierungsmethode verwenden Sie ein Verfahren, das auf dem kleinsten Zuwachs der Fehlerquadratsumme für die standardisierten Merkmalswerte beruht. Im Baumdiagramm bildet ein normierter Fusionskoeffizient von vier die Entscheidungsgrundlage.
e) Welche Automarken wurden aufgrund der Ähnlichkeit ihrer standardisierten Merkmalswerte als erste zusammengefasst?
f) Wie viele Automarken sind gemäß der Problemstellung d) in der kleinsten Gruppe zusammengefasst? Listen Sie die zugehörigen Automarken auf.
g) Geben Sie in Auswertung der Distanzmatrix das Distanzmaß für die folgenden Automarken-Paare an: Audi und BMW bzw. BMW und Chrysler. Zu welcher Aussage gelangen Sie aus deren Vergleich? ♣

Aufgabe 11-2*

Verwenden Sie zur Lösung der folgenden Problemstellungen die SPSS-Datendatei *KD.sav* aus dem lehrbuchbezogenen Downloadbereich. Die Datei beinhaltet Preise für kommunale Dienstleistungen, die im zweiten Quartal 2008 für ausgewählte Kommunen des Bundeslandes Brandenburg statistisch erhoben wurden.

a) Benennen Sie die statistische Gesamtheit und charakterisieren Sie die Erhebungsmerkmale aus statistisch-methodischer Sicht.

b) Benennen Sie ein statistisches Analysekonzept, das es ermöglicht, die erfassten Kommunen derart zu gruppieren, dass die Kommunen, die sich bezüglich der statistisch erfassten kommunalen Dienstleistungspreise am ähnlichsten sind, jeweils in einer Gruppe zusammengefasst werden.
c) Sie entschließen sich für ein Gruppierungsverfahren, das von der feinsten Gliederung ausgeht und die erfassten Kommunen schrittweise zu homogenen Gruppen zusammenfasst. Wie wird dieses statistische Verfahren bezeichnet?
d) Wie viele Gruppen von Kommunen identifizieren Sie, wenn Sie von den folgenden Prämissen ausgehen: Als Gruppierungsmethode verwenden Sie ein Verfahren, das auf dem kleinsten Zuwachs der Fehlerquadratsumme für die standardisierten kommunalen Dienstleistungspreise beruht. Im Baumdiagramm bildet ein normierter Fusionskoeffizient mit einem Wert von zehn die Entscheidungsgrundlage.
e) Welche zwei Kommunen wurden aufgrund der Ähnlichkeit ihrer standardisierten Dienstleistungspreise als erste zusammengefasst?
f) Wie viele Kommunen sind gemäß der Problemstellung d) in der kleinsten Gruppe zusammengefasst? Listen Sie die zugehörigen Kommunen auf.
g) Geben Sie in Auswertung der Distanzmatrix das Distanzmaß für die folgenden Kommunen-Paare an: Angermünde und Strausberg bzw. Bernau und Cottbus. Zu welcher Aussage gelangen Sie aus deren Vergleich? ♣

Aufgabe 11-3

Verwenden Sie zur Lösung der folgenden Problemstellungen die SPSS-Datendatei *SA.sav* aus dem lehrbuchbezogenen Downloadbereich. Die Datei basiert auf dem sogenannten Sozialatlas für die traditionellen Berliner Stadtbezirke aus dem Jahr 2005.

a) Für ein Referat im „Studium generale“ wollen Sie mit Hilfe eines statistischen Analysekonzeptes eine Klassifikation der Berliner Stadtbezirke derart bewerkstelligen, dass die Stadtbezirke, die sich hinsichtlich der verfügbaren metrischen Erhebungsmerkmale am ähnlichsten sind, in einer Gruppe zusammengefasst werden. Wie heißt das Analysekonzept?
b) Zu welchen Ergebnissen gelangen Sie im Zuge Ihrer statistischen Analyse, wenn Sie unter Verwendung der standardisierten metrischen Erhebungsmerkmale die statistische Gesamtheit in vier disjunkte Teilgesamtheiten gliedern und von der Prämisse ausgehen, dass die Klassifikation auf der Grundlage des quadrierten euklidischen Abstandsmaßes auf der Basis der folgenden Analysemethoden bewerkstelligt wird: i) Linkage bzw. Verknüpfung zwischen den Gruppen, ii) Linkage bzw. Verknüpfung innerhalb der Gruppen, iii) nächstgelegener Nachbar, iv) entferntester Nachbar und v) WARD-Methode als kleinste Erhöhung der Gesamtvarianz zwischen den Nachbarn. ♣

Aufgabe 11-4*

Im Zuge der Ausarbeitung eines Referats im Fach Volkswirtschaftslehre zum Thema „Deutschland - einig Wirtschaftsland?“ sind Sie bestrebt, einige Kernaussagen Ihres Referats empirisch zu untermauern. Dazu bedienen Sie sich clusteranalytischer Ergebnisse, die Sie mittels der SPSS-Datendatei *BL.sav* erzielt haben. Resümieren Sie kurz Ihre Analyseergebnisse. Gehen Sie dabei von den folgenden Prämissen aus: Unter Verwendung aller geeigneten Informationen sollen die Bundesländer a) in drei und b) in zwei disjunkte Ländergruppen gegliedert werden. Die Klassifikation der Bundesländer soll jeweils auf der Grundlage standardisierter Merkmalswerte, des quadrierten euklidischen Abstandsmaßes und des WARD-Verfahrens bewerkstelligt werden. ♣

Aufgabe 11-5*

Verwenden Sie zur Lösung der folgenden Problemstellungen die SPSS-Datendatei *PH.sav* aus dem lehrbuchbezogenen Downloadbereich. Von Interesse sind alle erfassten Berliner Parkhäuser.

> **Hinweis**: Die SPSS-Variablen ZW0 bis ZW9 beinhalten durchschnittliche Zufriedenheitswerte mit dem Parkhausinneren, die jeweils auf der Basis einer Punkte-Skala mit den Randwerten „null für unzufrieden“ und „neun für zufrieden“ im Zuge einer Nutzerbefragung in Berliner Parkhäusern im vierten Quartal 2006 gemessen wurden.

a) Wie viele Parkhausgruppen identifizieren Sie unter Nutzung der empirisch ermittelten durchschnittlichen Zufriedenheitswerte, wenn Sie von den folgenden Prämissen ausgehen: Als Gruppierungsmethode dient das sogenannte WARD-Verfahren auf der Basis standardisierter Werte. Im sogenannten Dendrogramm bildet ein normierter Fusionskoeffizient von fünf die Basis Ihrer Parkhausklassifikation.
b) Listen Sie die Parkhäuser der kleinsten Gruppe namentlich auf.
c) Geben Sie in Auswertung der Näherungsmatrix das Unähnlichkeitsmaß für die folgenden Parkhaus-Paare an. Zu welcher sachbezogenen Aussage gelangen Sie aus dem Vergleich der Unähnlichkeitsmaße für „DomAquaree“ und „Bebelplatz“ einerseits und „DomAquaree“ und „Europa Center“ andererseits?
d) Welche Parkhäuser wurden aufgrund ihrer größten Ähnlichkeit als erste zu einer Gruppe zusammengefasst? Listen Sie die Parkhäuser namentlich auf. ♣

Aufgabe 11-6*

Verwenden Sie zur Lösung der Problemstellungen die SPSS-Datendatei *KW.sav* aus dem lehrbuchbezogenen Downloadbereich. Die Datei basiert auf den Wahlergebnissen vom 28. September 2008 zu den Kreistagen, Stadtverordnetenversammlungen und Gemeindevertretungen im Bundesland Brandenburg.

a) Erläutern Sie am konkreten Sachverhalt die folgenden statistischen Grundbegriffe: Einheit, Gesamtheit, Identifikationsmerkmal, Erhebungsmerkmal, Zustandsmenge, Skala.

b) Fügen Sie zur Plausibilitätsprüfung der erfassten Daten in die SPSS-Arbeitsdatei eine Variable ein, die für jede statistische Einheit die Summe der gültigen Stimmenanteile beinhaltet. Geben Sie die applizierte Berechnungsvorschrift explizit an. Welchen Wert müssen Sie für jede statistische Einheit erhalten? Warum?

c) Für ein Referat im „Studium generale" wollen Sie mit Hilfe eines statistischen Analysekonzeptes eine Klassifikation der statistischen Einheiten derart bewerkstelligen, dass die Einheiten, die sich hinsichtlich der erfassten und statistisch auswertbaren Erhebungsmerkmale am ähnlichsten sind, in einer Gruppe zusammengefasst werden. Wie heißt das Analysekonzept?

d) Zu welchen Ergebnissen gelangen Sie im Zuge Ihrer statistischen Analyse, wenn Sie die statistische Gesamtheit in fünf disjunkte Teilgesamtheiten gliedern und von der Prämisse ausgehen, dass die Klassifikation auf standardisierten Daten und auf der kleinsten Erhöhung der Gesamtvarianz zwischen den „Nachbarn" beruht. Unter welcher Bezeichnung firmiert das applizierte Analyseverfahren?

e) Listen Sie in Anlehnung an die Problemstellung d) jeweils die statistischen Einheiten in den zwei kleinsten Teilgesamtheiten namentlich auf. ♣

Aufgabe 11-7*

Verwenden Sie zur Lösung der folgenden Problemstellungen die SPSS-Datendatei *SF.sav* aus dem lehrbuchbezogenen Downloadbereich. Von Interesse sind alle Studierenden, die im Sommersemester 2011 befragt wurden.

a) In Anlehnung an die Aufgabe 10-5* sind Sie bestrebt, die sechs empirisch erhobenen und in den SPSS-Variablen F9a bis F9f gespeicherten studentischen Aktivitäten mittels einer Faktorenanalyse zu reduzieren. i) Wie viele Komponenten extrahieren Sie aus den sechs Variablen? ii) Benennen Sie die „extrahierten und rotierten" Komponenten und bestimmen Sie mittels des ANDERSON-RUBIN-Verfahrens für die Studierenden die zugehörigen Komponentenwerte. iii) Für wie viele Studierende konnten valide bzw. keine validen Komponentenwerte bestimmt werden?

b) Klassifizieren Sie unter Verwendung der validen Komponentenwerte die interessierenden Studenten mittels der sogenannten Clusterzentrenanalyse derart, dass die befragten Studierenden in fünf disjunkte Studierendengruppen gegliedert werden können. Wie verteilen sich die Studierenden, für die Komponentenwerte bestimmt werden konnten, auf die fünf Gruppen?

c) Charakterisieren Sie anhand der „finalen Clusterzentren" die zugehörigen Studierendengruppen.

d) Erläutern Sie anhand der Studierendenklassifikation die Begriffe „Kernobjekte" und „Randobjekte". ♣

Aufgabe 11-8*

Verwenden Sie zur Lösung der folgenden Problemstellungen die SPSS-Datendatei *SI.sav* aus dem lehrbuchbezogenen Downloadbereich. Die Datei basiert auf Sozialindikatoren, die im Jahr 2010 für ausgewählte europäische Länder gemessen wurden. Die gemessenen Sozialindikatoren sind den SPSS-Variablen A bis J abgebildet.

a) Benennen Sie ein statistisches Analysekonzept, das es ermöglicht, die betrachteten Länder derart zu gruppieren, dass die Länder, die sich bezüglich der gemessenen Sozialindikatoren am ähnlichsten sind, jeweils in einer Gruppe zusammengefasst werden.
b) Wie wird das statistische Analysekonzept bezeichnet, das von der feinsten Gliederung ausgeht und die Länder schrittweise zu homogenen Gruppen zusammengefasst werden?
c) Zur Ländergruppierung verwenden Sie ein Verfahren, das auf dem kleinsten Zuwachs der Summe der Fehlerquadrate für die auf einer metrischen Skala gemessenen und standardisierten Sozialindikatoren beruht. Benennen und charakterisieren Sie das Verfahren.
d) Wie viele Ländergruppen identifizieren Sie, wenn im sogenannten Baumdiagramm ein normierter Fusionskoeffizient mit einem Wert von fünf die Entscheidungsbasis bildet?
e) Welche zwei Länder wurden aufgrund der Ähnlichkeit der gemessenen und standardisierten Sozialindikatoren als erste zusammengefasst?
f) Wie viele und welche Länder sind gemäß der Problemstellung d) in der kleinsten Gruppe zusammengefasst? Listen Sie die betreffenden Länder auf.
g) Geben Sie in Auswertung der Distanzmatrix das Distanzmaß für die folgenden Länderpaare an: i) Dänemark und Finnland, ii) Dänemark und Italien. Zu welcher Aussage gelangen Sie aus deren Vergleich? ♣

Aufgabe 11-9*

Bei der Vergabe eines Vortragsthemas im Fach Volkswirtschaftslehre zum Problemkreis „Länderklassifikation im Euro-Währungsgebiet" werden Sie aufgefordert, die Kernaussagen Ihres Vortrages anhand der SPSS-Datendatei *VI.sav* aus dem lehrbuchbezogenen Downloadbereich empirisch zu untermauern. Die Datei beinhaltet aus dem Wirtschaftsjahr 2010 für die Länder des Euro-Währungsgebietes fünf volkswirtschaftliche und jeweils metrisch skalierte Indikatoren.

a) Benennen Sie ein statistisches Analysekonzept, das es ermöglicht, die Länder derart zu gruppieren, dass die Länder, die sich bezüglich der Indikatoren am ähnlichsten sind, jeweils in einer Gruppe zusammengefasst werden.
b) Wie wird das statistische Analysekonzept bezeichnet, das von der feinsten Länderpartition ausgeht und im statistischen Sinne die Länder schrittweise zu homogenen Gruppen zusammengefasst werden?

c) Zur Ländergruppierung verwenden Sie das sogenannte WARD-Verfahren. Charakterisieren Sie kurz das applizierte Verfahren.
d) Wie viele Ländergruppen identifizieren Sie, wenn im sogenannten Baumdiagramm ein normierter Heterogenitäts- oder Fusionskoeffizient mit einem Wert von i) null, ii) vier, iii) zehn, iv) fünfzehn bzw. v) zweiundzwanzig Ihre Entscheidungsbasis bildet?
e) Welche zwei Länder wurden aufgrund der Ähnlichkeit der gemessenen und standardisierten Indikatoren als erste zusammengefasst?
f) Wie viele Länder sind gemäß der Problemstellung d) in der jeweils größten Gruppe zusammengefasst? Notieren Sie jeweils das erstgenannte und das letztgenannte Land in dieser Gruppe.
g) Geben Sie in Auswertung der Distanzmatrix das Distanzmaß für die folgenden Länderpaare an: i) Deutschland und Österreich, ii) Deutschland und Griechenland. Zu welcher Aussage gelangen Sie aus deren Vergleich? ♣

Aufgabe 11-10*

Verwenden Sie zur Lösung der folgenden Problemstellungen die SPSS-Datendatei *PS.sav* aus dem lehrbuchbezogenen Downloadbereich. Die Datei basiert auf den bundesländerspezifischen Ergebnissen der Pisa-Studie aus dem Jahr 2009. Von Interesse sind die jeweils auf einer metrischen Skala gemessenen und in den SPSS-Variablen SK1 bis SK10 abgebildeten Kompetenzen von Schülern der neunten Klasse.

a) In einem ersten Analyseschritt sind Sie bestrebt, mittels einer Faktorenanalyse die zehn gemessenen Schülerkompetenzen hinsichtlich ihres „Umfanges" zu reduzieren. Zu welchem Analyseergebnis gelangen Sie, wenn Sie die Variablenreduzierung unter Beibehaltung der SPSS-Standardeinstellungen bewerkstelligen und für die extrahierten, rotierten und getauften Komponenten die Komponentenwerte mittels des ANDERSON-RUBIN-Verfahrens bestimmen?
b) In einem zweiten Analyseschritt sind Sie bestrebt, im Zuge einer hierarchischen Clusteranalyse und unter Verwendung der Ergebnisse aus der vorgelagerten Faktorenanalyse die Bundesländer mittels des WARD-Verfahrens in fünf disjunkte Ländergruppen zu gliedern. Fassen Sie Ihr Klassifizierungsergebnis kurz zusammen. Benennen Sie zudem die Bundesländer, die in einem paarweisen Vergleich im Ensemble aller Bundesländer hinsichtlich der Schülerkompetenz-Faktoren am ähnlichsten bzw. am unähnlichsten sind.
c) In einem dritten Analyseschritt sind bestrebt, unter Verwendung der Ergebnisse aus der vorgelagerten Faktorenanalyse im Zuge einer Clusterzentrenanalyse die Bundesländer wiederum in fünf disjunkte Ländergruppen zu gliedern. Worin unterscheiden sich die Ergebnisse der Clusterzentrenanalyse von denen der hierarchischen Clusteranalyse? ♣

12 Aufgaben zur Baumanalyse

Die mit einem * markierten Aufgaben sind Klausuraufgaben.

Aufgabe 12-1

Verwenden Sie zur Beantwortung der nachfolgenden Fragestellungen die SPSS-Datendatei *SB.sav* aus dem lehrbuchbezogenen Downloadbereich. Die (unterdessen historischen) Daten stammen aus einer Befragung von Studierenden an Berliner Hochschulen, die im Jahr 1996 mit dem Ziel durchgeführt wurde, die Einstellung von Studierenden zur Frei-Körper-Kultur zu erforschen.

Analysieren Sie mit Hilfe der sogenannten CHAID-Methode die in der SPSS-Variablen *FKK* abgebildete Einstellung der befragten Studierenden zur Frei-Körper-Kultur. Verwenden Sie unter Beibehaltung der SPSS-Standardeinstellungen als sogenannte Prädiktoren die folgenden Erhebungsmerkmale: Geschlechtszugehörigkeit, Sozialisation, Religionszugehörigkeit und Alter.

a) Wie viele und welche Prädiktoren haben einen signifikanten Einfluss auf die abhängige Variable?
b) Wie viele Endknoten enthält der sogenannte Klassifizierungsbaum?
c) Welches unabhängige Merkmal hat den stärksten Einfluss auf das abhängige Merkmal?
d) Welcher Endknoten enthält die wenigsten Merkmalsträger? Charakterisieren Sie den betreffenden Endknoten.
e) Wie viele Merkmalsträger enthält der Endknoten mit dem höchsten FKK-Fan-Anteil? Charakterisieren Sie den Endknoten. ♣

Aufgabe 12-2*

Verwenden Sie zur Lösung der folgenden Aufgabenstellungen die SPSS-Datendatei *GB.sav* aus dem lehrbuchbezogenen Downloadbereich. Die Datei beruht auf einer deutschlandweiten Gästebefragung in Fünf-Sterne-Hotels aus dem Jahr 2007. Von Interesse sind alle zufällig ausgewählten und befragten Hotelgäste.

Im Hotel-Management geht man von der Erfahrungstatsache aus, dass für Hotelgäste der Aufenthaltsgrund durch solche Prädiktoren wie Geschlechtszugehörigkeit, Familienstand, Schulabschluss, Einkommen und Alter bereits hinreichend genau bestimmt werden kann.

Kann diese Erfahrungstatsache auch durch die Daten der in Rede stehenden Gästebefragung untermauert werden? Überprüfen Sie diesen Sachverhalt unter Beibehaltung der SPSS-Standardeinstellungen mit Hilfe eines CHAID-basierten Klassifizierungsbaumes.

a) Charakterisieren Sie kurz die angewandte Aufbaumethode.
b) Wie viele der vermuteten Prädiktoren erweisen sich nicht als geeignet zur Erklärung des Aufenthaltsgrundes? Benennen Sie die Prädiktoren.
c) Wie viele „finale“ Gruppen von Hotelgästen erhält man im konkreten Fall?

d) Charakterisieren Sie die kleinste „finale“ Gruppe von Hotelgästen.

e) Charakterisieren Sie die Gruppe von Hotelgästen, in welcher der prozentuale Anteil von Gästen, die aus privaten Gründen in einem Fünf-Sterne-Hotel logieren, am höchsten ist. Geben Sie den prozentualen Anteil an.

f) In welcher Gruppe von Hotelgästen ist der prozentuale Anteil der Gäste, die aus geschäftlichen Gründen in einem Fünf-Sterne-Hotel logieren, am größten? Geben Sie den prozentualen Anteil an.

g) Welche Ausprägung des Erhebungsmerkmals „Aufenthaltsgrund“ kann mit Hilfe der in Rede stehenden Prädiktoren am „korrektesten“ klassifiziert und vorhergesagt werden? Geben Sie den prozentualen Klassifikationsanteil an. ♣

Aufgabe 12-3*

Verwenden Sie zur Lösung der folgenden Problemstellungen die SPSS-Datendatei *VS.sav* aus dem lehrbuchbezogenen Downloadbereich. Die Datei beinhaltet Daten von volljährigen Personen, die im Jahr 2007 im Rahmen der nationalen Verzehrstudie II deutschlandweit statistisch erhoben wurden.

In den Ernährungswissenschaften und in der Physiologie geht man erfahrungsgemäß davon aus, dass der Körper-Masse-Index von volljährigen Personen bereits hinreichend genau durch solche Prädiktoren wie das Alter, die Geschlechtszugehörigkeit und der Schulabschluss bestimmt werden kann.

Kann diese Erfahrungstatsache auch durch die verfügbaren Daten aus der nationalen Verzehrstudie untermauert werden? Überprüfen Sie diesen Sachverhalt unter Beibehaltung der SPSS-Standardeinstellungen mit Hilfe eines sogenannten CRT-basierten Klassifizierungsbaumes.

Hinweis: Der Körper-Masse-Index (Angaben in kg/m^2) einer volljährigen Person ist definiert als Quotient aus dem Körpergewicht (gemessen in Kilogramm) und dem Quadrat der Körpergröße (gemessen in Metern).

a) Charakterisieren Sie kurz die applizierte Aufbaumethode.

b) Wie viele der vermuteten Prädiktoren erweisen sich als nicht geeignet zur Erklärung der Körper-Masse-Indizes der im Kontext der Verzehrstudie befragten Personen? Benennen Sie die Prädiktoren.

c) Worüber gibt der Knoten der Ordnung null im Klassifizierungsbaum Auskunft? Benennen und interpretieren Sie die tabellarisch bereitgestellten Informationen.

d) Wie viele „finale“ Gruppen von Personen erhält man?

e) Charakterisieren Sie unter Verwendung der verfügbaren Informationen die größte „finale“ Gruppe von Personen.

f) Charakterisieren Sie unter Verwendung der verfügbaren Informationen die kleinste Gruppe von Personen.

g) Charakterisieren Sie unter Verwendung der verfügbaren Informationen die Personengruppe mit dem höchsten durchschnittlichen Körper-Masse-Index. ♣

Aufgabe 12-4*

Verwenden Sie zur Lösung der folgenden Problemstellungen die SPSS-Datendatei *NB.sav* aus dem lehrbuchbezogenen Downloadbereich. Die Datei basiert auf einem Marktforschungsprojekt aus dem Jahr 2006 im Kontext dessen Nutzer von Berliner Parkhäusern zufällig ausgewählt und befragt wurden. Von Interesse sind alle befragten Parkhausnutzer.

Es ist zu vermuten, dass die SPSS-Variable *Typ* von verschiedenen Prädiktoren abhängt. Nutzen Sie die SPSS-Variablen *Anbindung*, *Kategorie*, *Geschlecht*, *Alter* und *Zufrieden* als Prädiktoren und erstellen Sie einen Klassifizierungsbaum unter Beibehaltung der SPSS-Standardeinstellungen.

a) Welche Aufbaumethode ist im konkreten Fall geeignet? Warum?
b) Wie viele der vermuteten Prädiktoren erweisen sich nicht als geeignet zur Erklärung des Nutzertyps? Benennen Sie die Prädiktoren.
c) Wie viele disjunkte Parkhausnutzergruppen erhält man letzten Endes?
d) Charakterisieren Sie die größte „finale" Gruppe von Parkhausnutzern.
e) In welcher Gruppe von Parkhausnutzern ist der prozentuale Anteil von Parkhausfans am niedrigsten? Charakterisieren Sie diese Gruppe von Parkhausnutzern und geben Sie den prozentualen Anteil an.
f) In welcher Gruppe von Parkhausnutzern ist der prozentuale Anteil der Orientierungskritiker am größten? Charakterisieren Sie diese Gruppe von Parkhausnutzern und geben Sie den prozentualen Anteil an.
g) Welcher Parkhausnutzertyp kann mit Hilfe der in Rede stehenden Prädiktoren am besten „korrekt" klassifiziert und vorhergesagt werden? Geben Sie den prozentualen Klassifikationsanteil an. ♣

Aufgabe 12-5*

Verwenden Sie zur Lösung der folgenden Problemstellungen die SPSS-Datendatei *RH.sav* aus dem lehrbuchbezogenen Downloadbereich. Die Daten basieren auf einer Gästebefragung in Romantik-Hotels aus dem Jahr 2010. Für die weiteren Betrachtungen sind alle befragten Hotelgäste von Interesse.

Das Hotelmanagement ist daran interessiert zu erfahren, ob und inwieweit solche Kriterien wie *Land*, *Geschlecht*, *Alter*, *Familienstand*, *Abschluss* und *Reisegrund* als Prädiktoren zur statistischen Beschreibung und Erklärung eines gästebezogenen Gesamtzufriedenheitswertes angesehen werden können.

Hinweis: Fügen Sie in die Arbeitsdatei eine Variable ein, welche für alle befragten Hotelgäste, die hinsichtlich der Zufriedenheitskriterien Z1 bis Z14 eine statistisch auswertbare Antwort gaben, das arithmetische Mittel der gemessenen Zufriedenheitswerte beinhaltet. Verwenden Sie diese Variable als einen Indikator für die Gesamtzufriedenheit.

Analysieren Sie unter Beachtung des vorherigen Hinweises und der beiden nachfolgend indizierten Prämissen den interessierenden Sachverhalt mittels eines sogenannten CRT-basierten Klassifizierungsbaumes: i) Mindestanzahl von 50 bzw. 25 Fällen im über- bzw. untergeordneten Knoten, ii) ansonsten Beibehaltung der SPSS-Standardeinstellungen.

a) Geben Sie die applizierte Berechnungsvorschrift für den Gesamtzufriedenheitsindikator in der verbindlichen SPSS-Syntax explizit an.
b) Wie verteilen sich die befragten Hotelgäste auf die gesamtzufriedenheitsbezogene Dichotomie von „gültig bzw. fehlend“?
c) Aus wie vielen i) Knoten, ii) dichotomen Knoten bzw. Knotenpaaren und iii) Endknoten besteht der Klassifizierungsbaum?
d) Beschreiben Sie aus sachlogischer Sicht kurz den Knoten i) nullter Ordnung, ii) mit dem höchsten Gesamtzufriedenheitswert, iii) mit der größten Gesamtzufriedenheitsstreuung, iv) achter Ordnung, v) zehnter Ordnung und vi) die endknotenbasierte Häufigkeitsverteilung. ♣

Aufgabe 12-6*

Im Auftrag einer Berliner Tageszeitung wurden im Mai 2010 im Zuge einer Blitzumfrage volljährige und in Berlin wohnhafte Personen zufällig ausgewählt und unter anderem mit der folgenden Fragestellung konfrontiert: „Wie bewerten Sie die Inflationsgefahr, die aus der aktuellen Wirtschafts- und Finanzkrise erwächst?“ Die validen Umfrageergebnisse sind in der SPSS-Datendatei *BU.sav* gespeichert, die im lehrbuchbezogenen Downloadbereich verfügbar ist. Von Interesse sind alle befragten Personen.

In der Demoskopie geht man von der Erfahrungstatsache aus, dass das interessierende Phänomen bereits hinreichend genau durch solche Prädiktoren wie Geschlechts- und Altersgruppenzugehörigkeit sowie Schulabschluss statistisch erklärt werden kann. Kann diese Erfahrungstatsache auch durch die Daten der Blitzumfrage untermauert werden? Überprüfen Sie diesen Sachverhalt unter Beibehaltung der SPSS-Standardeinstellungen mit Hilfe eines CHAID-basierten Klassifizierungsbaumes.

a) Charakterisieren Sie kurz die angewandte Aufbaumethode.
b) Wie viele der vermuteten Prädiktoren erweisen sich als geeignet zur Erklärung der „Inflationsgefahr“? Benennen Sie die Prädiktoren.
c) Worüber gibt der Knoten der Ordnung null Auskunft?
d) Wie viele „finale“ Personengruppen erhält man im konkreten Fall?
e) Charakterisieren Sie jeweils die Personengruppe, in welcher der prozentuale Anteil der Personen, die eine i) hohe Inflationsgefahr sehen bzw. ii) geringe Inflationsgefahr sehen, jeweils am größten ist? Geben Sie jeweils den prozentualen Anteil an.
f) Welche Ausprägung des Erhebungsmerkmals „Inflationsgefahr“ kann mit Hilfe der in Rede stehenden Prädiktoren am „korrektesten“ klassifiziert und vorhergesagt werden? Geben Sie den prozentualen Klassifikationsanteil an. ♣

1 Lösungen zu den statistischen Grundbegriffen

Die mit einem * markierten Lösungen sind Lösungen von Klausuraufgaben.

Lösung 1-1

a) Mietwohnung

b) alle Berliner Mietwohnungen 2011, Identifikationsmerkmale: Mietwohnung (sachlich), Berlin (örtlich), Jahr 2011 (zeitlich), Umfang: unbestimmt

c) Wohnlage

d) Ausprägung: z.B. gute Wohnlage, Zustandsmenge: {einfach, mittel, gut}, Skala: ordinal ♣

Lösung 1-2

var1: die drei unterschiedlich farbigen, jedoch gleichgroßen Kreise symbolisieren eine Nominalskala, mit deren Hilfe man lediglich die Gleich- oder die Verschiedenartigkeit von Merkmalsausprägungen beschreiben kann, *var2*: die drei unterschiedlich farbigen und der Größe nach aufsteigend geordneten Balken symbolisieren eine Ordinalskala, mit deren Hilfe man sowohl die Gleich- oder Verschiedenartigkeit als auch die Rangfolge bzw. Wertigkeit von Merkmalsausprägungen beschreiben kann, *var3*: das Metermaß symbolisiert eine metrische Skala, mit deren Hilfe man die Gleich- oder die Verschiedenartigkeit und die Rangfolge bzw. die Wertigkeit sowie die Abstände oder das Vielfache von Merkmalsausprägungen beschreiben kann ♣

Lösung 1-3*

a) Student (Stud. oec.)

b) sachlich: Studenten der Wirtschaftswissenschaften, Studienfach Statistik, örtlich: HTW Berlin, zeitlich: SS 2011, Umfang: 245 Studenten

c) Erhebungsmerkmal: Prädikat der Semesterabschluss-Klausur im Fach Statistik, Zustandsmenge: {sehr gut, gut, befriedigend, genügend, ungenügend}

d) ordinale Skala, da mit den fünf Prädikaten sowohl eine Gleich- oder Verschiedenartigkeit als auch eine Wertigkeit der Klausurergebnisse zum Ausdruck gebracht werden kann

e) Häufigkeitstabelle:

Nr.	Prädikat	Häufigkeit			
		absolut	relativ	abs., kumuliert	rel., kumuliert
1	sehr gut	17	0,07	17	0,07
2	gut	56	0,23	73	0,30
3	befriedigend	59	0,24	132	0,54
4	genügend	49	0,20	181	0,74
5	ungenügend	64	0,26	245	1,00
gesamt		245	1,00		

Lösung 1-4*

a) Gebrauchtwagen der Marke „Smart ForTwo“
b) sachlich: zum Verkauf angebotene Gebrauchtwagen der Marke „Smart ForTwo“, örtlich: Bundesländer Berlin und Brandenburg, zeitlich: Oktober 2011
c) endliche, jedoch unbestimmte Anzahl von Gebrauchtwagen
d) nominal, da nur Gleich- oder Verschiedenartigkeit der Gebrauchtwagen beschrieben werden soll: i), ii), iv), metrisch, da Eigenschaften das Ergebnis eines Zähl- oder Messvorganges sind: iii), v), vi), vii)
e) Zustandsmengen: i) {Coupé, ...}, ii) {Grün, Schwarz, ...}, iii) Menge der natürlichen Zahlen, iv) Zeichenkette „D-fünf Ziffern“, v) Menge der natürlichen bzw. positiven reellen Zahlen, vi) Menge der natürlichen Zahlen, da Alter in vollendeten Monaten erfasst wurde, vii) Menge der positiven reellen Zahlen
f) diskret: Preis, da auf Euro und Cent genaue Angaben möglich und sinnvoll sind, stetig: bisherige Laufleistung z.B. 1234,5678 km
g) ja, da ein Gebrauchtwagen durchaus mehrfarbig sein kann ♣

Lösung 1-5*

a) Merkmalsträger: Deutscher Aktienindex DAX, Erhebungsmerkmal: börsentäglicher Schlusskurs, Zustandsmenge: Menge der reellen Zahlen, Skala: metrisch
b) Zeit
c) linkes Sequenzdiagramm: Vorteil: korrekte „zeitdiskrete“ Darstellung der börsentäglichen Schlusskurse, Nachteil: zeitlicher Verlauf der Schlusskurse ist schwer erkennbar, rechtes Sequenzdiagramm: Vorteil: zeitlicher Verlauf der Schlusskurse ist durch die „zeitstetige“ Trajektorie besser erkennbar, Nachteil: die Zwischenwerte wurden nicht erfasst und sind somit nicht „korrekt“
d) Zeitreihenanalyse ♣

Lösung 1-6*

a) Region
b) 19 Regionen Deutschlands
c) (durchschnittliche) Lebenszufriedenheit der Menschen
d) metrisch, Basis: elfstufige Punkte-Skala
e) Zustandsmenge: wegen Durchschnittswerte reelle Zahlen von 0 bis 10
f) stetige Zufriedenheitswerte, die ihrem Wesen nach Durchschnitte sind
g) Zufriedenheitswert
h) Median: 6,91, repräsentiert die „Mitte“ der absteigend geordneten durchschnittlichen Zufriedenheitswerte, Träger: Region Rheinland-Pfalz, Saarland
i) ordinal
j) Pareto-Diagramm als absteigend geordnetes Balkendiagramm, Kartogramm als farbig abgestufte und mit Platzziffern markierte regionale Landkarte ♣

Lösung 1-7

a) 1. Merkmalsträger: lebend geborenes Kind, Erhebungsmerkmale (mit Skalierung): Körpergröße, Körpergewicht und Kopfumfang (metrisch), Geschlecht (nominal), 2. Merkmalsträger: Arbeitnehmer, Erhebungsmerkmale (mit Skalierung): Alter (metrisch), Beruf(e) und Familienstand (nominal), 3. Merkmalsträger: Hochschulabsolvent, Erhebungsmerkmale (mit Skalierung): akademischer Grad und Abschlussprädikat (jeweils ordinal), Nationalität (nominal), 4. Merkmalsträger: gebrauchter PKW, Erhebungsmerkmale (mit Skalierung): Datum der Erstzulassung (ordinal), Farbe (nominal), Fahrleistung, Hubraum, Alter und Zeitwert (metrisch), 5. Merkmalsträger: Rekrut, Erhebungsmerkmale (mit Skalierung): Konfektionsgröße (ordinal), Körper-Masse-Index (metrisch), Schuhgröße (metrisch), 6. Merkmalsträger: Stadt bzw. Kommune, Erhebungsmerkmale (mit Skalierung): Postleitzahl (nominal), Größenkategorie (ordinal), Einwohneranzahl und Erwerbslosenanteil (jeweils metrisch), 7. Merkmalträger: Unternehmen, Erhebungsmerkmale (mit Skalierung): Rechtsform (nominal), Jahresumsatz, Marktanteil und Mitarbeiteranzahl (jeweils metrisch), 8. Merkmalsträger: Straftäter, Erhebungsmerkmale (mit Skalierung): Intelligenzquotient (metrisch), Bildungsniveau (ordinal), sozialer Status (je nach Betrachtung nominal bzw. ordinal), 9. Merkmalsträger: Mietwohnung, Erhebungsmerkmale (mit Skalierung): Fläche, Quadratmeterpreis, Zimmeranzahl (jeweils metrisch), Wohnlage (ordinal)

b) häufbare Erhebungsmerkmale: Beruf, akademischer Grad und Abschlussprädikat, Farbe, als Besitzer zweier oder mehrerer Pässe auch die Nationalität

c) diskrete Merkmale: Zeitwert (auf Euro und Cent genau), Einwohneranzahl, Mitarbeiteranzahl, Zimmeranzahl, Schuhgröße, stetige Merkmale: Alter, Körpergröße, Körpergewicht, Fahrleistung, Hubraum, Körper-Masse-Index, Jahresumsatz (eigentlich diskret, jedoch quasistetig, wenn z.B. in Mio. €), Marktanteil, Fläche, Quadratmeterpreis

d) Geschlecht

e) qualitative Merkmale: Geschlecht, Beruf, Familienstand, akademischer Grad, Abschlussprädikat, Nationalität, Datum der Erstzulassung, Farbe, Konfektionsgröße, Postleitzahl, Größenkategorie, Bildungsniveau, sozialer Status, Wohnlage, quantitative Merkmale: Körpergröße, Körpergewicht, Fahrleistung, Hubraum, Alter, Zeitwert, Körper-Masse-Index, Schuhgröße, Einwohneranzahl, Erwerbslosenanteil, Jahresumsatz, Marktanteil, Mitarbeiteranzahl, IQ, Fläche, Preis, Zimmeranzahl

f) 1. Körpergröße: 48 cm, Körpergewicht: 2780 g, Geschlecht: weiblich, 2. Alter: 61 Jahre, Beruf: Schmied, Familienstand: ledig, 3. akademischer Grad: Bachelor, Prädikat: Mit Auszeichnung, Nationalität: deutsch, 4. Erstzulassung: 28.10.2012, Farbe: Blau, bisherige Fahrleistung: 6666 km, Hubraum: 1,6 Liter, Alter: 11 Monate, Zeitwert: 11111,11 €, 5. Größe: XL, Körper-Masse-Index: 23,456 kg/m², Schuhgröße: 44, 6. Postleitzahl: 96528, Kategorie: Kleinstadt, Einwohner: 2500, Erwerbslosenanteil: 12,3 %, 7. Rechtsform: GmbH, Jahresumsatz: 2,5 Mio. €, Marktanteil: 5 %, Mitarbeiteranzahl: 33, 8. IQ: 88 Punkte, Bildungsniveau: gering, sozialer Status: prekär, 9. Fläche: 90 m², Quadratmeterpreis: 6,78 €/m², Zimmeranzahl: 4, Wohnlage: gehoben

g) mittelbar erfassbar: Intelligenz mittels IQ, unmittelbar erfassbar: Körpergröße

h) häufbar: akademischer Grad, da eine Person mehrere akademische Grade erwerben und besitzen kann, nicht häufbar: Geschlecht, da gemäß dem Bürgerlichen Gesetzbuch eine Person entweder nur männlichen oder weiblichen Geschlechts sein kann ♣

Lösung 1-8

a) Verhältnisskala als eine spezielle metrische Skala, da messbare Größenrelationen zwischen den Merkmalsausprägungen gegeben sind

b) Ordinalskala

c) Intervallskala als die niedrigstwertige metrische Skala, da jeweils die „absoluten Abstände" zwischen zwei Merkmalsausprägungen gegeben sind

d) metrische Skala

e) Ordinalskala, da Rangzahlen ihrem Wesen nach „Platzziffern" sind

f) Absolutskala

g) Nominalskala

h) Nominal- oder Ordinalskala, da die Ausprägungen nominaler bzw. ordinaler Merkmale zahlenmäßig kodiert werden können, aber im Unterschied zu den Ausprägungen bzw. Werten von metrischer Merkmalen nicht das direkte Resultat eines Zähl- oder Messvorgangs sind ♣

Lösung 1-9

a) Erhebungsmerkmal: (mittlere ferne) Lebenserwartung eines Mädchens bzw. Jungen, Gruppierungsmerkmal: Geschlecht, Ordnungsmerkmal: Zeit

b) Während sich vor ca. 100 Jahren die (mittlere ferne) Lebenserwartung eines lebend geborenen Mädchens bzw. Jungen auf 48,3 Jahre bzw. 44,8 Jahre belief, liegt sie heutzutage bei 82,6 Jahren bzw. 77,5 Jahren

c) Zeitintervallreihen

d) nicht äquidistant, da die Erfassung bzw. Berechnung nicht in gleichgroßen bzw. äquidistanten Zeitintervallen erfolgte

e) Zeitreihen- bzw. Regressionsanalyse ♣

Lösung 1-10

a) Person

b) nominal, {männlich, weiblich} als Dichotomie

c) metrisch, Menge der positiven reellen Zahlen

d) ordinal, {XS, S, M, L, XL, XXL}
e) Nominalskala
f) Ordinalskala
g) Intervallskala als niedrigstwertige metrische Skala
h) Verhältnisskala als „klassische“ metrische Skala
i) Absolutskala als höchstwertige metrische Skala
j) Absolutskala als höchstwertige metrische Skala
k) diskret: Anzahl geschlechtsneutraler Körpermaße, z.B. 5 Körpermaße, stetig: z.B. Körpergröße von 1,81 m ♣

Lösung 1-11*

a) Primärerhebung mittels eines standardisierten Fragebogens
b) z.B. beigefügte Fragebogenvorlage
c) Merkmalsträger: Person, Grundgesamtheit: alle Personen in Berlin, Zufallsstichprobe einschließlich Umfang: Menge von 1234 zufällig ausgewählten und befragten Personen, realisierte Zufallsstichprobe: Menge der erfassten und personenbezogenen Aussagen, Identifikationsmerkmale: mindestens 15 Jahre alte Person (sachlich), in dieser Woche (zeitlich) in Berlin befragt (örtlich), Erhebungsmerkmale: Geschlecht, Alter etc.
d) nominal: Nummer, F1, F3, F8, ordinal: F4, metrisch: F2, F5, F6, F7, dichotom: F1, F8a bis F8d, wenn zwischen Nennung und Nichtnennung unterschieden wird, häufbar: F8a bis F8d, stetig: F5, F6 (theoretisch), diskret: F7, qualitativ: nominal oder ordinal, quantitativ: metrisch
e) ordinale Kodierung: 1 für Hauptschule, 2 für Realschule, 3 für Gymnasium
f) Auswertung der Mehrfachnennungen im Kontext der achten Frage (F8), multiple Dichotomien: Nutzung der vier aufgelisteten Medien, nominale Kodierung: 1 für genannt, 0 bzw. fehlender Wert für nicht genannt ♣

2 Lösungen zur Datenerhebung

Die mit einem * markierten Lösungen sind Lösungen von Klausuraufgaben.

Lösung 2-1

a) Merkmalsträger: erwachsene Person, Erhebungsmerkmale: Handumfang, metrisch skaliert, Geschlechtszugehörigkeit, nominal skaliert
b) Zustandsmenge als Menge aller wohl voneinander unterschiedenen Aussagen über ein Erhebungsmerkmal, Zustandsmenge für Handumfang: Menge der positiven reellen Zahlen, Zustandsmenge für Geschlechtszugehörigkeit: Aussagenpaar „männlich“ bzw. „weiblich“
c) nicht häufbar, unmittelbar erfassbar
d) Urliste
e) Primärerhebung, da für die Merkmalsträger die gewünschten Daten noch nicht erhoben wurden bzw. nicht verfügbar sind, Totalerhebung, wenn man die Er-

hebung nur auf 20 Personen bezieht, Stichprobenerhebung, wenn man die 20 Personen als eine Teilmenge aus einer großen Menge von Personen auffasst

f) Dichotomisierung der statistischen Gesamtheit, d.h. die Gesamtheit wird in zwei disjunkte Teilgesamtheiten aufgeteilt, Identifikationsmerkmal: wird für eine statistische Gesamtheit festgelegt und variiert somit bezüglich seiner möglichen Ausprägung nicht
g) dichotom: Geschlecht einer Person ist eine Dichotomie, da nur die zwei Zustände „männlich bzw. weiblich" definiert sind, disjunkt: elementefremd, d.h. eine Person kann entweder nur männlich oder nur weiblich sein ♣

Lösung 2-2*

a) Merkmalsträger: Patient, Grundgesamtheit einschließlich Umfang: 1000 Patienten, Stichprobe: 25 aus 1000 Patienten, realisierte Zufallsstichprobe einschließlich Umfang: 25 Fußlängendaten, Identifikationsmerkmale: Patient (sachlich), Berliner Orthopädiepraxen (örtlich), 2008 (zeitlich), Erhebungsmerkmal: Länge des rechten Fußes, Zustandsmenge: Menge der positiven reellen Zahlen, Skala: metrisch
b) systematische Zufallsauswahl
c) Zählabstand: INT(1000 / 25) = 40
d) aus der Grundgesamtheit wurden (25 / 1000) × 100 % = 2,5 % der Patienten zufällig ausgewählt
e) reine Zufallsauswahl
f) geschichtete Zufallsauswahl, Zustandsmenge muss drei Ausprägungen (z.B. Kinder, Jugendliche, Erwachsene) beinhalten ♣

Lösung 2-3*

a) Merkmalsträger: Ensemble der Berliner Flughäfen
b) Gesamtheit umfasst nur einen Merkmalsträger, nämlich das Ensemble der Berliner Flughäfen
c) sachlich: Flughafenensemble, örtlich: Berlin, zeitlich: 1. Halbjahr 2011
d) Anzahl der Flugpassiere
e) Menge der natürlichen Zahlen
f) metrisch
g) Zeit
h) Flugpassagierzahlen als Zeitintervallreihe, da sie jeweils im Verlaufe eines Monats und nicht zu einem beliebigen Zeitpunkt erfasst wurden
i) Größe, die z.B. auf der Menge der natürlichen Zahlen variiert
j) Zeitraum von Januar 2011 bis Juno 2011
k) sechs Monate
l) da das Ordnungskriterium der Flugpassagierzahlen die Zeit ist und die Erfassung monatlich (bzw. in unterjährigen Zeitintervallen) erfolgte ♣

3 Lösungen zum SPSS-Datenmanagement

Die mit einem * markierten Lösungen sind Lösungen von Klausuraufgaben.

Lösung 3-1

a) Variablennamen z.B. Nummer, Farbe, Motor, Fahr, Alter, Wert, jeweils elf Charakteristika, d.h. von „Name“ über „Typ“ bis „Rolle“

b) Variable „Farbe“ kann als String oder als kodierte numerische Variable erfasst werden, die restlichen Variablen sind wegen der zahlenmäßigen Erfassung numerisch

c) sechs, da insgesamt sechs Erhebungsmerkmale erfasst wurden

d) Dateiname: z.B. Smart

e) Extension: *.sav

f) drei Zeilen, da die Daten von drei Merkmalsträgern erfasst wurden

g) Berechnungsvorschriften z.B. i) Monat = Fahr / Alter, ii) Quartal = Fahr / (Alter / 4), iii) Jahr = Fahr / (Alter / 12)

h) 6 + 3 = 9 Variablen, da die sechs originären Erhebungsmerkmale durch drei berechnete Variablen erweitert wurden ♣

Lösung 3-2*

a) Mietwohnung

b) 8132 Mietwohnungen, statistische Gesamtheit als Mietwohnungsstichprobe

c) Identifikationsmerkmale: Mietwohnung (sachlich), Berlin (örtlich), 2011 (zeitlich), Erhebungsmerkmale: Nummer, Stadtteil, Zimmeranzahl, monatliche Kaltmiete, Wohnfläche, Mietpreis, Lage auf der West-Ost- und auf der Nord-Süd-Achse, Ortskode

d) nominales Erhebungsmerkmal *Stadtteil,* Zustandsmenge: {Cha, Fri,..., Zeh}, diskretes metrisches Erhebungsmerkmal *Zimmeranzahl*, Zustandsmenge: Menge der natürlichen Zahlen $\mathbb{N} = \{1, 2, 3, 4, 5,\ldots\}$

e) als bloßer Identifikator ist die *Nummer* einer Mietwohnung nominal

f) Stadtteil = "Pan" & Zimmer = 4 & Miete <= 800, 100 Mietwohnungen

g) von Interesse sind alle erfassten Berliner Zwei-Zimmer-Mietwohnungen, die entweder im Stadtteil Mitte oder im Stadtteil Tiergarten angesiedelt sind und mindestens eine Wohnfläche von 60 m² besitzen, 90 Mietwohnungen ♣

Lösung 3-3*

a) 1281 Studierende

b) z.B. KMI = F4 / (F3 / 100) ** 2

c) für 1259 befragte Studierende konnte ein Körper-Masse-Index (KMI) berechnet werden, da diese jeweils eine „gültige“ Antwort auf die Frage nach dem Körpergewicht (F4) und nach der Körpergröße (F3) gaben, 22 Befragte gaben wenigstens für eines der beiden Erhebungsmerkmale keinen Wert an

d) via Transformieren, Visuelles Klassieren, erster Trennwert: 20, Anzahl der Trennwerte: 3, Breite: 5, Option: Ausgeschlossen, Variablendefinition: Variablenlabel: Gewichtigkeit, Wertelabels: 1 für untergewichtig, 2 für normalgewichtig, 3 für übergewichtig, 4 für fettleibig (bzw. adipös)
e) äquidistante Klassierung
f) Zustandsmenge: {untergewichtig, normalgewichtig, übergewichtig, fettleibig}, Skala: ordinal
g) Anzahl: 170 männliche Studierende, Auswahlbedingung in der SPSS-Syntax: F1 = 0 & KMI >= 25 bzw. F1 = 0 & Klasse >= 3 ♣

Lösung 3-4*

a) z.B. Name: Länge, Typ: numerisch, Spaltenformat: 8, Dezimalstellen: 1, Variablenlabel: Fußlänge (cm), Wertelabels: keine, Fehlende Werte: keine, Spalten: 8, Ausrichtung: rechts, Messniveau: metrisch
b) 25 Zeilen, 1 Spalte, da für 25 Patienten jeweils die Länge des rechten Fußes gemessen und erfasst wurde
c) Nummer = $CASENUM
d) z.B. Größe = RND(Länge * 3 / 2), Spaltenformat: 8, Dezimalstellen: 0, Variablenlabel: Schuhgröße, Wertelabels: keine, Messniveau: metrisch
e) Schuhgröße 42
f) 6 Patienten, Filter: Größe >= 40 & Größe <= 43, Filtervariable ist numerisch, dichotom und 0-1-kodiert, Kode 0: nicht ausgewählt, Kode 1: ausgewählt
g) Extension: *.sav ♣

Lösung 3-5

a) zwei Erhebungsmerkmale: Name: Sex, Typ: String, Länge: 8 Zeichen, Variablenlabel: Geschlecht, Wertelabels: keine, Messniveau: nominal, Name: Umfang, Typ: numerisch, Dezimalstellen: 1, Variablenlabel: Handumfang ohne Daumen (cm), Wertelabels: kein, Messniveau: metrisch
b) via Transformieren, Berechnen, Kodierungsvorschrift: ID = CONCAT(SUBSTR(Sex,1,1), STRING(100 + $casenum,F3.0)), wobei im SPSS-Unterdialogfeld „Variable berechnen: Falls Bedingung erfüllt ist“ in der Rubrik „Fall einschließen, wenn Bedingung erfüllt ist“ die jeweilige Bedingung (Sex = „männlich“ bzw. Sex = “weiblich“) zu vereinbaren ist
c) Name: Größe, Typ: numerisch, Variablenlabel: traditionelle Handschuhgröße, Messniveau: ordinal
d) Variable „kommerziell“ einfügen via Transformieren, Umkodieren in andere Variablen ♣

Lösung 3-6*

a) WestOst <= 7: 3835 Mietwohnungen
b) WestOst > 7: 4297 Mietwohnungen

c) NordSüd > 4: 5707 Mietwohnungen
d) NordSüd <= 4: 2425 Mietwohnungen
e) WestOst > 5 & WestOst < 8 & NordSüd > 4 & NordSüd < 6: 1888 Mietwohnungen
f) ~(WestOst > 5 & WestOst < 8 & NordSüd > 4 & NordSüd < 6): 6244 Mietwohnungen ♣

Lösung 3-7

a) Merkmalsträger: Lehrveranstaltung
b) Grundgesamtheit: alle Lehrveranstaltungen, die am Fachbereich WiWi I der HTW Berlin im Wintersemester 2002/03 evaluiert wurden
c) ja, Studiengang: nominal, Stern: ordinal, Durchfaller: metrisch
d) Verteilung der Lehrveranstaltungen (LV) auf die fünf Studiengänge (Schichten): insgesamt: 120 LV, Wirtschaftsrecht: 25 LV, Betriebswirtschaftslehre (BWL): 30 LV, BWL-Immobilien: 25 LV, BWL-Banken: 20 LV, Public Management: 20 LV
e) Filter: Studium = 0 & Teilnehmer >= 40 & Durchfaller > 20, Anzahl: 9 Lehrveranstaltungen
f) Grund- bzw. Hauptstudium: 66 bzw. 54 Lehrveranstaltungen, 2816 bzw. 1297 Teilnehmer, durchschnittliche Durchfallerquote: 13,49 % bzw. 8,88 %, Standardabweichung der Durchfallerquoten: 9,83 % bzw. 11,18 %, kleinster mittlerer Punktewert: 2,28 bzw. 2,11 Punkte, größter mittlerer Punktewert: 4,47 bzw. 4,88 Punkte ♣

Lösung 3-8*

a) äquidistante Zeitpunktreihe
b) z.B. Zeit = $CASENUM
c) Beobachtungszeitraum $T_B = \{t \mid t = 1,2,\ldots,n\}$, Länge n = 124 Börsentage
d) z.B. lnK = ln(Kurs)
e) im Beobachtungszeitraum ist ein volatiler und ansteigender Kursverlauf angezeigt, die Trajektorien der originären und der logarithmisch transformierten Kurse sind identisch
f) degressiv steigender Trend der Schlusskurse, der augenscheinliche Unterschied liegt in der zeitlichen Projektion des „geglätteten Kursverlaufs"
g) via Transformieren, Zeitreihe erstellen, z.B. Rendite = DIFF(lnK 1), Vorteil: Differenzen der chronologisch geordneten und logarithmisch transformierten Kurse können als börsentägliche Veränderungsraten der Schlusskurse bzw. als börsentägliche Renditen der Schlusskurse gedeutet werden; die Trajektorie der börsentäglichen Veränderungsraten bzw. Renditen der Lufthansa-Aktie indiziert einen schwach stationären stochastischen Prozess ♣

4 Lösungen zur Datendeskription

Die mit einem * markierten Lösungen sind Lösungen von Klausuraufgaben.

Lösung 4-1

a) Auswahlbedingung: Semester = 7, Umfang: 157 Studierende, sachlich: Studierende im Fach Statistik, örtlich: HTW Berlin, FB WiWi I, zeitlich: SS 2011

b) 65 männliche und 92 weibliche Studierende

c) Erhebungsmerkmal: Konfektionsgröße, Zustandsmenge: {XS, S, M, L, XL, XXL}, Skalierung: ordinal, Konfektionsgröße M: absolute bzw. relative Häufigkeit: 73 Studierende bzw. 0,471 × 100 % = 47,1 % der 155 Studierenden, die eine „gültige Antwort" gegeben haben, prozentuale Häufigkeitsverteilung (Basis: 155 gültige Fälle): {(XS, 3,2 %), (S, 25,2 %),...,(XL, 7,1 %}, kumulierte relative Häufigkeit: 75,5 % aller Befragten, die eine gültige Antwort gaben, haben höchstens die Konfektionsgröße M

d) wegen des diskreten metrischen Merkmals ist ein Stabdiagramm sinnvoll

e) 156 gültige Werte, da ein Befragter hinsichtlich Körpergröße und Körpergewicht keine bzw. keine gültige Antwort gab

f) männlich: 7 äquidistante Klassen mit einer Breite von 2 kg/m², modale Klasse: 19 Studierende, die einen Körper-Masse-Index von 22 kg/m² oder mehr, aber weniger als 24 kg/m² besitzen, weiblich: 10 äquidistante Klassen mit einer Breite von 1 kg/m², 23 Studierende, die einen Körper-Masse-Index von 20 kg/m² oder mehr, aber weniger als 21 kg/m² besitzen ♣

Lösung 4-2*

a) 1281 befragte Studierende

b) 12 Variablen

c) Verkehrsmittelnutzungen sind nominale, dichotome und 0-1-kodierte Variablen, Kodierungen: 1 für genannt, 0 für nicht genannt, Analysekonzept: Mehrfachantwortenanalyse, multiple Dichotomien

d) 51 Befragte

e) 96 % der befragten Studierenden

f) 2785 Verkehrsmittel-Nennungen

g) U-Bahn, 832 mal

h) 21,9 %

i) 21,2 %

j) im Durchschnitt 2,264 Verkehrsmittel ♣

Lösung 4-3*

a) Merkmalsträger: gebrauchter Personenkraftwagen (PKW), Gesamtheit: gebrauchte PKW der Marke Opel Corsa (sachlich), angeboten I/2010 (zeitlich) auf dem Berliner Gebrauchtwagenmarkt (örtlich), Umfang: 150 PKW

b) Erhebungsmerkmal: jahresdurchschnittliche Fahrleistung, Skalierung: metrisch, Zustandsmenge: Menge der positiven reellen Zahlen, Typisierung: stetig und mittelbar erfassbar

c) links: empirische Verteilungsfunktion, rechts: Boxplot, kleinste jahresdurchschnittliche Fahrleistung: ca. 500 km, unteres Quartil: ca. 8000 km, mittlere Quartil bzw. Median: ca. 11500 km, oberes Quartil: ca. 14000 km, größte jahresdurchschnittliche Fahrleistung: ca. 21000 km, die drei jahresdurchschnittlichen Fahrleistungsquartile ermöglichen eine Aufteilung der Gesamtheit aller 150 Gebrauchtwagen in vier gleichgroße Gruppen

d) wegen ((14000 – 11500) – (11500 – 8000)) / (14000 – 8000) ≅ –0,17 ist die mittlere Hälfte der jahresdurchschnittlichen Fahrleistungen geringfügig linksschief bzw. rechtssteil verteilt, diese Aussage koinzidiert mit der leicht asymmetrisch geteilten Box im Boxplot

e) Stem-and-Leaf-Plot bzw. Stängel-Blatt-Diagramm, gibt Auskunft über die empirische Häufigkeitsverteilung der jahresdurchschnittlichen Fahrleistungswerte, die geringfügig linksschief bzw. rechtssteil ist

f) 31 gebrauchte PKW der Marke Opel Corsa haben ~~wegen (1 × 10 + 2) × 1000 km und (1 × 10 + 4) × 1000 km~~ eine jahresdurchschnittliche Fahrleistung von mindestens 12000 km aber weniger als 14000 km, statistisch-methodisch: modale Klasse der jahresdurchschnittlichen Fahrleistungen

g) Häufigkeitstabelle:

Nr.	Klasse (Angaben in km)	Häufigkeit		
		absolut	relativ	kumuliert
1	0 bis unter 7000	30	0,200	0,200
2	7000 bis unter 14000	85	0,567	0,767
3	14000 bis unter 21000	35	0,233	1,000
gesamt		150	1,000	

h) das arithmetische Mittel aus allen 150 Fahrleistungswerten kann näherungsweise z.B. als ein gewogenes arithmetisches Mittel aus den drei Klassenmitten (7000 – 0) / 2 = 3500, (14000 – 7000) / 2 = 10500, (21000 – 14000) / 2 = 17500 und den relativen Häufigkeiten bestimmt werden: 3500 × 0,2 + 10500 × 0,567 + 17500 × 0,233 ≈ 10731 (Angaben in km) ♣

Lösung 4-4*

a) Einheit: Eigentumswohnung, Gesamtheit: 100 Wohnungen, Identifikationsmerkmale: Eigentumswohnung mit zwei Wohnräumen (sachlich), 2011 (zeitlich) auf dem Berliner Wohnungsmarkt (örtlich) zum Verkauf angeboten, Erhebungsmerkmale: Fläche, Verkaufswert, Skalierung: jeweils metrisch, Zustandsmenge: jeweils Menge der positiven reellen Zahlen

b) 100 Zwei-Raum-Eigentumswohnungen, SPSS-Filter: Räume = 2

c) z.B. Preis = Wert * 1000 / Fläche
d) Boxplot der Quadratmeterpreise, Minimum: 808 €/m², unteres Quartil: 1138 €/m², Median: 1274 €/m², oberes Quartil: 1428 €/m², Maximum: 1744 €/m²
e) arithmetisches Mittel: 1282 €/m², Standardabweichung: 215 €/m², d.h. im Durchschnitt streuen die erfassten Quadratmeterpreise um 215 €/m² um den Durchschnittspreis von 1282 €/m²
f) Filter: Räume = 2 & Preis >= (1282 – 215) & Preis <= (1282 + 215), Anteil: 70 / 100 = 0,7 bzw. 70 %, Angabe des Anteils in Prozent ist sinnvoll, da die Gesamtheit 100 Merkmalsträger umfasst
g) im Dialogfeld „Deskriptive Statistiken" die Option „Standardisierte Werte als Variablen speichern" vereinbaren
h) arithmetisches Mittel: 0, Standardabweichung: 1, Eigentumswohnungen mit den Nummern 10061 bzw. 10062 besitzen im Ensemble aller erfassten 100 Eigentumswohnungen wegen -0,671 bzw. 0,457 einen unter- bzw. überdurchschnittlichen Quadratmeterpreis, beide Quadratmeterpreise befinden sich wegen -0,671 > -1 bzw. 0,457 < 1 im sogenannten Ein-Sigma-Bereich der standardisierten Quadratmeterpreise von [0 ± 1] = [-1, 1] ♣

Lösung 4-5

a) Einheit: Gebrauchtwagen, Gesamtheit: 200 Gebrauchtwagen, Identifikationsmerkmale: Gebrauchtwagen der Merke VW Gold Benziner mit einem 1,6 Liter Triebwerk (sachlich), II/2005 (zeitlich) auf dem Berliner Gebrauchtwagenmarkt (örtlich) zum Verkauf angeboten, Erhebungsmerkmale: Zeitwert, Alter, Laufleistung, Zustandsmenge: jeweils Menge der natürlichen Zahlen, da alle Werte ganzzahlig gerundet wurden, Skalierung: jeweils metrisch
b) z.B. Durch = RND(Lauf * 1000 / (Alter / 12))
c) erster Trennwert: 5000, Anzahl der Trennwerte: 5, Breite: 5000, Häufigkeitsverteilung: {(bis unter 5000 km, 3,5 %), (5000 km bis unter 10000 km, 20 %), (10000 km bis unter 15000 km, 41 %), (15000 km bis unter 20000 km, 26,5 %), (20000 km bis unter 25000 km, 8,5 %), (25000 km oder mehr, 0,5 %)}, sechs äquidistante Klassen mit leicht asymmetrischem (linksschiefen bzw. rechtssteilen) Häufigkeitsbesatz
d) Anzahl der Trennwerte: 3, Häufigkeitsverteilung: {(bis unter 10081 km, 25 %), (10081 km bis unter 13352 km, 25 %), (13352 km bis unter 16296 km, 25 %), (16296 km oder mehr, 25 %)}, vier unterschiedlich breite Klassen mit gleichem Häufigkeitsbesatz
e) Trennwerte bei Mittelwert ± Standardabweichung, Häufigkeitsverteilung: {(bis unter 8648 km, 14,5 %), (8648 km bis unter 13302 km, 35 %), (13302 km bis unter 17955 km, 35 %), (17955 km oder mehr, 15,5 %)}, vier nahe symmetrische Klassen mit nahezu symmetrischem Häufigkeitsbesatz ♣

Lösung 4-6*

a) 244 Hotelgäste, SPSS-Filter: Gender = 0 & Stand = 2 & Grund = 0

b) sachlich: weibliche Hotelgäste, verheiratet, privater Reisegrund, örtlich: deutschlandweit in 5-Sterne-Hotels logierend, zeitlich: im Jahr 2007 befragt

c) i) 10 Erwartungen, ii) Erwartungen sind dichotome und 1-2-kodierte Variablen, 1 bedeutet „nicht genannt", 2 bedeutet „genannt", Mehrfachantwortenanalyse auf der Basis multipler Dichotomien, iii) 1349 Erwartungsnennungen, iv) Erwartung: Kinderbetreuung, 10 Nennungen, v) 11,0 % der insgesamt 1349 Erwartungsnennungen, vi) 80,2 % der Hotelgäste, vii) im Durchschnitt 5,574 bzw. ca. 5,6 Erwartungen

d) Häufigkeit: z.B. wie oft eine Erwartung insgesamt genannt wurde bzw. wie sich „die Nennungen auf eine Erwartung häufen", Häufbarkeit: wie viele Erwartungen für einen zufällig ausgewählten und befragten Hotelgast von Bedeutung sind bzw. wie sich „die Erwartungen auf einen Hotelgast häufen" ♣

Lösung 4-7

a) Gesamtheit: alle privaten Haushalte (sachlich) in Deutschland (örtlich) heute (für 2004) und vor 100 Jahren (für 1900) (zeitlich), Erhebungsmerkmal: Anzahl der Personen in einem privaten Haushalt (Familie)

b) Zustandsmenge: Menge der natürlichen Zahlen, Skala: metrisch, direkt erfassbar, nicht häufbar, diskret, da Anzahlen ganzzahlige Werte sind

c) jeweils numerisch und metrisch

d) Werte addieren sich jeweils zu 100 %, da jeweils eine prozentuale relative Häufigkeitsverteilung gegeben ist

e) via Daten, Fälle gewichten, Gewichtung „gestern" bzw. „heute", Deskriptive Statistiken für SPSS-Variable „Anzahl": im Durchschnitt 4,4 bzw. 2,2 Personen je Familie, im Mittel streut die Personenanzahl um 2 bzw. 1,3 Personen um den Durchschnitt, wegen -0,2 bzw. 1,5 linksschiefe bzw. rechtsschiefe Verteilung der Personen in den privaten Haushalten ♣

Lösung 4-8

a) links: Stengel-Blatt-Diagramm, rechts: Histogramm, beschreiben jeweils die Häufigkeitsverteilung von Hühnereierbreiten

b) Merkmalsträger: Hühnerei, Gesamtheit: 785 Hühnereier, Erhebungsmerkmal: Breite (mm), Zustandsmenge: positive reelle Zahlen, Skala: metrisch, 13 Breitenklassen mit einer konstanten bzw. äquidistanten Klassenbreite von 0,5 mm, modale Klasse: von 44 mm bis unter 44,5 mm, Häufigkeit: 157 Hühnereier

c) 7 Breitenklassen mit einer äquidistanten Klassenbreite von 1 mm

d) Klassierung: 1. Klasse: 41 mm bis unter 42 mm, relative Häufigkeitsdichte: $((6 + 11) / 785) / 1 = 0{,}0217$, 2. Dichte: 0,1223, 3. Dichte: 0,2459, 4. Dichte: 0,3439, 5. Dichte: 0,1745, 6. Dichte: 0,0904, 7. Dichte: 0,0013

e) eins, normiertes Histogramm
f) da äquidistante Klassen vorliegen, berechnet man näherungsweise eine durchschnittliche Breite von ((41 + 42) / 2) × 0,0217 + ((42 + 43) / 2) × 0,1223 + … + ((47 + 48)/2) × 0,0013 ≈ 44,3 mm, die applizierte Berechnungsvorschrift ist ihrem Wesen nach ein gewogenes arithmetisches Mittel aus den Klassenmitten und den relativen Klassenhäufigkeiten ♣

Lösung 4-9

a) Merkmalsträger: Hühnerei, Gesamtheit: 6 + 11 + 40 + … + 27 + 1 = 785 Hühnereier, gelegt von Hühnern der Rasse Loheimer Braun
b) Breite, Gewicht, Höhe, Zustandsmenge: jeweils Menge der positiven reellen Zahlen, Skalierung: jeweils metrisch
c) im Durchschnitt ist ein Ei 44,23 mm breit bzw. 62,78 g schwer bzw. 57,09 mm hoch, im Durchschnitt streuen die einzelnen Breiten um 1,18 mm bzw. Gewichte um 4,76 g bzw. Höhen um 2,09 mm um den jeweiligen Durchschnitt, wegen -0,01 (Breite), 0,11 (Gewicht), 0,16 (Höhe) können die Daten jeweils als nahezu symmetrisch verteilt angesehen werden, wegen -0,35 bzw. -0,26 bzw. -0,16 kann die empirische Verteilung der Breiten bzw. Gewichte bzw. Höhen nahezu als normal gewölbt angesehen werden
d) Breite: ((1,18 mm) / (44,23 mm)) × 100 % = 2,67 %, Gewicht: ((4,76 g) / 62,78 g)) × 100 % = 7,58 %, Höhe: ((2,09 mm) / (57,09 mm)) × 100 % = 3,66 %, d.h. im Vergleich zum Durchschnittsniveau streuen wegen 2,67 % < 3,66 % < 7,58 % die Breitenwerte am geringsten und die Gewichtswerte am stärksten
e) Durchschnitt: null, Standardabweichung: eins, das Schiefemaß und das Wölbungsmaß bleiben unberührt
f) nicht möglich und nicht sinnvoll
g) ja via Breite = 44,23 + 1,18 × ZBreite bzw. Gewicht = 62,78 + 4,76 × ZGewicht bzw. Höhe = 57,09 + 2,09 × ZHöhe, wobei die mit dem Präfix Z gekennzeichneten Variablen die standardisierten Variablen sind ♣

Lösung 4-10*

a) Merkmalsträger: Gebrauchtwagen, Grundgesamtheit: endlich große, aber unbestimmte Menge von Gebrauchtwagenmarkt, Stichprobe: Teilmenge von 200 zufällig ausgewählten Gebrauchtwagen, Identifikationsmerkmale: Gebrauchtwagen der Marke VW Golf Benziner mit einem 1,6 Liter Triebwerk (sachlich), II/2005 (zeitlich) auf dem Berliner Gebrauchtwagenmarkt (örtlich) zum Verkauf angeboten, Erhebungsmerkmale: Zeitwert, Alter und Laufleistung, Zustandsmenge: jeweils Menge der natürlichen Zahlen, da nur ganzzahlig gerundete Werte erfasst wurden, Skala: jeweils metrisch
b) z.B. Jahresmittel = RND(Lauf * 1000 / (Alter / 12))

c) Boxplot, indiziert eine symmetrische Verteilung der jahresdurchschnittlichen Laufleistungen, kleinster Laufleistungswert: 1714 km, unteres Laufleistungsquartil: 10068,25 km, d.h. das laufleistungsschwächste Viertel der VW Golf wird im Verlaufe eines Jahres im Durchschnitt höchstens 10068,25 km gefahren, Laufleistungsmedian: 13352 km, d.h. die laufleistungsschwache Hälfte der VW Golf wird im Jahresdurchschnitt höchstens 13352 km gefahren, oberes Laufleistungsquartil: 16314,25 km, d.h. das laufleistungsstärkste Viertel der VW Golf wird im Jahresdurchschnitt mindestens 16314,25 km gefahren, größter Laufleistungswert: 25091 km

d) Spannweite: 23377 km, d.h. die 200 VW Golf variieren in ihrer jahresdurchschnittlichen Laufleistung auf einem Niveau von 23377 km, Interquartilsabstand: 6246 km, d.h. die mittlere Hälfte der VW Golf variiert hinsichtlich der jahresdurchschnittlichen Laufleistung auf einem Niveau von 6246 km, Quartilskoeffizient der Schiefe: -0,05, d.h. die mittlere Hälfte der jahresdurchschnittlichen Laufleistungswerte ist symmetrisch verteilt, Boxplot, Spannweite als Ausdehnung des Boxplots, Interquartilsabstand als Ausdehnung der Box, Quartilskoeffizient der Schiefe: mittig geteilte Box

e) Ausreißer „nach unten“: alle jahresdurchschnittlichen Laufleistungswerte, die geringer als $10068{,}25 - 1{,}5 \times 6246 = 699{,}25$ km, mindestens jedoch 0 km pro Jahr betragen, Extremwerte „nach unten“: sind sachlogisch nicht plausibel, Ausreißer „nach oben“: über $16314{,}25 + 1{,}5 \times 6246 = 25683{,}25$ km, aber höchstens $16314{,}25 + 3 \times 6246 = 35052{,}25$ km, Extremwerte „nach oben“: über 35052,25 km ♣

Lösung 4-11*

a) Merkmalsträger: Mietwohnung, Grundgesamtheit: endliche, aber unbestimmte Menge von Mietwohnungen, Stichprobe: Teilmenge von zufällig ausgewählten Mietwohnungen, Identifikationsmerkmale: Zwei-Zimmer-Mietwohnung (sachlich), Berlin-Pankow (örtlich), angeboten 2011 (zeitlich), Erhebungsmerkmal: z.B. Mietpreis, Zustandsmenge: Menge der positiven reellen Zahlen, Skala: metrisch

b) 132 Wohnungen, z.B. SPSS-Filter: Stadtteil = „Pan“ & Zimmer = 2

c) Mietpreisquartile, d.h. die mietpreisschwächsten 25 % bzw. 50 % bzw. 75 % der Wohnungen kosten höchstens 5,84 €/m² bzw. 6,51 €/m² bzw. 7,24 €/m²

d) Boxplot, indiziert eine symmetrische Mietpreisverteilung

e) alle Pankower Zwei-Zimmer-Mietwohnungen, die entweder einen Mietpreis unter $5{,}84\ €/m^2 - 1{,}5 \times (7{,}24\ €/m^2 - 5{,}84\ €/m^2) = 3{,}74\ €/m^2$ oder einen Mietpreis über $7{,}24\ €/m^2 + 1{,}5 \times (7{,}24\ €/m^2 - 5{,}84\ €/m^2) = 9{,}34\ €/m^2$ besitzen

f) keine der interessierenden Mietwohnungen

g) arithmetisches Mittel: 6,52 €/m², d.h. der durchschnittliche Mietpreis für die 132 Pankower Zwei-Zimmer-Mietwohnungen beläuft sich auf 6,52 €/m²,

Standardabweichung: 1,12 €/m², d.h. im Durchschnitt streuen die erfassten Mietpreise der 132 Pankower Zwei-Zimmer-Mietwohnungen um 1,12 €/m² um den Durchschnittspreis von 6,52 €/m²

h) SPSS-Auswahlbedingung bzw. SPSS-Filter: Stadtteil = "Pan" & Zimmer = 2 & Preis >= (6.52 – 1.12) & Preis <= (6.52 + 1.12), Anzahl: 90 Wohnungen

i) arithmetisches Mittel: 0, Standardabweichung: 1, wegen Stadtteil = "Pan" & Zimmer = 2 & ZPreis >= –1 & ZPreis <= 1 sind es analog zur Problemstellung h) in logischer Konsequenz auch 90 Wohnungen ♣

Lösung 4-12*

a) Merkmalsträger: Mietwohnung, Gesamtheit: 86 Mietwohnungen, Identifikationsmerkmale: Vier-Zimmer-Mietwohnung (sachlich), Berlin-Friedrichshain (örtlich), angeboten 2011 (zeitlich), Erhebungsmerkmal: z.B. Mietpreis, Zustandsmenge: Menge der positiven reellen Zahlen, Skala: metrisch

b) z.B. Preis = Miete / Fläche

c) mittelbar erfasstes und stetiges Erhebungsmerkmal, da es im konkreten Fall aus den Miet- und Flächendaten berechnet wurde, Zustandsmenge: Menge der positiven reellen Zahlen, Skala: metrisch

d) Stengel-Blatt-Diagramm indiziert eine nahezu symmetrische Mietpreisverteilung für die interessierenden Vier-Zimmer-Mietwohnungen

e) 28 der erfassten Vier-Zimmer-Mietwohnungen besitzen einen Quadratmeterpreis von mindestens 5 €/m², aber weniger als 5,5 €/m²

f) Häufigkeitstabelle:

Nummer	Preisklasse (Angaben in €/m²)	Häufigkeit		
		absolut	relativ	relativ, kumuliert
1	bis unter 5	20	0,233	0,233
2	5 bis unter 6	39	0,453	0,686
3	mindestens 6	27	0,314	1,000
gesamt		86	1,000	

Anteil: 1 – 0,233 = 0,767, d.h. etwas mehr als drei Viertel der interessierenden und erfassten Vier-Zimmer-Mietwohnungen

g) SPSS-Auswahlbedingung bzw. SPSS-Filter: Stadtteil = "Fri" & Zimmer = 4 & Preis >= 5.25 & Preis <= 5.75, Anzahl: 21 Wohnungen ♣

Lösung 4-13*

a) Merkmalsträger: PKW, Gesamtheit: 210 PKW, Identifikationsmerkmale: gebrauchter PKW der Marke Renault Clio (sachlich), I/2011 (zeitlich) auf dem Berliner Gebrauchtwagenmarkt (örtlich) angeboten, Erhebungsmerkmale: Alter, bisherige Fahrleistung, Zeitwert, Zustandsmenge: Menge der natürlichen Zahlen, da jeweils nur ganzzahlige Werte statistisch erfasst wurden, Skala: jeweils metrisch

b) z.B. Durch = RND(Fahr / (Alter / 12))

c) unteres Quartil: 8292 km, d.h. das fahrleistungsschwächste Viertel der PKW der Marke Renault Clio wird im Jahresdurchschnitt höchstens 8292 km gefahren, mittleres Quartil bzw. Median: 10105 km, d.h. die fahrleistungsschwache Hälfte der PKW der Marke Renault Clio wird im Jahresdurchschnitt höchstens 10105 km gefahren, oberes Quartil: die fahrleistungsschwachen drei Viertel der PKW der Marke Renault Clio werden im Jahresdurchschnitt höchstens 11696 km gefahren

d) das in seiner Konstruktion symmetrische Boxplot indiziert eine symmetrische Verteilung der jahresdurchschnittlichen Fahrleistungswerte, Spannweite als Ausdehnung des Boxplots: 16605 km – 3689 km = 12916 km, d.h. die jahresdurchschnittlichen Fahrleistungen differieren in ihrem Niveau bis zu 12916 km, Interquartilsabstand als Ausdehnung der Box: 11696 km – 8292 km = 3404 km, d.h. die mittlere Hälfte der jahresdurchschnittlichen Fahrleistungen differiert in ihrem Niveau bis zu 3404 km

e) arithmetisches Mittel: 10033 km, d.h. im Durchschnitt wird ein Renault Clio im Verlaufe eines Jahres 10033 km gefahren, Standardabweichung: 2412 km, d.h. im Durchschnitt streuen die 210 jahresdurchschnittlichen Fahrleistungswerte um 2412 km um den Durchschnittswert von 10033 km

f) Auswahlbedingung: Durch >= (10033 – 2412) & Durch <= (10033 + 2412), Anzahl: 150 PKW, prozentualer Anteil: $(150 / 210) \times 100\ \% \cong 71{,}4\ \%$ ♣

Lösung 4-14*

a) 28 Befragte

b) nominale, dichotome und 0-1-kodierte Variablen

c) i) 97,2 % der Befragten, ii) Verstaatlichung der Banken, 470 mal genannt, iii) insgesamt 2666 Nennungen, iv) im Durchschnitt 2,712 bzw. 2,7 Maßnahmen

d) i) 161 männliche Personen, Auswahlbedingung: Gender = 2 & Gefahr = 3, ii) 1) genau eine Maßnahme: 15,5 %, 2) höchstens eine Maßnahme: 18,6 %, 3) mindestens eine Maßnahme: $(1 - 0{,}031) \times 100\ \% = 96{,}9\ \%$ ♣

Lösung 4-15*

a) Merkmalsträger: Wohnung, Identifikationsmerkmale: Eigentumswohnung mit sechs Wohnräumen (sachlich), II/2011 (zeitlich) auf dem Berliner Wohnungsmarkt (örtlich) zum Verkauf angeboten, Erhebungsmerkmal: Wohnfläche, Skalierung: metrisch

b) Stengel-Blatt-Diagramm, Frequency-Rubrik: 12, 24, 36, 28, 8

c) Umfang der Gesamtheit: 12 + 24 + 36 + 28 + 8 = 108 Eigentumswohnungen

d) modale Wohnflächenklasse: 36 Eigentumswohnungen (mit sechs Räumen) besitzen eine Wohnfläche von 250 m² oder mehr, aber weniger als 300 m²

e) 2 (leafs) × 4 (cases) = 8 Eigentumswohnungen

f) Häufigkeitstabelle:

Nummer	Klasse (Angaben in m^2)	Häufigkeit		
		absolut	relativ	relativ, kumuliert
1	150 bis unter 250	36	0,333	0,333
2	250 bis unter 300	36	0,333	0,667
3	300 bis unter 400	36	0,333	1,000
gesamt		108	1,000	

prozentualer Anteil: $(1 - 0{,}667) \times 100\ \% \cong 33{,}3\ \%$ der Eigentumswohnungen besitzen eine Wohnfläche von mindestens 250 m^2

g) nicht äquidistant wegen unterschiedlicher Klassenbreite, äquifrequent wegen eines gleichen Häufigkeitsbesatzes ♣

5 Lösungen zur Stochastik

Die mit einem * markierten Lösungen sind Lösungen von Klausuraufgaben.

Lösung 5-1

a) Zufallsexperiment: zweimaliges Werfen einer Ein-Euro-Münze

b) Ergebnismenge: $\Omega = \{(Z, Z), (Z, W), (W, Z), (W, W)\}$, Anzahl: $n(\Omega) = 4$ Zahl-Wappen-Paare, wobei die Ergebnisse (Z, W) und (W, Z) aufgrund der Zahl-Wappen-Anordnung wohl voneinander zu unterscheiden sind, kombinatorische Sicht: Ergebnismenge als eine Variation von zwei Elementen zur zweiten Klasse mit Wiederholung, so dass $2^2 = 4$ gilt

c) Ergebnis: z.B. ein Zahl-Wappen-Paar (Z, W), Ereignis: eine interessierende Teilmenge der Ergebnismenge, z.B. $\{(Z, W), (W, Z)\}$, Elementarereignis: eine einelementige Teilmenge der Ergebnismenge, z.B. $\{(Z, W)\}$

d) $A = \{(W, W)\}$, $n(A) = 1$ günstiges Ergebnis, $B = \{(Z, W), (W, Z)\}$, $n(B) = 2$ günstige Ergebnisse, $C = \{(Z, Z)\}$, $n(C) = 1$ günstiges Ergebnis, $D = \{(Z, W), (W, Z), (W, W)\}$, $n(D) = 3$ günstige Ergebnisse, $E = \{(Z, Z), (Z, W), (W, Z)\}$, $n(E) = 3$ günstige Ergebnisse

e) wegen Gleichmöglichkeit klassische Wahrscheinlichkeit: $P(A) = 1 / 4 = 0{,}25$, $P(B) = 1 / 2 = 0{,}5$, $P(C) = 1 / 4 = 0{,}25$, $P(D) = P(E) = 3 / 4 = 0{,}75$

f) i) disjunkt: A und B, A und C, A und E, da sie hinsichtlich der Zahl-Wappen-Paare „elementefremd" sind, ii) gleichwahrscheinlich: A und C ♣

Lösung 5-2

a) Ereignisse: i) Person ist männlich und wohnt in Berlin, ii) Person ist männlich, wohnt in Berlin und ist Bafög-Empfänger, iii) Person ist weiblich, iv) Person ist männlich und wohnt nicht in Berlin, v) die Person ist eine Bafög-Empfängerin, vi) die Person ist männlich, jedoch kein Bafög-Empfänger, vii) die Person wohnt nicht in Berlin, viii) unmögliches Ereignis, da die Person (wohl aus biologischer, nicht aber aus juristischer Sicht) nicht zugleich männlichen und weiblichen Geschlechts sein kann, ix) sicheres Ereignis, da die Person entweder in Berlin oder außerhalb von Berlin wohnt

b) Bedingungen: i) wenn alle männlichen Vorlesungsteilnehmer in Berlin wohnen und Bafög-Empfänger sind, ii) wenn alle weiblichen Hörer in Berlin wohnen und alle männlichen Hörer nicht in Berlin wohnen ♣

Lösung 5-3

a) VENN-Diagramm

b) Ereignisse: i) W^c bezeichnet z.B. das zum Ereignis W gehörende Komplementärereignis, $n(W^c) = 66 - (18 + 12) = 36$ Teilnehmer, die keine Kurswiederholer sind, ii) $66 - (8 + 18 + 12) = 28$ Teilnehmer, die weder einem Nebenjob nachgehen noch Kurswiederholer sind, iii) $66 - (8 + 18 + 12) = 28$ Teilnehmer, die sowohl keinem Nebenjob nachgehen als auch keine Kurswiederholer sind, iv) $66 - 18 = 48$ Teilnehmer, die nicht zugleich einem Nebenjob nachgehen und Kurswiederholer sind, v) $66 - (8 + 18) + 66 - (18 + 12) - 28 = 48$ Teilnehmer, die entweder keinem Nebenjob nachgehen oder keine Kurswiederholer sind oder beides nicht sind

c) Ereigniswahrscheinlichkeiten: i) $P(N) = (8 + 18) / 66 = 0{,}3939$, ii) $P(W) = (18 + 12) / 66 = 0{,}4545$, iii) $P(N \cap W) = 18 / 66 = 0{,}2727$, iv) $P(N \mid W) = 18 / (18 + 12) = 0{,}60$, v) $P(W \mid N) = 18 / (8 + 18) = 0{,}6923$

d) ja, die beiden sogenannten DE MORGANschen Formeln gelten

e) i) nein, da sie wegen $N \cap W \neq \varnothing$ keine elementefremden Mengen sind, ii) nein, da z.B. $P(N) \neq P(N \mid W)$ gilt ♣

Lösung 5-4

a) einmaliges Werfen von zwei idealen und sechsseitigen Spielwürfeln unterschiedlicher Farbe

b) Ergebnismenge $\Omega = \{(1, 1), (1, 2), (1, 3),\ldots, (6, 6)\}$ als Potenzmenge von 36 gleichmöglichen Augenzahlpaaren

c) Ergebnis: z.B. das Augenzahlpaar $\omega = (6, 6)$ in Gestalt eines Sechser-Pasch, Ereignis: z.B. Augenzahlpaarmenge $\{(1, 1), (2, 2),\ldots, (6, 6)\}$ der Augenzahl-Pasch, Elementarereignis: Menge, die nur ein Augenzahlpaar beinhaltet, z.B. Sechser-Pasch-Ereignis $A = \{(6, 6)\}$

d) Ereignisse als Ergebnisteilmengen: $A = \{(1, 1), (1, 2), (2, 1)\}$, $n(A) = 3$ Ergebnisse bzw. Augenzahlpaare, $B = \{(1, 1), (1, 2), (1, 3), (2, 2), (2, 1), (3, 1)\}$, $n(B) = 6$ Augenzahlpaare, $C = \{(1, 3), (2, 2), (3, 1),\ldots,(6, 6)\}$, $n(C) = 33$ Augenzahlpaare

e) disjunkte Ereignisse: A und C, da ihre Schnittmenge $(A \cap C) = \varnothing$ eine leere Menge ist

f) i) Vereinigungsmenge $(A \cup C) = \Omega$ als sicheres Ereignis, die bzw. das alle 36 Augenzahlpaare beinhaltet, ii) Schnittmenge $(B \cap C) = \{(1, 3), (2, 2), (3, 1)\}$

als Menge aller Augenzahlpaare, deren Augenzahlsumme gleich vier ist, iii) Komplementärereignis $A^c = \Omega \setminus A$ beinhaltet alle Augenzahlpaare, die zur Ergebnismenge Ω, aber nicht zur Ergebnismenge A gehören bzw. alle Augenzahlpaare, deren Augenzahlsumme mindestens vier

g) P(A) = 3 / 36, P(B) = 6 / 36, P(C) = 33 / 36, wegen Gleichmöglichkeit klassischer Wahrscheinlichkeitsbegriff

h) i) gültig, Chance als Verhältnis aus der Ereigniswahrscheinlichkeit P(A) und ihrer Komplementärwahrscheinlichkeit $P(A^c) = 1 - P(A)) = (3 / 36) : (33 / 36) = 3 : 33$ bzw. „1 zu 11“ gilt, ii) gültig, P(A) = 1 / (1 + 11) = 1 / 12 = 0,0833 ♣

Lösung 5-5*

a) relative Häufigkeit als Schätzwert für eine Wahrscheinlichkeit, theoretischer Hintergrund: schwaches Gesetz großer Zahlen

b) Wahrscheinlichkeiten: i) P(T) = 370 / 683 = 0,5417, ii) P(G) = 0,52, iii) $P(G \cap T)$ = 242 / 683 = 0,3543, iv) P(G | T) = 242 / 370 = 0,6541, v) P(T | G) = 242 / (683 × 0,52) = 0,6814

c) Beziehungen: i) KOLMOGOROVsches Additionsaxiom, nicht gültig, ii) allgemeine Additionsregel, gültig, iii) Multiplikationsregel für zwei stochastisch unabhängige zufällige Ereignisse, nicht gültig, iv) allgemeine Multiplikationsregel, gültig ♣

Lösung 5-6

a) P(A) = 0,6, P(B) = 0,6, $P(A \cup B)$ = 0,9, $P(A \cap B)$ = 0,3

b) i) die Additionsregel für disjunkte Ereignisse ist nicht anwendbar, die Ereignisse A und B sind nicht disjunkt, ii) die Multiplikationsregel für unabhängige Ereignisse ist nicht anwendbar, die Ereignisse A und B sind nicht stochastisch unabhängig ♣

Lösung 5-7

a) Ergebnismenge Ω beinhaltet $n(\Omega) = 3 \times 3 \times 3 = 27$ Teilwürfel, Zufallsexperiment: aus den 27 Teilwürfeln wird ein Würfel zufällig ausgewählt

b) Würfelanzahlen: n(K) = 2, n(E) = 9, n(Z) = 12, n(D) = 4, n(V) = 0

c) klassische Wahrscheinlichkeit als Quotient aus der Anzahl der für das interessierende Ereignis günstigen Ergebnisse und der endlichen Anzahl gleichmöglicher Ergebnisse: P(K) = 2 / 27, P(E) = 9 / 27 = 1/3, P(Z) = 12 / 27, P(D) = 4 / 27, P(V) = 0 / 27 = 0

d) ist ein unmögliches Ereignis, es gilt P(V) = 0 ♣

Lösung 5-8*

a) P(A) = 0,45, P(B) = 0,32, P(C) = 1 – 0,45 – 0,32 = 0,23, P(D | A) = 0,358, P(D | B) = 0,171, P(D | C) = 0,097

b) relative Häufigkeiten können als Schätzwerte für Wahrscheinlichkeiten bzw. als „Wahrscheinlichkeiten in Konvergenz“ aufgefasst werden

c) Formel der totalen Wahrscheinlichkeit, $P(D) = 0{,}358 \times 0{,}45 + 0{,}171 \times 0{,}32 + 0{,}097 \times 0{,}23 \cong 0{,}238$

d) Formel von BAYES, wegen $P(A \mid D) = 0{,}358 \times 0{,}450 / 0{,}238 \cong 0{,}677$, $P(B \mid D) = 0{,}171 \times 0{,}32 / 0{,}238 \cong 0{,}230$ und $P(C \mid D) = 0{,}097 \times 0{,}23 / 0{,}238 \cong 0{,}094$ ist das Ereignis A „Volks- bzw. Hauptschulabschluss“ am wahrscheinlichsten

e) allgemeine Multiplikationsregel für zwei zufällige Ereignisse, $P(D \cap C) = P(D \mid C) \times P(C) = 0{,}097 \times 0{,}23 = 0{,}022$ ♣

Lösung 5-9*

a) Arbeitnehmer der oberen Gehaltsgruppe mit hoher Motivation bzw. Arbeitnehmer, die sowohl zur oberen Gehaltsgruppe als auch zur Gruppe der hoch Motivierten gehören

b) $P(G) = 0{,}25$, $P(M) = 0{,}52$, $P(H) = 0{,}23$, $P(O \mid G) = 0{,}18$, $P(O \mid M) = 0{,}27$, $P(O \mid H) = 0{,}62$, Kernaussage des schwachen Gesetzes großer Zahlen: für eine große Anzahl von Beobachtungen kann eine relative Häufigkeit als ein Schätzwert für eine Wahrscheinlichkeit benutzt werden bzw. eine relative Häufigkeit als eine Wahrscheinlichkeit „in Konvergenz“ gedeutet werden

c) $P(O) = 0{,}18 \times 0{,}25 + 0{,}27 \times 0{,}52 + 0{,}62 \times 0{,}23 \cong 0{,}328$ als totale Wahrscheinlichkeit dafür, dass ein Arbeitnehmer zur oberen Gehaltsgruppe gehört

d) Formel von BAYES, bedingte a-posteriori-Wahrscheinlichkeiten: $P(G \mid O) = 0{,}18 \times 0{,}25 / 0{,}328 \cong 0{,}137$, $P(M \mid O) = 0{,}27 \times 0{,}52 / 0{,}328 \cong 0{,}428$, $P(H \mid O) = 0{,}62 \times 0{,}23 / 0{,}328 \cong 0{,}435$

e) $0{,}137 + 0{,}428 + 0{,}435 = 1$ als Wahrscheinlichkeit eines sicheren Ereignisses, KOLMOGOROVsches Additionsaxiom, da es sich um drei paarweise disjunkte zufällige Ereignisse handelt ♣

Lösung 5-10*

a) BERNOULLI-Prozess, $n = 12$ unabhängige Beratungen, konstante Erfolgswahrscheinlichkeit von $p = 1 / (1 + 3) = 0{,}25$, diskrete Zufallsgröße A beschreibt die Anzahl erfolgreicher Verkaufsberatungen bei 12 unabhängigen Beratungen und konstanter Erfolgswahrscheinlichkeit von 0,25 für jede Beratung

b) Modell einer Binomialverteilung mit den Parametern $n = 12$ und $p = 0{,}25$

c) i) $P(A = 4)$ = PDF.BINOM(4,12,0.25) = 0,1936, ii) $P(A \le 4)$ = CDF.BINOM (4,12,0.25) = 0,8424, iii) $P(A \ge 4) = 1$ – CDF.BINOM(4,12,0.25) + PDF.BINOM(4,12,0.25) = 0,3512, iv) $P(1 \le A \le 4)$ = CDF.BINOM(4,12,0.25) – CDF.BINOM(1,12,0.25) + PDF.BINOM(1,12, 0.25) = 0,8107

d) Stabdiagramm, da diskrete Wahrscheinlichkeitsverteilung ♣

Lösung 5-11

a) Zufallsgröße als ein theoretisches Konstrukt zur Beschreibung zufälligen Geschehens, diskrete Zufallsgröße X zählt die Jungen in einer Familie mit vier Kindern, Wertebereich: 0, 1, 2, 3, 4

b) BERNOULLI-Prozess, n = 4 unabhängige Einfachgeburten, konstante Erfolgswahrscheinlichkeit von p = 105 / (105 + 100) = 0,5122 für die Geburt eines Jungen
c) Binomialverteilung mit den Parametern n = 4 und p = 0,5122
d) Ereigniswahrscheinlichkeiten:
i) P(X = 1) = PDF.BINOM(1,4,0.5122) = 0,2378
ii) P(X ≤ 1) = CDF.BINOM(1,4,0.5122) = 0,2944
iii) P(X < 1) = CDF.BINOM(1,4,0.5122) – PDF.BINOM(1,4,0.5122) = PDF.BINOM(0,4,0.5122) = 0,0566
iv) P(X > 1) = 1 – CDF.BINOM(1,4,0.5122) = 0,7056
v) P(X ≥ 1) = 1 – CDF.BINOM(1,4,0.5122) + PDF.BINOM(1,4,0.5122) = 1 – CDF.BINOM(0,4,0.5122) = 0,9434
vi) P(1 < X ≤ 3) = CDF.BINOM (3,4,0.5122) – CDF.BINOM(1,4,0.5122) = 0,6367
vii) P(1 ≤ X ≤ 3) = CDF.BINOM(3,4,0.5122) – CDF.BINOM(1,4,0.5122) + PDF.BINOM(1,4,0.5122) = 0,8746
viii) P(1 < X < 3) = CDF.BINOM(3,4,0.5122) – CDF.BINOM(1,4,0.5122) – PDF.BINOM(3,4,0.5122) = PDF.BINOM(2,4,0.5122) = 0,3746
ix) P(1 ≤ X < 3) = CDF.BINOM(3,4,0.5122) – CDF.BINOM(1,4,0.5122) – PDF.BINOM(3,4,0.5122) + PDF.BINOM(1,4,0.5122) = 0,6124
e) E(X) = 4 × 0,5122 = 2,049, d.h. erwartungsgemäß zwei Jungen
f) wegen 1 – PDF.BINOM(0,7,0.5122) = 0,9935 > 0,99 mindestens 7 Kinder ♣

Lösung 5-12*

a) Wahrscheinlichkeit: p = 7 / (7 + 3) = 0,7
b) i) BERNOULLI-Prozess mit n = 11 unabhängigen zufälligen Versuchen und konstanter Spam-Wahrscheinlichkeit von p = 0,7, ii) Modell einer Binomialverteilung mit den Parametern n = 11 und p = 0,7, iii) diskrete Zufallsgröße, welche die Anzahl von Spam-E-Mails bei elf eingehenden E-Mails zählt, Wertebereich der Zufallsgröße: n + 1 = 12 ganzzahlige Realisationen
c) i) PDF.BINOM(7,11,0.7) = 0,220, ii) CDF.BINOM(7,11,0.7) = 0,430, iii) 1 – CDF.BINOM(7,11,0.7) + PDF.BINOM(7,11,0.7) = 0,790, iv) CDF.BINOM (9,11,0.7) – CDF.BINOM(5,11,0.7) = 0,809
d) Erwartungswert: 11 × 0,7 = 7,7 Spam-E-Mails ♣

Lösung 5-13*

a) diskrete Wahrscheinlichkeitsverteilung für „seltene Ereignisse“
b) im Durchschnitt hat ein Inlandsfluggast ein Gepäckstück aufgegeben
c) da P(A = 0) = PDF.POISSON(0,1) = 0,3679 und P(A = 1) = PDF.POISSON(1,1) = 0,3679 jeweils die größten Einzelwahrscheinlichkeiten sind, ist die wahrscheinlichste Anzahl A „kein oder ein Gepäckstück“

d) Ereigniswahrscheinlichkeiten: i) $P(A \leq 1)$ = CDF.POISSON(1,1) = 0,7358, ii) $P(A \geq 1) = 1$ – CDF.POISSON(1,1) + PDF.POISSON(1,1) = 1 – PDF. POISSON(0,1) = 0,6321

e) 1582 × $P(A \geq 1)$ = 1582 × 0,6321 ≈ 1000 Inlandsfluggäste ♣

Lösung 5-14*

a) 213 Studierende, Filter: z.B. Semester <= 2

b) numerische und metrische Variable, Zustandsmenge: {0, 1, 2, 3, 4} bzw. verbal: keine, eine, zwei, drei, vier

c) i) 54,2 %, ii) 86,3 %, iii) 100 % – 54,2 % = 45,8 %

d) diskretes Verteilungsmodell, das auch als Verteilung seltener Ereignisse bezeichnet wird, besitzt nur einen Verteilungsparameter, der mit dem Erwartungswert E(W) und der Varianz V(W) der Zufallsgröße W identisch ist

e) im Durchschnitt hatte ein Student 0,63 Prüfungswiederholungen zu stemmen

f) i) PDF.POISSON(0,0.63) = 0,5326, ii) CDF.POISSON(1,0.63) = 0,8681 iii) 1 – CDF.POISSON(1,0.63) + PDF.POISSON(1,0.63) = 1 – PDF.POISSON(0, 0.63) = 0,4674

g) die empirisch beobachteten relativen Häufigkeiten liegen in ihren Werten recht nahe an den berechneten Ereigniswahrscheinlichkeiten ♣

Lösung 5-15*

a) stetige und normalverteilte Zufallsgröße, für die M ~ N(6,25 €/m², 1,15 €/m²) gilt, der durchschnittliche bzw. marktübliche Mietpreis beläuft sich im Marktsegment von Zwei-Zimmer-Mietwohnungen in gehobener Wohnlage auf 6,25 € je Quadratmeter Wohnfläche, im Durchschnitt streuen die einzelnen Mietpreise um 1,15 €/m² um den durchschnittlichen Mietpreis von 6,25 €/m²

b) z.B. stetige Wahrscheinlichkeitsverteilung, glockenförmige Dichtefunktion, s-förmige Verteilungsfunktion, zwei Parameter etc.

c) unteres Marktsegment: CDF.NORMAL(4.5,6.25,1.15) = 0,064 bzw. 6,4 %, mittleres Marktsegment: CDF.NORMAL(6,6.25,1.15) – CDF.NORMAL(4.5, 6.25,1.15) = 0,35 bzw. 35 %, gehobenes Marktsegment: Mietpreisklasse von 6 €/m² bis unter 7,5 €/m², CDF.NORMAL(7.5, 6.25,1.15) – CDF.NORMAL(6, 6.25,1.15) = 0,448 bzw. 44,8 %, oberes Marktsegment: 1 – CDF.NORMAL (7.5,6.25,1.15) = 0,138 bzw. 13,8 %, insgesamt: 100 %

d) untere bzw. obere Klassengrenze: 6 €/m² bzw. 7,5 €/m², Klassenbreite: 7,5 €/m² – 6 €/m² = 1,5 €/m², relative bzw. prozentuale Klassenhäufigkeit: 0,448 bzw. 44,8 %

e) z.B. ein Kreissegmentdiagramm, da die vollständige Verteilungsstruktur des Marktsegmentes gegeben ist bzw. bildhaft beschrieben wird

f) 0,9-Mietpreisquantil: IDF.NORMAL(0.9,6.25,1.15) = 7,72 €/m² ♣

Lösung 5-16*

a) Verfahren: KOLMOGOROV-SMIRNOV-Anpassungstest auf ein unvollständig spezifiziertes Normalverteilungsmodell, Ergebnis: wegen $\alpha = 0{,}05 < \alpha^* \geq 0{,}2$ besteht kein Anlass, die unvollständig spezifizierte Normalverteilungshypothese zu verwerfen, Interpretation: Die börsentäglichen DAX-Renditen können als Realisationen einer normalverteilten Zufallsgröße aufgefasst werden.

b) Interpretation: arithmetisches Mittel als Mittelwertparameter: 0,14 %, d.h. im ersten Halbjahr 2011 lag das durchschnittliche Niveau der börsentäglichen DAX-Renditen bei 0,14 %, Standardabweichung als Streuungsparameter: 1,96 %, d.h. im Durchschnitt streuten im ersten Halbjahr 2011 die börsentäglichen DAX-Renditen um 1,96 % um die durchschnittliche Rendite von 0,14 %, Modellspezifikation: $R \sim N(0.14\,\%, 1.96\,\%)$, wobei R die stetige Zufallsgröße „börsentägliche DAX-Rendite" bezeichnet

c) Ereigniswahrscheinlichkeit: $p = 1 - \text{CDF.NORMAL}(2,0.14,1.96) \cong 0{,}171$

d) 0,95-Quantil: $q = \text{IDF.NORMAL}(0.95,0.14,1.96) \cong 3{,}36\,\%$ ♣

Lösung 5-17*

a) Hühnereiergewicht G als stetige und normalverteilte Zufallsgröße, Normalverteilung als stetige Wahrscheinlichkeitsverteilung, die durch zwei Verteilungsparameter, eine glockenförmige Dichtefunktion sowie eine monoton wachsende und s-förmige Verteilungsfunktion gekennzeichnet ist

b) Modellspezifikation: $G \sim N(63\text{ g}, 5\text{ g})$

c) das Gewicht eines Eies aus dem „leichtgewichtigen Drittel" der Hühnereier beläuft sich auf höchstens $G_{0,33} = \text{IDF.NORMAL}(0.33,63,5) = 60{,}8$ g

d) Kategorie S: $P(G < 55\text{ g}) = \text{CDF.NORMAL}(55,63,5) = 0{,}0548$, demnach gehören $0{,}0548 \times 1000 \approx 55$ Eier der Gewichtskategorie S an, Kategorie M: wegen $P(55\text{ g} \leq G < 65\text{ g}) = \text{CDF.NORMAL}(65,63,5) - \text{CDF.NORMAL}(55,63,5) = 0{,}6006$ würden $0{,}6006 \times 1000 \approx 601$ Hühnereier zur Gewichtskategorie M gehören, Kategorie L: wegen $P(65\text{ g} \leq G < 75\text{ g}) = \text{CDF.NORMAL}(75,63,5) - \text{CDF.NORMAL}(65,63,5) = 0{,}3364$ würden $0{,}3364 \times 1000 \approx 336$ Hühnereier zur Gewichtskategorie L gehören, Kategorie XL: wegen $P(G > 75\text{g}) = 1 - \text{CDF. NORMAL}(75,63,5) = 0{,}0082$ würden $0{,}0082 \times 1000 \approx 8$ Hühnereier zur Gewichtskategorie XL gehören, Erlöshochrechnung: die Bäuerin hätte unter den gegebenen Bedingungen wegen (0,15 €/Stück) × (55 Stück) + (0,20 €/Stück) × (601 Stück) + (0,25 €/Stück) × (336 Stück) + (0,30 €/Stück) × (8 Stück) = 214,85 € einen Erlös von ca. 215 € aus dem Verkauf der 1000 Hühnereier zu erwarten

e) Normalverteilungsmodell als Grenzverteilung für die Summe von stochastisch unabhängigen und identisch verteilten Zufallsgrößen, der zentrale Grenzwertsatz begründet die „zentrale Bedeutung" des theoretischen Modells einer Normalverteilung ♣

Lösung 5-18*

a) stetige und normalverteilte Zufallsgröße, Normalverteilung: stetige Wahrscheinlichkeitsverteilung, zwei Verteilungsparameter, glockenförmige Dichtefunktion, s-förmige Verteilungsfunktion

b) Mittelwertparameter: im Jahresdurchschnitt wird ein PKW der Marke „Mercedes A-Klasse“ 14350 km gefahren, Streuungsparameter in Gestalt der Standardabweichung: im Durchschnitt streuen die einzelnen jahresdurchschnittlichen Fahrleistungswerte um 4650 km um die mittlere durchschnittliche Fahrleistung von 14350 km

c) geschlossene Fahrleistungsintervalle: i) [9700 km, 19000 km], ii) [5050 km, 23650 km], iii) [400 km, 28300 km]

d) Ereignis- bzw. Intervallwahrscheinlichkeiten: i) $P(9700 \leq X \leq 19000)$ = CDF. NORMAL(19000,14350,4650) – CDF.NORMAL(9700,14350,4650) $\cong$ 0,683, ii) $P(5050 \leq X \leq 23650)$ = CDF.NORMAL(23650,14350,4650) – CDF.NORMAL(5050,14350,4650) $\cong$ 0,955, iii) $P(400 \leq X \leq 28300)$ = CDF.NORMAL(28300,14350,4650) – CDF.NOR-MAL(400,14350,4650) $\cong$ 0,997

e) Quartile: die jahresdurchschnittliche Fahrleistung des fahrleistungsschwächsten bzw. -stärksten Viertels der PKW der Marke „Mercedes A-Klasse“ beläuft sich auf i) höchstens $X_{0,25}$ = IDF.NORMAL(0.25,14350,4650) $\cong$ 11214 km bzw. ii) mindestens $X_{0,75}$ = IDF.NORMAL(0.75,14350,4650) $\cong$ 17486 km ♣

Lösung 5-19*

a) 150 Gebrauchtwagen vom Typ Opel Vectra, Filter: Typ = „Vectra“

b) Berechnungsvorschrift: Jahr = Fahr * 1000 / (Alter / 12)

c) jahresdurchschnittliche Fahrleistung von 22000 km

d) drei Fahrleistungsquartile, unteres: 10531 km, mittleres: 13798 km, oberes: 17911 km

e) Mittelwertparameter: 14342 km, Streuungsparameter: 5659 km, Modellspezifikation: Jahr ~ N(14342 km, 5659 km)

f) wegen p = CDF.NORMAL(20000,14342,5659) – CDF.NORMAL(15000, 14342,5659) $\cong$ 0,295 beläuft sich der prozentuale Anteil auf 29,5 %

g) Fahrleistungsquantil der Ordnung 0,2: q = IDF.NORMAL(0.2, 14342, 5659) $\cong$ 9579 km ♣

Lösung 5-20*

a) stetige Zufallsgröße D := Verweildauer (in h) eines zufällig ausgewählten Ausstellungsbesuchers genügt dem Modell einer Exponentialverteilung mit dem Parameter 0,45 h^{-1}

b) wegen E(D) = 1 / 0,45 = 2,22 beläuft sich die Verweildauer eines Ausstellungsbesuchers im Mittel auf 2,22 h bzw. auf 2 Stunden und $0{,}22 \times 60 \cong 13$ Minuten

c) Ereigniswahrscheinlichkeiten: i) $P(D \leq 2)$ = CDF.EXP(2,0.45) = 0,5934, ii) $P(D \geq 2)$ = 1 – CDF.EXP(2,0.45) = 0,4066
d) 0,95-Quantil der Verweildauer: q = IDF.EXP(0.95,0.45) = 6,66 h bzw. 6 Stunden und 0,66 × 60 ≅ 40 Minuten ♣

Lösung 5-21*

a) Ein Klausurteilnehmer besuchte die Statistik-Lehrveranstaltungen sporadisch und hat die Klausur nicht bestanden.
b) P(S) = 0,302, P(R) = 1 – 0,302 = 0,698, P(N | S) = 1 – 0,35 = 0,65, P(N | R) = 1 – 0,897 = 0,103, für eine große Anzahl von Beobachtungen kann eine relative Häufigkeit als ein Schätzwert für eine Wahrscheinlichkeit benutzt bzw. als eine Wahrscheinlichkeit „in Konvergenz" gedeutet werden
c) Formel der totalen Wahrscheinlichkeit: P(N) = 0,302 × 0,65 + 0,698 × 0,103 ≅ 0,268
d) 0,268 × 265 ≅ 71 Durchfaller
e) wegen P(S | N) = 0,302 × 0,65 / 0,268 ≅ 0,732 und P(R | N) = 0,698 × 0,103 / 0,268 ≅ 0,268 ist es das Ereignis „sporadischer Lehrveranstaltungsbesuch", Formel von BAYES
f) a-priori-Wahrscheinlichkeiten als die im Vorhinein bekannten relativen Häufigkeiten bzw. Wahrscheinlichkeiten, a-posteriori-Wahrscheinlichkeiten als die im Nachhinein mittels der Formel von BAYES berechneten Wahrscheinlichkeiten, Maximum-Likelihood-Prinzip: man entscheidet sich (analog zur Problemstellung e)) für das Ereignis mit der höchsten Wahrscheinlichkeit ♣

Lösung 5-22*

a) Normalverteilung, glockenförmige Dichte- und s-förmige Verteilungsfunktion, zwei Parameter: arithmetisches Mittel und Standardabweichung etc.
b) stetige Zufallsgröße X: Gewicht eines Straußeneies (in g), Erwartungswert bzw. arithmetisches Mittel: μ = E(X) = (1600 g + 1400 g) / 2 = 1500 g, d.h. im Durchschnitt wiegt ein Straußenei 1500 g, Standardabweichung: σ = (1600 g – 1400 g) / 2 = 100 g, d.h. im Mittel weichen die Straußeneiergewichte vom Durchschnittsgewicht um 100 g nach oben und nach unten ab, Modellspezifikation: X ~ N(1500 g, 100 g)
c) unterhalb: P(X < 1400 g) = CDF.NORMAL(1400,1500,100) ≅ 0,1587, erwartete Anzahl von Straußeneiern: 0,1587 × 100 = 15,87 ≅ 16 Stück, erwarteter Erlös: (20 € je Stück) × (16 Stück) = 320 €
innerhalb: P(1400 g ≤ X ≤ 1600 g) = CDF.NORMAL(1600,1500,100) – CDF. NORMAL(1400,1500,100) ≅ 0,6827, erwartete Anzahl: 0,6827 × 100 = 68,27 ≅ 68 Stück, erwarteter Erlös: (25 € je Stück) × (68 Stück) = 1700 €
oberhalb: P(X > 1600 g) = 1 – CDF.NORMAL(1600,1500,100) ≅ 0,1587, erwartete Anzahl und Erlös: 16 Stück und (30 € je Stück) × (16 Stück) = 480 €,

erwarteter Gesamterlös: 320 € + 1700 € + 480 € = 2500 €, wegen der Symmetrie der Gewichte und Preise kann der erwartete Gesamterlös einfach wie folgt berechnet werden: (25 € je Stück) × (100 Stück) = 2500 € ♣

Lösung 5-23

a) für die jeweiligen ganzzahligen k erhält man die folgenden zentralen Schwankungsintervalle mit den zugehörigen Wahrscheinlichkeiten: für k = 1 gilt P(58 g ≤ G ≤ 68 g) = CDF.NORMAL(68,63,5) – CDF.NORMAL (58,63,5) ≈ 0,683, für k = 2 gilt P(53 g ≤ G ≤ 73 g) = CDF.NORMAL(73,63,5) – CDF.NORMAL(53,63,5) ≈ 0,955, für k = 3 gilt P(48 g ≤ G ≤ 78 g) = CDF.NORMAL(78,63,5) – CDF.NORMAL(48,63,5) ≈ 0,997

b) für die jeweiligen reellwertigen z erhält man die folgenden zentralen Schwankungsintervalle mit den zugehörigen Wahrscheinlichkeiten: für z = 1,65 gilt P(54,75 g ≤ G ≤ 71,25 g) = CDF.NORMAL(71.25,63,5) – CDF.NORMAL (54.75,63,5) ≈ 0,90, für z = 1,96 gilt P(53,20 g ≤ G ≤ 72,80 g) = CDF.NORMAL(72.80,63,5) – CDF.NORMAL(53.20,63,5) ≈ 0,95, für z = 2,58 gilt P(50,10 g ≤ G ≤ 75,90 g) = CDF.NORMAL(75.9,63,5) – CDF.NORMAL (50.1,63,5) ≈ 0,99

c) die Aussagen werden als Drei-Sigma-Regel bezeichnet

d) i) glockenförmige Funktion, Fläche unterhalb der Glockenfunktion ist eins, ii) s-förmige Funktion, die nur Werte zwischen null und eins annehmen kann, iii) $G \sim N(\mu, \sigma)$ als unvollständig und G ~ N(63 g, 5 g) als vollständig spezifiziertes Normalverteilungsmodell ♣

6 Lösungen zur Statistischen Induktion

Die mit einem * markierten Lösungen sind Lösungen von Klausuraufgaben.

Lösung 6-1

a) Merkmalsträger: Hühnerei, Grundgesamtheit: 785 Hühnereier

b) Gewicht, Breite, Höhe, Zustandsmenge: jeweils Menge der positiven reellen Zahlen, jeweils metrisch

c) im Durchschnitt streuen die 785 Breitenwerte um 1,2 mm um die durchschnittliche Breite von 44,2 mm, analoge Interpretationen für Gewicht (62,8 g, 4,8 g) und die Höhe (57,1 mm, 2,1 mm)

d) stetige Zufallsgröße, Wertebereich: Menge der positiven reellen Zahlen

e) i) Zufallsstichprobe, ii) realisierte Zufallsstichprobe

f) zufallsbedingte Ergebnisse, die für jede gezogene Zufallsstichprobe unterschiedlich ausfallen, analoge Interpretationen wie unter c)

g) zufallsbedingte und realisierte 0,9-Konfidenzintervalle, die für jede gezogene Zufallsstichprobe unterschiedlich ausfallen: Breite [44,2 mm, 45,3 mm], Gewicht [63,0 g, 67,4 g], Höhe [57,3 mm, 59,4 mm], zufallsbedingte und realisierte 0,99-Konfidenzintervalle: Breite [43,8 mm, 45,7 mm], Gewicht [61,3 g,

69,1 g], Höhe [56,8 mm, 60,2 mm], Kernaussage: je höher (im konkreten Fall) das Konfidenzniveau ist, um so breiter ist (im konkreten Fall und in der Regel) das zugehörige und stets zufallsbedingte Schätzintervall in Gestalt eines realisierten Konfidenzintervalls

h) im konkreten Fall können die jeweiligen Schätzungen auf einem Konfidenzniveau von 0,9 als nicht vertrauenswürdig, jedoch auf einem Konfidenzniveau von 0,99 als vertrauenswürdig gedeutet werden, da das „wahre" arithmetische Mittel durch das 0,9-Vertrauensintervall nicht eingeschlossen, jedoch durch das 0,99-Vertrauensintervall eingeschlossen wird ♣

Lösung 6-2

a) diskrete Zufallsgröße mit sechs möglichen Realisationen
b) Modell einer (diskreten) Gleichverteilung
c) Umfang: 66 Augenzahlen von 66 Würfen, die Augenzahl z.B. des 66. Wurfes wird als eine Realisation einer Stichprobenvariablen A_{66} gedeutet, die ihrem Wesen nach eine diskrete Zufallsgröße ist, die Menge aller 66 Stichprobenvariablen A_i ($i = 1,2,\ldots,66$) kennzeichnet man als eine Zufallsstichprobe
d) da im Zuge des Vergleichs des empirischen Signifikanzniveaus α^* mit dem vorgegebenen Signifikanzniveau α im konkreten Fall $\alpha^* = 0{,}686 > \alpha = 0{,}025$ gilt, besteht gemäß dem sogenannten p-value-Konzept kein Anlass, die Behauptung, dass es sich um einen fairen Spielwürfel handelt, zu verwerfen ♣

Lösung 6-3*

a) 376 Personen, davon 200 männliche und 176 weibliche Personen
b) z.B. KMI = Gewicht / (Größe / 100) ** 2
c) da das vorgegebene Signifikanzniveau $\alpha = 0{,}02$ kleiner ist als das empirische Signifikanzniveau $\alpha^* \geq 0{,}2$, besteht kein Anlass, die Normalverteilungshypothese zu verwerfen
d) Mittelwert: 25,62 kg/m², Standardabweichung: 2,70 kg/m²
e) CDF.NORMAL(25,25.62,2.70) – CDF.NORMAL(20,25.62,2.70) = 0,3905
f) oberes Quartil des Körper-Masse-Indexes bzw. Körper-Masse-Index-Quantil der Ordnung 0,75: IDF.NORMAL(0.75,25.62,2.70) = 27,44 kg/m² ♣

Lösung 6-4*

a) 55 Mietwohnungen, Filter: Zimmer = 4 & Stadtteil = "Wil"
b) aus „gut gemischten" Mietwohnungsannoncen wird z.B. jede zehnte ausgewählt
c) KOLMOGOROV-SMIRNOV-Anpassungstest in der LILLIEFORS-Modifikation auf eine unvollständig spezifizierte Normalverteilung, wegen $\alpha^* \geq 0{,}2 > \alpha = 0{,}05$ kann der Mietpreis als eine normalverteilte Zufallsgröße aufgefasst werden
d) Mittelwert: 7,79 €/m², Standardabweichung: 1,00 €/m², Verteilungshypothese: Mietpreis ist eine N(7,79 €/m², 1,00 €/m²)-verteilte Zufallsgröße

e) p = 1 – CDF.NORMAL(7,7.79,1.00) ≅ 0,785

f) q = IDF.NORMAL(0.25,7.79,1.00) = 7,12 €/m², das mietpreisschwache Viertel der Mietwohnungen besitzt einen Mietpreis von höchstens 7,12 €/m² ♣

Lösung 6-5*

a) Merkmalsträger: PKW Renault Twingo, Grundgesamtheit: alle II/2007 auf dem Berliner Gebrauchtwagenmarkt angebotenen PKW Renault Twingo, Stichprobe: eine Menge zufällig ausgewählter PKW Renault Twingo, Stichprobenumfang: 70 PKW Renault Twingo

b) theoretisch hat jeder PKW eine gleiche Chance, ausgewählt zu werden

c) z.B. Durch = Fahr * 1000 / (Alter / 12)

d) im Jahresdurchschnitt wurde ein Renault Twingo 8409 km gefahren, im Mittel streuen die jahresdurchschnittlichen Fahrleistungen der 70 Renault Twingo um 1857 km um den Durchschnittswert von 8409 km

e) es ist recht sicher, dass die „wahre, jedoch unbekannte" mittlere jahresdurchschnittliche Fahrleistung in der statistischen Grundgesamtheit aller PKW der Marke Renault Twingo zwischen 8039 km und 8779 km liegt

f) Verfahren: z.B. KOLMOGOROV-SMIRNOV-Anpassungstest auf eine unvollständig spezifizierte Normalverteilung, wegen $\alpha = 0{,}025 < \alpha^* \geq 0{,}2$ besteht kein Anlass, die Normalverteilungshypothese zu verwerfen

g) Ereigniswahrscheinlichkeit: 1 – CDF.NORMAL(10000,8409,1857) = 0,1958, 0,95-Fahrleistungsquantil: mit einer Wahrscheinlichkeit von 0,95 wird ceteris paribus ein zufällig ausgewählter PKW Renault Twingo im Jahresdurchschnitt höchstens IDF.NORMAL(0.95,8409,1857) = 11463 km gefahren ♣

Lösung 6-6*

a) für 79 Personen, Filter: z.B. Sex = 1 & Abschluss <= 2 & Alter <= 30

b) z.B. KOLMOGOROV-SMIRNOV-Anpassungstest auf eine (unvollständig spezifizierte) Normalverteilung, wegen $\alpha^* = 0{,}141 > \alpha = 0{,}05$ bzw. $\alpha^* \geq 0{,}2 > \alpha = 0{,}05$ kann jeweils für Personen mit einem Hauptschul- bzw. Realschulabschluss der Körper-Masse-Index als eine normalverteilte Zufallsgröße aufgefasst werden

c) ja, wegen $\alpha^* = 0{,}153 > \alpha = 0{,}05$ gibt es beim Varianzhomogenitätstest nach LEVENE keinen Anlass, die Varianzhomogenitätshypothese zu verwerfen

d) ja, wegen $\alpha^* = 0{,}367 > \alpha = 0{,}05$ gibt es beim doppelten t-Test keinen Anlass, die Mittelwerthomogenitätshypothese zu verwerfen

e) realisiertes 0,975-Konfidenzintervall: [24,93 kg/m², 27,01 kg/m²] ♣

Lösung 6-7*

a) 191 Gebrauchtwagen, Filter: z.B. Typ = 2 | Typ = 5

b) z.B. Mittel = RND(1000 * Fahr / (Alter / 12))

c) im Jahresdurchschnitt wurden die 95 Audi A4 16162 km und die 96 Ford Escort 12238 km gefahren
d) KOLMOGOROV-SMIRNOV-Anpassungstest in der LILLIEFORS-Modifikation auf eine unvollständig spezifizierte Normalverteilung, wegen $\alpha^* = 0{,}098 > \alpha = 0{,}05$ bzw. $\alpha^* \geq 0{,}2 > \alpha = 0{,}05$ besteht jeweils kein Anlass, die typenspezifischen und unvollständig spezifizierten Verteilungshypothesen zu verwerfen
e) Varianzhomogenitätstest nach LEVENE: wegen $\alpha = 0{,}05 < \alpha^* = 0{,}396$ können in den typenspezifischen Grundgesamtheiten von Gebrauchtwagen die jahresdurchschnittlichen Fahrleistungswerte als varianzhomogen angesehen werden, doppelter t-Test als Mittelwerthomogenitätstest bei varianzhomogenen Grundgesamtheiten: wegen $\alpha = 0{,}05 > \alpha^* = 0{,}000$ müssen in den beiden typenspezifischen Grundgesamtheiten von Gebrauchtwagen die jahresdurchschnittlichen Fahrleistungswerte als mittelwertinhomogen angesehen werden
f) realisiertes 0,95-Konfidenzintervall: [15399 km, 16926 km], demnach ist es recht wahrscheinlich, dass für Gebrauchtwagen des Typs Audi A4 das wahre, jedoch unbekannte arithmetische Mittel der jahresdurchschnittlichen Fahrleistungen zwischen 15399 km und 16926 km liegt ♣

Lösung 6-8*

a) z.B. Mittel = MEAN(B,I,N,P,Q,Z) bzw. Mittel = (B + I + N + P + Q + Z) / 6
b) KOLMOGOROV-SMIRNOV-Anpassungstest auf eine unvollständig spezifizierte Normalverteilung in der LILLIEFORS-Modifikation, da für alle drei Kontinente das empirische Signifikanzniveau (Amerika 0,2, Asien 0,192, Europa 0,104) größer ist als das vorgegebene Signifikanzniveau, besteht kein Anlass daran zu zweifeln, dass die kontinentalspezifischen Durchschnittsbewertungen jeweils Realisationen einer normalverteilten Zufallsgröße sind
c) Varianzhomogenitätstest nach LEVENE: wegen $\alpha^* = 0{,}261 > \alpha = 0{,}02$ können die kontinentalspezifischen Durchschnittsbewertungen als varianzhomogen angesehen werden, einfaktorielle ANOVA: wegen $\alpha^* = 0{,}010 < \alpha = 0{,}02$ müssen die kontinentalspezifischen Durchschnittsbewertungen als mittelwertinhomogen angesehen werden
d) ja, da die Mittelwerthomogenitätshypothese verworfen wurde, wegen Varianzhomogenität kann z.B. der SCHEFFÉ-Test angewandt werden, es gibt zwei mittelwerthomogene Untergruppen: Amerika versus „Rest der Welt“ ♣

Lösung 6-9*

a) 57 Personen, Filter: Alter <= 25 & Sex = 0
b) KOLMOGOROV-SMIRNOV-Anpassungstest auf eine unvollständig spezifizierte Normalverteilung, da jeweils $\alpha^* \geq 0{,}2 > \alpha = 0{,}05$ gilt, besteht kein Anlass daran zu zweifeln, dass die Körper-Masse-Indizes der Personen in ihrer schulabschlussbezogenen Gliederung jeweils normalverteilt sind

c) Varianzhomogenitätstest nach LEVENE: wegen $\alpha^* = 0{,}009 < \alpha = 0{,}05$ müssen die Varianzen der Körper-Masse-Indizes in den schulabschlussbezogenen Personengruppen als inhomogen angesehen werden, z.B. WELCH-Test als Mittelwerthomogenitätstest bei varianzinhomogenen Gruppen: wegen $\alpha^* = 0{,}000 < \alpha = 0{,}05$ müssen die Körper-Masse-Indizes in den schulabschlussbezogenen Personengruppen als mittelwertinhomogen angesehen werden

d) ja, wegen varianz- und mittelwertinhomogener Gruppen kann z.B. der GAMES-HOWELL-Test angewandt werden, Testergebnis: zwei mittelwerthomogene Untergruppen (Hauptschule versus Realschule und Hochschulreife) ♣

Lösung 6-10*

a) 863 Gebrauchtwagen, davon 96 Honda, 95 Audi A4, 97 Audi A6, 94 BMW, 96 Ford Escort, 98 Ford Fiesta, 99 Mazda, 92 VW Passat und 96 Opel Vectra

b) z.B. Monat = RND(1000 * Fahr / Alter)

c) KOLMOGOROV-SMIRNOV-Anpassungstest in der LILLIEFORS-Modifikation: da für alle 9 Typen $\alpha = 0{,}05 < \alpha^*$ gilt, besteht jeweils kein Anlass, die unvollständig spezifizierte Normalverteilungshypothese zu verwerfen

d) Varianzhomogenitätstest nach LEVENE: wegen $\alpha = 0{,}05 > \alpha^* = 0{,}000$ müssen in den typenspezifischen Grundgesamtheiten der PKW die monatsdurchschnittlichen Fahrleistungen als varianzinhomogen angesehen werden

e) z.B. WELCH-Test: wegen $\alpha = 0{,}05 > \alpha^* = 0{,}000$ müssen in den typenspezifischen Grundgesamtheiten der PKW die monatsdurchschnittlichen Fahrleistungen als mittelwertinhomogen angesehen werden

f) ja, wegen varianz- und mittelwertinhomogener Gruppen kann z.B. der GAMES-HOWELL-Test angewandt werden, Testergebnis: z.B. bilden auf einem Signifikanzniveau von 0,05 die Gebrauchtwagen Audi A4 gemeinsam mit den VW Passat und Opel Vectra eine mittelwerthomogene Untergruppe ♣

Lösung 6-11*

a) insgesamt 122 Eigentumswohnungen, davon 75 Wohnungen mit vier und 47 Wohnungen mit fünf Räumen, Filter z.B.: Räume = 4 | Räume = 5

b) z.B. Preis = Wert * 1000 / Fläche

c) Varianzhomogenitätstest nach LEVENE: wegen $\alpha = 0{,}05 > \alpha^* = 0{,}000$ müssen die Quadratmeterpreise von Vier- bzw. Fünf-Raum-Wohnungen als varianzinhomogen aufgefasst werden, wegen der Varianzinhomogenität der Quadratmeterpreise kann z.B. der WELCH-Test als Mittelwerthomogenitätstest appliziert werden: wegen $\alpha = 0{,}05 > \alpha^* = 0{,}000$ müssen auf dem Berliner Eigentumswohnungsmarkt die Quadratmeterpreise von Vier- bzw. von Fünf-Raum-Wohnungen zudem auch noch als mittelwertinhomogen aufgefasst werden

d) zwei symmetrische, jedoch in ihrem Niveau und ihrer Ausdehnung unterschiedliche Boxplots als Hinweis darauf, dass die Quadratmeterpreise von

Vier- bzw. Fünf-Raum-Wohnungen normalverteilt, varianz- und mittelwertinhomogen sind ♣

Lösung 6-12*

a) 113 Hotelgäste, SPSS-Filter: Alter >= 30 & Alter < 40

b) geschlechtsspezifische Häufigkeitsverteilung: 53 männliche und 53 weibliche Hotelgäste gaben eine gültige Antwort, 3 Hotelgäste gaben keine Antwort bzw. keine gültige Antwort

c) i) KOLMOGOROV-SMIRNOV-Anpassungstest auf eine unvollständig spezifizierte Normalverteilung (in der LILLIEFORS-Modifikation): da für beide geschlechtsspezifischen Hotelgästegruppen jeweils $\alpha^* \geq 0,2 > \alpha = 0,05$ gilt, können die geschlechtsspezifischen Gesamtzufriedenheitswerte jeweils als Realisationen von normalverteilten Zufallsgrößen aufgefasst werden, ii) Varianzhomogenitätstest nach LEVENE: wegen $\alpha^* = 0,549 > \alpha = 0,05$ können die geschlechtsspezifischen Gesamtzufriedenheitswerte als Realisationen von varianzhomogenen Zufallsgrößen aufgefasst werden, iii) doppelter t-Test: wegen $\alpha^* = 0,919 > \alpha = 0,05$ können die geschlechtsspezifischen Gesamtzufriedenheitswerte als Realisationen von mittelwerthomogenen Zufallsgrößen aufgefasst werden ♣

Lösung 6-13*

a) KOLMOGOROV-SMIRNOV-Anpassungstest (LILLIEFORS-Modifikation) auf eine unvollständig spezifizierte Normalverteilung: da jeweils für alle fünf Statusgruppen $\alpha^* > \alpha = 0,05$ gilt, werden die statusgruppenspezifischen Voten jeweils als Realisationen einer normalverteilten Zufallsgröße aufgefasst

b) Varianzhomogenitätstest nach LEVENE: wegen $\alpha^* = 0,840 > \alpha = 0,05$ können die statusgruppenspezifischen Voten als Realisationen von varianzhomogenen Zufallsgrößen aufgefasst werden, einfaktorielle ANOVA: wegen $\alpha^* = 0,000 < \alpha = 0,05$ können die statusgruppenspezifischen Voten nicht als Realisationen von mittelwerthomogenen Zufallsgrößen aufgefasst werden

c) ja, da via einfaktorielle ANOVA die Mittelwerthomogenitätshypothese verworfen werden musste, wegen varianzhomogener statusgruppenspezifischer Voten kann z.B. der Post-Hoc-Test nach SCHEFFÉ appliziert werden: auf einem Signifikanzniveau von 0,10 identifiziert man zwei mittelwerthomogene Untergruppen: Studenten und Alumni einerseits und Professoren, Dozenten und Mitarbeiter andererseits ♣

Lösung 6-14*

a) z.B. Preis = Wert * 1000 / Fläche

b) KOLMOGOROV-SMIRNOV-Anpassungstest (in der LILLIEFORS-Modifikation) auf eine unvollständig spezifizierte Normalverteilung: da jeweils $\alpha^* \geq 0,2 > \alpha = 0,05$ gilt, können die Quadratmeterpreise der Eigentumswohnungen in ihrer Gliederung nach der Wohnraumanzahl jeweils als Realisationen einer normalverteilten Zufallsgröße aufgefasst werden

c) Varianzhomogenitätstest nach LEVENE: wegen $\alpha^* = 0{,}000 < \alpha = 0{,}05$ können die können die Quadratmeterpreise der Eigentumswohnungen in ihrer Gliederung nach der Wohnraumanzahl nicht als Realisationen von varianzhomogenen Zufallsgrößen aufgefasst werden, wegen Varianzinhomogenität kann die Mittelwerthomogenitätshypothese z.B. mittels des WELCH-Tests überprüft werden: wegen $\alpha^* = 0{,}000 < \alpha = 0{,}05$ können die Quadratmeterpreise der Eigentumswohnungen in ihrer Gliederung nach der Wohnraumanzahl nicht als Realisationen von mittelwerthomogenen Zufallsgrößen aufgefasst werden

d) ja, da z.B. mittels des WELCH-Tests die Mittelwerthomogenitätshypothese verworfen werden musste, wegen varianzinhomogener Gruppen kann z.B. der Post-Hoc-Test nach GAMES-HOWELL appliziert werden: auf einem Signifikanzniveau von 0,05 identifiziert man drei mittelwerthomogene Untergruppen von Eigentumswohnungen: 1. Ein- und Zwei-Raum-Wohnungen, 2. Drei- und Vier-Raum-Wohnungen, 3. Fünf- und Sechs-Raum-Wohnungen ♣

Lösung 6-15*

a) 450 Kunden, systematische Zufallsauswahl: aus einer gut gemischten Kundenmenge wird jeder fünfte Kunde ausgewählt

b) wegen $\alpha^* = 0{,}013 < \alpha = 0{,}05$ muss die Ausgangshypothese verworfen werden, die Zufallsgröße K genügt nicht dem Gleichverteilungsmodell, d.h. die Kunden verteilen sich nicht gleichmäßig auf die zehn Kassen

c) wegen $\alpha^* \geq 0{,}2 > \alpha = 0{,}05$ besteht kein Anlass, die Ausgangshypothese zu verwerfen, der kundenbezogene Umsatz kann als eine normalverteilte Zufallsgröße aufgefasst werden

d) Spezifikation: $K \sim N(75{,}76\text{ €}; 25{,}22\text{ €})$, arithmetisches Mittel als Mittelwertparameter: 75,76 €, Standardabweichung als Streuungsparameter: 25,22 €; Umsatz von höchstens q = IDF.NORMAL(0.9,75.76,25.22) ≅ 108,08 €; Wahrscheinlichkeit: p = 1 – CDF.NORMAL(100,75.76,25.22) ≅ 0,168 ♣

7 Lösungen zur Zusammenhangsanalyse

Die mit einem * markierten Lösungen sind Lösungen von Klausuraufgaben.

Lösung 7-1*

a) Merkmalsträger: Studierende(r), Erhebungsmerkmale, jeweils nominal, Zustandsmengen: FKK: {kein Fan, Fan}, Sozialisation: {Ost, West, Ausland}

b) drei bzw. zwei Konditionalverteilungen in Gestalt von Struktogrammen

c) Kontingenzanalyse

d) da die drei sozialisationsspezifischen bzw. die zwei einstellungsspezifischen Konditionalverteilungen paarweise nicht deckungsgleich sind, kann davon ausgegangen werden, dass zwischen den beiden Erhebungsmerkmalen eine statistische Kontingenz besteht etwa derart, dass Studierende, die im Osten Deutschlands sozialisiert wurden, eher FKK-Fans sind, als Studierende, die im Westen Deutschlands oder im Ausland sozialisiert wurden ♣

Lösung 7-2*

a) Stichprobenumfang: 425 Studierende
b) aus einer „gut gemischten" Menge von Studierenden wird z.B. jeder Fünfte ausgewählt und befragt
c) Zustandsmengen: Einstellung zur FKK: {Fan, kein Fan}, Religionszugehörigkeit: {Atheist, Christ, Moslem}, jeweils nominal
d) rechteckige (3×2)- bzw. (2×3)-Kontingenztabelle, da die Zustandsmengen der beiden Erhebungsmerkmale zwei bzw. drei wohl voneinander verschiedene Ausprägungen beinhalten
e) $2 + 3 = 5$ Konditionalverteilungen
f) da die drei religionsspezifischen Konditionalverteilungen paarweise nicht deckungsgleich sind, ist dies ein Hinweis auf eine statistische Kontingenz zwischen beiden Erhebungsmerkmalen
g) Kontingenzmaß V nach CRAMÉR, wegen $V = 0{,}218$ besteht zwischen beiden Erhebungsmerkmalen eine schwach ausgeprägte statistische Kontingenz
h) χ^2-Unabhängigkeitstest, wegen $\alpha^* = 0{,}000 < \alpha = 0{,}025$ muss auf dem vereinbarten Signifikanzniveau $\alpha = 0{,}025$ die Unabhängigkeitshypothese verworfen werden, d.h. die Einstellung zur Frei-Körper-Kultur und die Religionszugehörigkeit waren im Sommersemester 1996 in der Grundgesamtheit aller Studierenden an Berliner Hochschulen zwei (stochastisch) nicht voneinander unabhängige Erhebungsmerkmale ♣

Lösung 7-3*

a) Merkmalsträger: Gebrauchtwagen des Typs Honda Accord, Erhebungsmerkmale: Alter, Fahrleistung, Hubraum, Zeitwert, Skalierung: jeweils metrisch
b) Zufallsstichprobe, Umfang: 96 Gebrauchtwagen des Typs Honda Accord
c) z.B. Monat = Fahr * 1000 / Alter
d) Maßkorrelationskoeffizienten, i) wegen 0,811 besteht für die 96 Gebrauchtwagen des Typs Honda Accord ein starker positiver linearer statistischer Zusammenhang zwischen Alter und Fahrleistung, je höher (geringer) das Alter, umso höher (geringer) ist (in der Regel) die Fahrleistung, ii) wegen -0,863 besteht für die 96 Gebrauchtwagen des Typs Honda Accord ein starker negativer linearer statistischer Zusammenhang zwischen Alter und Zeitwert, je höher (geringer) das Alter, umso geringer (höher) ist (in der Regel) der Zeitwert, iii) wegen -0,162 besteht für die 96 Gebrauchtwagen des Typs Honda Accord ein sehr schwacher (und daher vernachlässigbarer) negativer linearer statistischer Zusammenhang zwischen Alter und monatsdurchschnittlicher Fahrleistung

e) maßkorrelationsbasierter Unabhängigkeitstest: i) wegen $\alpha^* = 0{,}000 < \alpha = 0{,}05$ muss auf dem vereinbarten Signifikanzniveau von $\alpha = 0{,}05$ die Unabhängigkeitshypothese verworfen werden, demnach sind Alter und Fahrleistung in der statistischen Grundgesamtheit aller Gebrauchtwagen des Typs Honda Accord zwei voneinander abhängige Merkmale, ii) wegen $\alpha^* = 0{,}114 > \alpha = 0{,}05$ besteht auf dem vereinbarten Signifikanzniveau von $\alpha = 0{,}05$ kein Anlass, die Unabhängigkeitshypothese zu verwerfen, demnach können das Alter und die monatsdurchschnittliche Fahrleistung in der statistischen Grundgesamtheit aller Gebrauchtwagen des Typs Honda Accord als zwei voneinander unabhängige Merkmale aufgefasst werden
f) wegen -0,832 besteht für die 96 Gebrauchtwagen des Typs Honda Accord ein starker negativer partieller linearer statistischer Zusammenhang zwischen dem Alter und der monatsdurchschnittlichen Fahrleistung, demnach kann für Gebrauchtwagen des Typs Honda Accord, die (mehr oder weniger) eine gleiche Fahrleistung besitzen, in logischer Konsequenz ein starker negativer linearer statistischer Zusammenhang zwischen Alter und monatsdurchschnittlicher Fahrleistung gemessen werden ♣

Lösung 7-4*

a) Merkmalsträger: PKW der Marke Renault Twingo, Gesamtheit: 70 (Umfang) gebrauchte PKW der Marke Renault Twingo (Sache), die II/2007 (Zeit) auf dem Berliner Gebrauchtwagenmarkt (Ort) angeboten wurden
b) Erhebungsmerkmale: Alter, Fahrleistung und Zeitwert
c) Skalierung: jeweils metrisch, Zustandsmenge: jeweils Menge der positiven reellen Zahlen
d) Streudiagramme bzw. Scatterplots
e) linkes Streudiagramm: zwischen Zeitwert und Alter besteht ein umgekehrter statistischer Zusammenhang, d.h. je älter ein PKW ist, umso geringer ist in der Regel auch sein Zeitwert und umgekehrt, rechtes Streudiagramm: zwischen Fahrleistung und Alter besteht ein gleichläufiger statistischer Zusammenhang, d.h. je älter ein PKW ist, umso höher ist in der Regel auch seine Fahrleistung und umgekehrt
f) im Ensemble der 70 Gebrauchtwagen des Typs Renault Twingo belaufen sich der Zeitwert, das Alter und die (bisherige) Fahrleistung eines PKW im Durchschnitt auf ca. 6000 €, ca. 45 Monate und ca. 30000 km, Grundidee: das Studium des Verhaltens der Merkmalswerte zweier Merkmale um die beiden Mittelwerte, linkes Streudiagramm: die Mehrheit der PKW zeigt hinsichtlich des Zeitwertes und des Alters ein gegenläufiges oder diskordantes Verhalten um die beiden Mittelwerte etwa derart, dass überdurchschnittlich alte PKW in der Regel einen unterdurchschnittlichen Zeitwert besitzen, rechtes Streudiagramm: die Mehrheit der PKW zeigt hinsichtlich der Fahrleistung und des Al-

ters ein gleichläufiges oder konkordantes Verhalten um die beiden Mittelwerte etwa derart, dass überdurchschnittlich alte PKW in der Regel durch eine überdurchschnittliche Fahrleistung gekennzeichnet sind

g) Maßkorrelationskoeffizienten: wegen 0,966 kann für die 70 Gebrauchtwagen des Typs Renault Twingo zwischen Alter und Fahrleistung ein starker positiver linearer statistischer Zusammenhang gemessen werden, d.h. je älter ein PKW ist, umso höher ist in der Regel seine Fahrleistung und umgekehrt; wegen -0,861 besteht für die 70 Gebrauchtwagen des Typs Renault Twingo zwischen Alter und Zeitwert ein starker negativer linearer statistischer Zusammenhang, d.h. je älter ein PKW ist, umso geringer ist in der Regel sein Zeitwert und umgekehrt; wegen -0,883 besteht für die 70 Gebrauchtwagen des Typs Renault Twingo zwischen Fahrleistung und Zeitwert ein starker negativer linearer statistischer Zusammenhang, d.h. je mehr ein PKW bisher gefahren wurde, umso geringer ist in der Regel sein Zeitwert und umgekehrt

h) die Maßkorrelationskoeffizienten von -0,861 und 0,966 untermauern zahlenmäßig die grafischen Analysebefunde einer fallenden bzw. steigenden Punktewolke im jeweiligen Streudiagramm ♣

Lösung 7-5*

a) da das arithmetische Mittel jeweils null und die Standardabweichung jeweils eins ist, handelt es sich jeweils um standardisierte und dimensionslose Werte

b) im Ensemble der 16 Bundesländer besitzen Sachsens Schüler wegen -1,106 eine weit unterdurchschnittliche Kompetenz beim Kompetenzfaktor „Fremdsprache", wegen 0,578 eine überdurchschnittliche Kompetenz beim Kompetenzfaktor „Muttersprache" und wegen 1,463 eine weit überdurchschnittliche Kompetenz beim Kompetenzfaktor „Naturwissenschaften"

c) quadratische und symmetrische (3×3)-Korrelationsmatrix, die im konkreten Fall als eine (3×3)-Einheitsmatrix erscheint, demnach handelt es sich bei den drei Kompetenzfaktoren um orthogonale bzw. paarweise voneinander unabhängige Faktoren

d) Maßkorrelationskoeffizient: 0,597, d.h. zwischen der muttersprachlichen Kompetenz und dem Indikator besteht ein ausgeprägter positiver linearer statistischer Zusammenhang

e) partieller Maßkorrelationskoeffizient: -0,796, d.h. bei Ausschaltung des Indikatoreinflusses besteht zwischen der fremd- und der muttersprachlichen Schülerkompetenz ein starker negativer linearer statistischer Zusammenhang ♣

Lösung 7-6

a) aus der Menge der im zweiten Halbjahr 2007 auf dem Berliner Gebrauchtwagenmarkt angebotenen PKW der Marke Renault Twingo wurde z.B. jeder zehnte PKW ausgewählt und statistisch erfasst

b) Korrelationskoeffizienten: i) -0,861, zwischen Alter und Zeitwert besteht ein starker negativer linearer statistischer Zusammenhang, demnach besitzen unter- bzw. überdurchschnittlich alte PKW in der Regel einen über- bzw. unterdurchschnittlichen Zeitwert, ii) -0,959, analoge Interpretation, wobei ein niedriger bzw. hoher Altersrang in der Regel einhergeht mit einem hohen bzw. niedrigen Zeitwertrang
c) einerseits wird mit den originären metrischen Daten, andererseits mit den „ordinalisierten" metrischen Daten in Gestalt von Rangzahlen gerechnet
d) Rangsumme jeweils 2485
e) der Maßkorrelationskoeffizient von -0,959 für die Rangfolgen ist seinem Wert nach identisch mit dem Rangkorrelationskoeffizienten nach SPEARMAN ♣

Lösung 7-7

a) Gesamtheit: 785 Hühnereier
b) Gewicht und Breite
c) Zustandsmenge: Menge der positiven reellen Zahlen, Skala: metrisch
d) Gewichtsvarianz: 17769,944 / 785 ≅ 22,637 $(g)^2$, Breitenvarianz: 1092,157 / 785 ≅ 1,391 $(mm)^2$, Standardabweichung des Gewichts: √(17769,944 / 785) ≅ 4,758 g, Standardabweichung der Breite: √(1092,157 / 785) ≅ 1,180 mm, Maßzahlen geben Auskunft über das Ausmaß der durchschnittlichen quadratischen Abweichung der Einzelwerte um das jeweilige arithmetische Mittel
e) Kovarianz: 3616,738 / 785 ≅ 4,607 (g × mm), gibt Auskunft über das Ausmaß der „Kovariation" beider Eigenschaften, da der Wert größer null ist, kann er als ein Indiz für eine positive (bzw. konkordante) statistische Korrelation zwischen beiden Eigenschaften angesehen werden, allerdings kennt man keine Norm für die Stärke der „Kovariation", daher normiert man die Kovarianz mit den Standardabweichungen und nennt diese normierte Maßzahl „Maßkorrelationskoeffizient"
f) Korrelationskoeffizient: (4,671 (g × mm)) / ((4,758 g) × (1,180 mm)) ≅ 0,832, Interpretation: zwischen Breite und Gewicht der 785 Hühnereier besteht ein starker positiver linearer statistischer Zusammenhang, demnach besitzen über- bzw. unterdurchschnittlich breite Eier in der Regel auch ein über- bzw. unterdurchschnittliches Gewicht ♣

Lösung 7-8*

a) da die Mittelwerte null und die Standardabweichungen eins sind, handelt es sich um standardisierte Werte, die zudem stets dimensionslos sind
b) während die negativen Werte für die Produkt- und für die Marktkomponente unterdurchschnittliche Noten und damit eine gute Bewertung der Automarke Mercedes indizieren, kennzeichnet der positive Kundenkomponentenwert eine überdurchschnittliche Note und damit eine unterdurchschnittliche Bewertung

c) quadratische und symmetrische (3 × 3)-Korrelationsmatrix, die im konkreten Fall als eine (3 × 3)-Einheitsmatrix erscheint, demnach handelt es sich bei den drei markenspezifischen Komponenten um orthogonale Komponenten
d) Maßkorrelationskoeffizient: 0,097, demnach besteht zwischen Kundenkomponente und der Gesamtbewertung ein sehr schwacher (und im deskriptiven Sinne vernachlässigbarer) linearer statistischer Zusammenhang
e) partieller Maßkorrelationskoeffizient: 0,572, demnach besteht zwischen Kundenkomponente und der Gesamtbewertung ein mittelstark ausgeprägter partieller positiver linearer statistischer Zusammenhang ♣

Lösung 7-9*

a) 519 männliche Hotelgäste
b) Kontingenzmaß V nach CRAMÉR, wegen V = 0,038 ist für die männlichen Hotelgäste zwischen Schulabschluss und Aufenthaltsgrund nur eine sehr schwach ausgeprägte statistische Kontingenz nachweisbar
c) 326 bzw. 189 männliche Hotelgäste gaben an, aus privaten bzw. dienstlichen Gründen im Hotel zu logieren
d) die drei ähnlichen schulabschlussbezogenen Konditionalverteilungen weisen auf eine eher schwache Kontingenz zwischen den beiden Merkmalen hin
e) Chi-Quadrat-Unabhängigkeitstest, wegen $\alpha^* = 0{,}692 > \alpha = 0{,}03$ besteht kein Anlass, die Unabhängigkeitshypothese zu verwerfen, demnach kann davon ausgegangen werden, dass in der Grundgesamtheit aller männlichen Hotelgäste die beiden Merkmale voneinander unabhängig sind
f) Schwellenwert $\chi^2_{0,97;2}$ = IDF.CHISQ(0.97,2) = 7,01 als Quantil einer χ^2-Verteilung der Ordnung p = 1 – 0,03 = 0,97 für df = 2 Freiheitsgrade ♣

Lösung 7-10*

a) 47 Eigentumswohnungen, Auswahlbedingung: Räume = 5
b) zwei Erhebungsmerkmale: Fläche (m²) und Verkaufswert (1000 €), Zustandsmenge: Menge der positiven reellen Zahlen, Skalierung: metrisch
c) z.B. Preis = Wert * 1000 / Fläche
d) linkes Streudiagramm indiziert einen positiven statistischen Zusammenhang zwischen Verkaufswert und Fläche, rechtes Streudiagramm indiziert keinen statistischen Zusammenhang zwischen Quadratmeterpreis und Fläche
e) im Ensemble der 47 Fünf-Raum-Eigentumswohnungen besitzt eine Wohnung im Durchschnitt eine Fläche von 160 m², einen Verkaufswert von 370000 € und einen Preis von 2324 €/m², grafische Komponente: Mittelwertlinie
f) Maßkorrelationskoeffizienten: wegen 0,923 kann für die 47 Fünf-Raum-Eigentumswohnungen zwischen dem Verkaufswert und der Fläche ein starker positiver linearer statistischer Zusammenhang gemessen werden, d.h. je größer eine Wohnung ist, umso höher ist in der Regel auch ihr Verkaufswert und um-

gekehrt; wegen -0,143 besteht für die 47 Fünf-Raum-Eigentumswohnungen zwischen dem Quadratmeterpreis und der Fläche ein sehr schwacher negativer linearer statistischer Zusammenhang, demnach können die beiden Merkmale im deskriptiven Sinne als voneinander unabhängig gedeutet werden ♣

Lösung 7-11*

a) Merkmale: Sportlertyp und Geschlechtszugehörigkeit, Zustandsmengen: {Sportabstinenzler, Freizeitsportler, Leistungssportler}, {männlich, weiblich}, Skala: jeweils nominal

b) die geschlechtsspezifischen Konditionalverteilungen des Merkmals *Sportlertyp*, die beiden ähnlichen Konditionalverteilungen indizieren eine schwache statistische Kontingenz zwischen beiden Erhebungsmerkmalen

c) wegen $V = 0{,}095$ ist für die befragten Kunden zwischen den Erhebungsmerkmalen *Sportlertyp* und der *Geschlechtszugehörigkeit* nur eine sehr schwach ausgeprägte statistische Kontingenz nachweisbar

d) Chi-Quadrat-Unabhängigkeitstest, wegen $\alpha^* = 0{,}107 > \alpha = 0{,}025$ besteht kein Anlass, die Unabhängigkeitshypothese zu verwerfen, es kann davon ausgegangen werden, dass in der statistischen Grundgesamtheit aller Kunden in Berliner Sportgeschäften die Merkmale *Sportlertyp* und *Geschlechtszugehörigkeit* voneinander unabhängig sind

e) $P(F) = 344 / 492 \cong 0{,}6992$, $P(W) = 243 / 492 \cong 0{,}4939$

f) Additionsaxiom, gilt nicht, da die Ereignisse nicht disjunkt sind und die Wahrscheinlichkeit stets nur eine reelle Zahl zwischen null und eins ist ♣

Lösung 7-12

a) Einheit: Hühnerei, Gesamtheit: 785 Hühnereier, Merkmale: Breite, Höhe, Gewicht, Zustandsmenge: positive reelle Zahlen, Skala: metrisch

b) quadratische (3×3)-Matrix, wegen 0,427 besteht zwischen Breite und Höhe ein positiver linearer statistischer Zusammenhang, demnach wären breite Eier eher höher und schmale Eier eher flacher, was zumindest für gleichgewichtige Eier nicht logisch erscheint

c) partieller linearer Maßkorrelationskoeffizient, wegen -0,452 besteht zwischen Breite und Höhe von gleichgewichtigen Hühnereiern ein negativer linearer statistischer Zusammenhang, demnach fällt die Höhe breiter Eier eher geringer aus als die Höhe schmaler Eier

d) i) 35 Hühnereier, ii) Filter: Gewicht = 64, iii) wegen -0,817 besteht für die 35 Hühnereier, die jeweils 64 g schwer sind, zwischen Breite und Höhe ein starker negativer linearer statistischer Zusammenhang, demnach sind breite 64-Gramm-Eier in der Regel durch eine geringere Höhe gekennzeichnet als schmale 64-Gramm-Eier

e) i) dimensionslose Werte, deren Mittelwert jeweils null und deren Standardabweichung jeweils eins ist, ii) quadratische (3 × 3)-Matrix, welche die gleichen bivariaten linearen Maßkorrelationskoeffizienten beinhaltet, wie die „originäre“ Korrelationsmatrix aus der Problemstellung b), iii) im Unterschied zum arithmetischen Mittel und zur Standardabweichung bleibt der bivariate Maßkorrelationskoeffizient von der Standardisierung unberührt ♣

Lösung 7-13*

a) Merkmalsträger: Arbeitnehmer, Grundgesamtheit: alle Arbeitnehmer (unbestimmte Anzahl) in Berliner Verwaltungen im Jahr 2010, Stichprobe: 1011 zufällig und unabhängig voneinander ausgewählte Arbeitnehmer, realisierte Stichprobe: die erfassten und in der SPSS-Datendatei gespeicherten Befragungsergebnisse, Identifikationsmerkmal: z.B. Nummer des befragten Arbeitnehmers, Erhebungsmerkmal: z.B. Gehaltsgruppe
b) 1011 Arbeitnehmer
c) Zustandsmenge: {niedrig, mittel, hoch}, Skala: ordinal
d) quadratische Kreuz- oder Kontingenztabelle vom Typ (3 × 3) bzw. mit 3 × 3 = 9 Feldern, da zwei Erhebungsmerkmale mit jeweils drei Ausprägungen „gekreuzt“ wurden
e) analog zur nachfolgend beigefügten Tabelle drei bedingte bzw. gehaltsspezifische Verteilungen, da die drei bedingten bzw. Konditionalverteilungen nicht deckungsgleich sind, ist dies Hinweis darauf, dass die beiden Erhebungsmerkmale nicht voneinander unabhängig sind, also zwischen ihnen eine statistische Kontingenz besteht, demnach sind z.B. Arbeitnehmer der oberen Gehaltsgruppe durch eine höhere Motivation gekennzeichnet, als Arbeitnehmer der unteren bzw. mittleren Gehaltsgruppe

Motivation * Gehalt Kreuztabelle

% innerhalb von Gehaltsgruppe

		Gehaltsgruppe			Gesamt
		untere	mittlere	obere	
Motivation	gering	39,1%	16,0%	13,6%	25,2%
	mittel	44,5%	70,5%	36,7%	52,1%
	hoch	16,4%	13,5%	49,8%	22,7%
Gesamt		100,0%	100,0%	100,0%	100,0%

f) wegen V = 0,305 besteht für die 1011 zufällig ausgewählten und befragten Arbeitnehmer zwischen der Gehaltsgruppe und der Motivation eine ausgeprägte statistische Kontingenz
g) wegen $\alpha^* = 0{,}000 < \alpha = 0{,}02$ muss die Unabhängigkeitshypothese verworfen werden, demnach ist die Motivation in der statistischen Grundgesamtheit aller Arbeitnehmer in Berliner Verwaltungen abhängig bzw. nicht unabhängig von der Gehaltsgruppe

h) i) Wahrscheinlichkeiten: P(G) ≅ 0,252, P(M) ≅ 0,484, P(G ∩ M) ≅ 0,122, ii) wegen 0,252 × 0,484 ≅ 0,122 gilt (in ausreichender Näherung) die Multiplikationsregel für zwei stochastisch unabhängige zufällige Ereignisse, demnach können die beiden zufälligen Ereignisse G und M als voneinander unabhängig gedeutet werden ♣

Lösung 7-14*

Voraussetzung: SPSS-Filter *Typ = 8* setzen

a) Merkmalsträger: PKW VW Passat, Erhebungsmerkmale mit Skalierung: Typ, nominal; Alter, Fahrleistung, Hubraum, Zeitwert jeweils metrisch
b) Auswahlverfahren: z.B. jeder fünfte angebotene PKW VW Passat wurde aus einer „bunt gemischten" Angebotspalette ausgewählt, Umfang: 92 Gebrauchtwagen des Typs VW Passat
c) z.B. Durch = Fahrleistung / (Alter / 12)
d) via nichtparametrische Tests, alte Dialogfelder, K-S-Test bei einer Stichprobe: KOLMOGOROV-SMIRNOV-Anpassungstest auf eine vollständig spezifizierte Normalverteilung: Alter ($\alpha^* = 0{,}121$), Fahrleistung ($\alpha^* = 0{,}582$) und jahresdurchschnittliche Fahrleistung ($\alpha^* = 0{,}458$) können jeweils als eine normalverteilte Zufallsgröße gedeutet werden, Zeitwert ($\alpha^* = 0{,}021$) nicht normalverteilt
e) Maßkorrelationsanalyse: wegen 0,765 und $\alpha^* = 0{,}000 < \alpha = 0{,}05$ besteht zwischen dem Alter und der Fahrleistung ein signifikanter und zugleich ausgeprägter positiver linearer statistischer Zusammenhang, wegen –0,881 und $\alpha^* = 0{,}000 < \alpha = 0{,}05$ besteht zwischen dem Alter und dem Zeitwert ein signifikanter und zugleich starker negativer linearer statistischer Zusammenhang, wegen -0,343 und $\alpha^* = 0{,}001 < \alpha = 0{,}05$ besteht zwischen dem Alter und der jahresdurchschnittlichen Fahrleistung ein signifikanter, allerdings schwacher negativer linearer statistischer Zusammenhang, wegen 0,255 und $\alpha^* = 0{,}014 < \alpha = 0{,}05$ besteht zwischen der (bisherigen) Fahrleistung und der jahresdurchschnittlichen Fahrleistung ein signifikanter, allerdings schwacher positiver linearer statistischer Zusammenhang, wegen 0,104 und $\alpha^* = 0{,}324 > \alpha = 0{,}05$ besteht zwischen dem Zeitwert und der jahresdurchschnittlichen Fahrleistung kein signifikanter linearer statistischer Zusammenhang
f) partielle lineare Maßkorrelationsanalyse: wegen –0,446 und $\alpha^* = 0{,}000 < \alpha = 0{,}05$ besteht zwischen dem Zeitwert und der jahresdurchschnittlichen Fahrleistung bei Gebrauchtwagen gleichen Alters ein signifikanter und zugleich mittelstark ausgeprägter negativer linearer statistischer Zusammenhang
g) obgleich zwischen Alter und Zeitwert bzw. zwischen Alter und logarithmiertem Zeitwert ein negativer statistischer Zusammenhang ersichtlich ist, unterscheiden sich beide Korrelationskoeffizienten in Höhe von –0,881 und –0,907 voneinander; dies erklärt sich daraus, dass der bivariate Maßkorrelationskoef-

fizient nach BRAVAIS & PEARSON immer nur die Stärke und die Richtung eines linearen statistischen Zusammenhanges messen kann, der für die originären Altersdaten und die logarithmierten Zeitwerte stärker ausgeprägt ist als für die originären Alters- und Zeitwerte, obgleich zwischen den originären und den logarithmierten Zeitwerten ein funktionaler Zusammenhang besteht, berechnet man für beide Variablen einen Maßkorrelationskoeffizienten von „nur" 0,864 ♣

8 Lösungen zur Regressionsanalyse

Die mit einem * markierten Lösungen sind Lösungen von Klausuraufgaben.

Lösung 8-1*

a) Merkmalsträger: PKW der Marke VW Passat, Erhebungsmerkmale: Zeitwert (in €) und Alter (in Monaten), Skalierung: jeweils metrisch

b) Streudiagramm, ergänzt durch Niveaulinien und eine Regressionsgerade

c) bivariate inhomogene lineare Kleinste-Quadrate-Regressionsfunktion des Zeitwertes Z über dem Alter A

d) Bestimmung der Regressionsparameter z.B. mittels der sogenannten Zwei-Punkte-Gleichung: Regressionskoeffizient: (9000 – 12000) / (55 – 35) = –150 (€ pro Monat), d.h. steigt das Alter eines VW Passat um einen Monat, so fällt im Durchschnitt sein Zeitwert um 150 €, Regressionskonstante: 12000 + 150 × 35 = 9000 + 150 × 55 = 17250 (€), d.h. der geschätzte Zeitwert eines Neuwagens beträgt 17250 €, Zeitwertfunktion: Z*(A) = 17250 – 150 × A

e) mit Hilfe der bivariaten linearen Regression Z*(A) = 17250 – 150 × A des Zeitwertes Z über dem Alter A ist man bereits in der Lage, zu 92,2 % die Varianz der Zeitwertangaben aus der Varianz der Altersangaben zu erklären

f) Maßkorrelationskoeffizient nach BRAVAIS & PEARSON, der im Falle einer bivariaten inhomogenen linearen Regression seinem Betrage nach identisch ist mit der Wurzel aus dem Bestimmtheitsmaß R^2, wegen des negativen Regressionskoeffizienten von –150 € je Monat ermittelt man einen Maßkorrelationskoeffizienten von $-\sqrt{(0,922)} \approx -0,96$ und interpretiert ihn wie folgt: zwischen dem Zeitwert und dem Alter der 30 gebrauchten PKW der Marke VW Passat besteht ein starker negativer linearer statistischer Zusammenhang, demnach besitzen PKW mit einem unterdurchschnittlichen Alter in der Regel einen überdurchschnittlichen Zeitwert und umgekehrt ♣

Lösung 8-2*

a) PKW der Marke Renault Twingo, die Zufallsstichprobe ist im konkreten Fall durch die Menge der 70 zufällig ausgewählten PKW gekennzeichnet

b) Maßkorrelationskoeffizient nach BRAVAIS & PEARSON, wegen 0,966 besteht ein starker positiver linearer statistischer Zusammenhang zwischen Alter und

Fahrleistung, je älter der PKW, umso höher ist in der Regel seine Fahrleistung und umgekehrt

c) z.B. A(lter), F(ahrleistung), bivariate inhomogene lineare Kleinste-Quadrate-Regressionsfunktion: $F^*(A) = 3{,}055 + 0{,}621 \times A$

d) $R^2 = 0{,}934$, mit Hilfe der bivariaten linearen Kleinste-Quadrate-Regression ist man bereits in der Lage, zu 93,4 % die Fahrleistungsvarianz allein aus der Altersvarianz statistisch zu erklären

e) Grenzfunktion: 0,621, Elastizitätsfunktion: $0{,}621 \times A / (3{,}055 + 0{,}621 \times A)$

f) Altersniveau $A_0 = 4 \times 12 = 48$ Monate, altersunabhängige marginale Fahrleistungsneigung: 0,621 (1000 km je Monat), steigt (unabhängig vom jeweiligen Altersniveau) das Alter eines PKW der Marke Renault Twingo um einen Monat, dann steigt die Fahrleistung im Durchschnitt um 621 km, Fahrleistungselastizität: steigt das Alter eines 48 Monate (bzw. vier Jahre) alten PKW der Marke Twingo um 1 %, dann steigt die Fahrleistung unterproportional und im Durchschnitt um $0{,}621 \times 48/(3{,}055 + 0{,}621 \times 48) = 0{,}91$ %

g) $F^*(48) = 3{,}055 + 0{,}621 \times 48 = 32{,}863$ (1000 km) bzw. 32863 km ♣

Lösung 8-3*

a) Maßkorrelationskoeffizient: wegen -0,883 besteht für die 70 Gebrauchtwagen der Marke Renault Twingo ein starker negativer linearer statistischer Zusammenhang zwischen Zeitwert und Fahrleistung, je höher bzw. niedriger die Fahrleistung, umso niedriger bzw. höher ist in der Regel der Zeitwert

b) die drei Exponentialmodelle sind wegen $R^2 = 0{,}887$ am höchsten bestimmt, bivariate inhomogene nichtlineare Regressionsfunktion z.B. in Gestalt der sogenannten Wachstumsfunktion: $Z^*(F) = \exp(9{,}394 - 0{,}027 \times F)$

c) wegen $F_0 = 33$ (1000 km) gilt $Z^*(33) = \exp(9{,}394 - 0{,}027 \times 33) \cong 4930$ €

d) zugehörige Grenzfunktion: $-0{,}027 \times \exp(9{,}394 - 0{,}027 \times F)$, zugehörige Elastizitätsfunktion: $-0{,}027 \times F$

e) es gilt $F_0 = 33$ (1000 km), marginale Zeitwertneigung: $-0{,}027 * \exp(9{,}394 - 0{,}027 \times 33) \cong -133$ € je 1000 km, d.h. steigt auf einem Fahrleistungsniveau von 33000 km die Fahrleistung um 1000 km, dann fällt der Zeitwert im Durchschnitt um 133 €, Zeitwert-Elastizität: $-0{,}027 \times 33 \cong -0{,}89$, d.h. auf einem Fahrleistungsniveau von 33000 km steht einer 1 %-igen Fahrleistungszunahme wegen $|-0{,}89| < 1$ ein unterproportionaler durchschnittlicher relativer Zeitwertverlust von 0,89 % gegenüber ♣

Lösung 8-4*

a) Filter: Typ = "Golf" & Hub = 16, Anzahl: 200 Gebrauchtwagen vom Typ VW Golf mit einem 1,6-Liter-Triebwerk bzw. (16×100 cm³)-Hubraum

b) $F^*(A) = -128{,}755 + 51{,}245 \times \ln(A)$

c) Bestimmtheitsmaß $R^2 = 0{,}767$

d) zur Regression gehörige Grenzfunktion: 51,245 / A, zur Regression gehörige Elastizitätsfunktion: 51,245 / (–128,755 + 51,245 × ln(A))
e) marginale Laufleistungsneigung: 51,245 / 60 = 0,854 (1000 km je Monat), demnach steigt die Fahrleistung eines 5 Jahre bzw. 60 Monate alten VW Golf im Verlaufe eines Monats im Durchschnitt um 854 km, Fahrleistungselastizität: 51,245 / (–128,755 + 51,245 × ln(60)) ≅ 0,63, demnach steigt die Fahrleistung eines 5 Jahre bzw. 60 Monate alten VW Golf wegen |0,63| < 1 unterproportional um durchschnittlich 0,63 %, wenn das Alter um 1 % steigt
f) wegen F* = 100 (1000 km) und 100 = –128,755 + 51,245 × ln(A) nahezu A = exp((100 + 128,755) / 51,245) ≅ 86,8 Monate bzw. etwa 7,25 Jahre
g) wegen 10 × 12 = 120 Monate etwa F*(120) = –128,755 + 51,245 × ln(120) ≅ 116,6 (1000 km) bzw. 116600 km ♣

Lösung 8-5*

a) multiple inhomogene lineare Kleinste-Quadrate-Regressionsfunktion R*(P, M, K) = 17 + 7,721 × P + 5,221 × M + 0,982 × K zur Beschreibung des Rangplatzes R in Abhängigkeit von der Produktkomponente P, der Marktkomponente M und der Kundenkomponente K
b) Bestimmtheitsmaß $R^2 = 0{,}939$
c) da für alle drei Regressionsparameter das empirische Signifikanzniveau kleiner als 0,05 ist, deutet man im induktiven Sinne die Regressionsparameter als signifikant verschieden von null bzw. als erklärungsstatistisch wesentlich
d) wegen R*(0, 0, 0) = 17 den Rangplatz Nr. 17
e) da $\partial R^*/\partial M = 5{,}221$ gilt, steigt (fällt) ceteris paribus, besonders bei gleichen Produkt- und Kundenkomponentenwerten, im Durchschnitt der Rangplatz um 5,221 Platzziffern, wenn der Wert der Marktkomponente um den Wert eins steigt (fällt) ♣

Lösung 8-6*

Voraussetzung: SPSS-Filter *Typ = 4* setzen
a) Symbole: Z(eitwert), Z* geschätzter Zeitwert, A(lter), F(ahrleistung), H(ubraum), multiple lineare Kleinste-Quadrate-Regressionsfunktion: Z*(A, F, H) = 22999 - 190 × A – 65 × F + 421 × H
b) da für alle drei Regressoren $\alpha^* < \alpha = 0{,}05$ gilt, können sie jeweils als signifikante Zeitwertfaktoren aufgedeckt werden
c) mit Hilfe der multiplen inhomogenen linearen Regression ist man in der Lage, zu 83,3 % die Varianz der Zeitwerte aus der Varianz der Alters-, Fahrleistungs- und Hubraumwerte statistisch zu erklären
d) wegen $A_0 = 5 \times 12 = 60$ Monate, $F_0 = 100$ (1000 km) und $H_0 = 25$ (100 cm³) ist Z*(60, 100, 25) = 22999 – 190 × 60 – 65 × 100 + 421 × 25 ≈ 15624 €

e) die partiellen Grenzfunktionen sind mit den jeweiligen Regressionskoeffizienten identisch, $\partial Z^*/\partial A = -190$, $\partial Z^*/\partial F = -65$, $\partial Z^*/\partial H = 421$

f) marginale Zeitwertneigungen: $\partial Z^*/\partial A = -190$ (€ je Monat), d.h. ein mittlerer partieller Zeitwertverlust von 190 € pro Monat, $\partial Z^*/\partial F = -65$ (€ je 1000 km), d.h. ein mittlerer partieller Zeitwertverlust von 65 € je 1000 km Fahrleistung, $\partial Z^*/\partial H = 421$ (€ je 100 cm^3), d.h. eine mittlere partielle Zeitwerterhöhung von 421 € je 100 cm^3 Hubraum

g) da alle drei VIF-Werte (Variance-Inflation-Factors) kleiner als 5 sind, kann die Kollinearität unter den Regressoren vernachlässigt werden ♣

Lösung 8-7*

a) 300 Gebrauchtwagen vom Typ VW Polo, Filter: Typ = "Polo"

b) Grundgesamtheit: alle 2010 auf dem Berliner Gebrauchtwagenmarkt angebotenen VW Polo, Zufallsstichprobe: 300 zufällig ausgewählte VW Polo, realisierte Zufallsstichprobe: Menge der statistisch erfassten Daten in Gestalt einer Datenmatrix bzw. Datendatei

c) Symbole: Z(eitwert), Z* geschätzter Zeitwert, A(lter), F(ahrleistung), H(ubraum), multiple inhomogenen lineare Kleinste-Quadrate-Regressionsfunktion des Zeitwertes über dem Alter, der (bisherigen) Fahrleistung und dem Hubraum: $Z^*(A, F, H) = 5770{,}210 - 44{,}690 \times A - 16{,}254 \times F + 438{,}919 \times H$

d) da für alle drei Regressoren $\alpha^* < \alpha = 0{,}05$ gilt, können sie jeweils als signifikante Zeitwertfaktoren aufgedeckt werden

e) mit Hilfe der multiplen linearen Regression ist man in der Lage, zu 83,4 % die Varianz der Zeitwerte aus der Varianz der drei Regressoren Alter, Fahrleistung und Hubraum statistisch zu erklären

f) wegen $A_0 = 3 \times 12 = 36$ Monate, $F_0 = 20$ (1000 km) und $H_0 = 13$ (100 cm^3) ist $Z^* = 5770{,}210 - 44{,}690 \times 36 - 16{,}254 \times 20 + 438{,}919 \times 13 \cong 9542$ €

g) die partiellen Grenzfunktionen $\partial Z^*/\partial A = -44{,}690$, $\partial Z^*/\partial F = -16{,}254$, $\partial Z^*/\partial H = 438{,}919$ sind mit den Regressionskoeffizienten identisch

h) partielle marginale Zeitwertneigungen: i) –44,690 (€ je Monat), d.h. ein mittlerer partieller monatlicher Zeitwertverlust von ca. 45 €, ii) –16,254 (€ je 1000 km), d.h. ein mittlerer partieller Zeitwertverlust von ca. 16 € je weitere 1000 km Fahrleistung, iii) 438,919 (€ je 100 cm^3), d.h. eine mittlere partielle Zeitwerterhöhung von ca. 439 € je weitere 100 cm^3 Hubraum ♣

Lösung 8-8*

a) multiple inhomogene quasilineare Kleinste-Quadrate-Regressionsfunktion der logarithmierten Zeitwerte über den originären Alters-, Fahrleistungs- und Hubraumangaben: $\ln Z^*(A, F, H) = 9{,}167 - 0{,}010 \times A - 0{,}003 \times F + 0{,}029 \times H$, multiple exponentielle Regression: $Z^*(A, F, H) = \exp(9{,}167 - 0{,}010 \times A - 0{,}003 \times F + 0{,}029 \times H)$

b) Bestimmtheitsmaß $R^2 = 0{,}910$

c) wegen $A_0 = 3 \times 12 = 36$ Monate, $F_0 = 20$ (1000 km) und $H_0 = 13$ (100 cm³) ist $Z^*(36, 20, 13) = \exp(9{,}167 - 0{,}010 \times 36 - 0{,}003 \times 20 + 0{,}029 \times 13) \cong 9173$ €

d) partielle Grenzfunktionen: $\partial Z^*/\partial A = -0{,}010 \times Z^*(A, F, H)$, $\partial Z^*/\partial F = -0{,}003 \times Z^*(A, F, H)$, $\partial Z^*/\partial H = 0{,}029 \times Z^*(A, F, H)$

e) partielle marginale Zeitwertneigungen: i) $-0{,}010 \times 9173 \cong -91{,}7$ (€ je Monat), d.h. ein mittlerer partieller monatlicher Zeitwertverlust von ca. 92 €, ii) $-0{,}003 \times 9173 \cong -27{,}5$ (€ je 1000 km), d.h. ein mittlerer partieller Zeitwertverlust von ca. 28 € je weitere 1000 km Fahrleistung, iii) $0{,}029 \times 9173 \cong 266$ (€ je 100 cm³), d.h. eine mittlere partielle Zeitwerterhöhung von 266 € je weitere 100 cm³ Hubraum

f) Unterschiede erklären sich aus den unterschiedlichen Modellansätzen ♣

Lösung 8-9*

a) Maßkorrelationskoeffizient: $-0{,}920$, d.h. für die 190 zufällig ausgewählter Audi A3 besteht ein starker negativer linearer statistischer Zusammenhang zwischen Verkaufswert und Alter, je älter ein Audi A3 ist, umso geringer ist in der Regel sein Verkaufswert und umgekehrt

b) bivariate lineare Kleinste-Quadrate-Regressionsfunktion des Verkaufswertes V über dem Alter A: $V^*(A) = 19262 - 111 \times A$

c) wegen $A_0 = 15 \times 12 = 180$ Monate ist $V^*(180) = 19262 - 111 \times 180 = -718$ €, d.h. keine ökonomisch plausible Verkaufswertschätzung

d) inhomogene bivariate logarithmische Regressionsfunktion des Verkaufswertes V über dem Alter A: $V^*(A) = 43355 - 7957 \times \ln(A)$, Hinweis: gleichwohl die kubische Funktion ein vergleichbar hohes Bestimmtheitsmaß liefert, wird sie als Polynom dritten Grades nicht als eine „bivariate" Funktion gedeutet

e) wegen $A_0 = 15 \times 12 = 180$ Monate erhält man mittels der nichtlinearen Regressionsfunktion mit $V^*(180) = 43355 - 7957 \times \ln(180) \cong 2035$ € eine ökonomisch plausible Verkaufswertschätzung ♣

Lösung 8-10*

a) Maßkorrelationskoeffizienten: i) $-0{,}952$, d.h. für die 190 zufällig ausgewählten Audi A3 besteht ein starker negativer linearer statistischer Zusammenhang zwischen Verkaufswert und Fahrleistung, je höher die Fahrleistung eines Audi A3 ist, umso geringer ist in der Regel sein Verkaufswert und umgekehrt, ii) 0,915, d.h. für die 190 zufällig ausgewählten Audi A3 besteht ein starker positiver linearer statistischer Zusammenhang zwischen Alter und Fahrleistung, je höher die Fahrleistung eines Audi A3 ist, umso höher ist in der Regel sein Alter und umgekehrt

b) inhomogene bivariate nichtlineare (bzw. logarithmische) Regressionsfunktion der Fahrleistung F über dem Alter A: $F^*(A) = -198 + 84 \times \ln(A)$

c) wegen $A_0 = 10 \times 12 = 120$ Monate ist $F^*(120) = -198 + 84 \times \ln(120) \cong 204$ (1000 km) bzw. 204000 km
d) Grenzfunktion: $dF^* / dA = 84 \times A^{-1} = 84 / A$
e) marginale Neigungen: wegen $A_0 = 5 \times 12 = 60$ Monate bzw. $A_0 = 10 \times 12 = 120$ Monate gilt 84 / 60 = 1,4 (1000 km pro Monat) bzw. 84 / 120 = 0,7 (1000 km pro Monat), d.h. steigt das Alter eines fünf bzw. zehn Jahre alten Audi A3 um einem Monat, dann steigt im Mittel die Fahrleistung um 1400 km bzw. um 700 km, im konkreten Fall halbiert sich die monatliche Fahrleistungszunahme mit einer Verdopplung des Alters ♣

Lösung 8-11*

a) Anzahl: 103 Eigentumswohnungen, Filter: Räume = 5
b) Maßkorrelationskoeffizient nach BRAVAIS & PEARSON: 0,934, d.h. für die 103 zufällig ausgewählten Eigentumswohnungen mit fünf Räumen besteht ein starker positiver linearer statistischer Zusammenhang zwischen Wohnfläche und Verkaufswert, je größer die Wohnfläche ist, umso höher ist in der Regel auch der Verkaufswert und umgekehrt
c) i) bivariate inhomogene lineare Kleinste-Quadrate-Regressionsfunktion des Verkaufswertes W über der Wohnfläche F: $W^*(F) = 18{,}569 + 2{,}239 \times F$, ii) bivariate homogene lineare Kleinste-Quadrate-Regressionsfunktion des Verkaufswertes W über der Wohnfläche F: $W^*(F) = 2{,}350 \times F$
d) Bestimmtheitsmaß $R^2 = 0{,}872 \cong (0{,}934)^2$, das im konkreten Fall identisch ist mit dem Quadrat des bivariaten Maßkorrelationskoeffizienten gemäß b)
e) inhomogene Funktion: $W^*(200) = 18{,}569 + 2{,}239 \times 200 \cong 466{,}4$ (1000 €), homogene Funktion: $W^*(200) = 2{,}350 \times 200 \cong 470$ (1000 €)
f) marginale Verkaufswertneigungen: steigt (fällt) unabhängig vom Wohnflächenniveau die Wohnfläche um einen Quadratmeter, dann steigt (fällt) der Verkaufswert im Durchschnitt um 2239 € (Basis: inhomogene Funktion) bzw. um 2350 € (Basis: homogene Funktion) ♣

Lösung 8-12*

a) Maßkorrelationskoeffizient: i) wegen -0,048 besteht für die interessierenden Eigentumswohnungen zwischen Wohnfläche und Quadratmeterpreis ein sehr schwach ausgeprägter negativer linearer statistischer Zusammenhang, beide Merkmale sind voneinander unabhängig, ii) wegen 0,983 besteht für die interessierenden Eigentumswohnungen zwischen Wohnfläche und Verkaufswert ein sehr stark ausgeprägter positiver linearer statistischer Zusammenhang, demnach besitzen überdurchschnittlich große Eigentumswohnungen in der Regel einen überdurchschnittlich hohen Verkaufswert und umgekehrt
b) inhomogene bivariate logarithmische Regressionsfunktion des Verkaufswertes W über der Wohnfläche F: $W^*(F) = -2204 + 512 \times \ln(F)$

c) Bestimmtheitsmaß $R^2 = 0{,}959$

d) geschätzter Verkaufswert: $W^*(300) = -2204 + 512 \times \ln(300) \cong 716{,}3$ (1000 €)

e) marginale Verkaufswertneigungen: steigt (fällt) auf einem Wohnflächenniveau von i) 200 m² bzw. ii) 400 m² die Wohnfläche um einen Quadratmeter, dann steigt (fällt) wegen i) 512 / 200 = 2,56 (1000 € je m²) bzw. ii) 512 / 400 = 1,28 (1000 € je m²) der Verkaufswert im Durchschnitt um i) 2560 € bzw. ii) 1280 €, im konkreten Fall halbiert sich die Verkaufswertneigung mit einer Verdopplung der Wohnfläche, Verkaufswertelastizitäten: steigt (fällt) auf einem Wohnflächenniveau von i) 200 m² bzw. ii) 400 m² die Wohnfläche um 1 %, dann steigt (fällt) wegen i) $512 / (-2204 + 512 \times \ln(200)) \cong 1$ der Verkaufswert proportional um 1 % bzw. ii) $512 / (-2204 + 512 \times \ln(400)) \cong 0{,}6$ unterproportional um 0,6 % ♣

Lösung 8-13*

a) 100 Opel Astra, Filter: Typ = „Astra“

b) multiple homogene lineare Kleinste-Quadrate-Regressionsfunktion des Zeitwertes über dem Alter, der bisherigen Fahrleistung und dem Hubraum: $Z^*(A, F, H) = -53 \times A - 14 \times F + 769 \times H$

c) Residualstandardfehler: 1159,8 €, d.h. im Durchschnitt weichen die beobachteten von den geschätzten Zeitwerten um 1160 € nach oben und unten ab

d) da für alle drei Regressoren $\alpha^* = 0{,}000 < \alpha = 0{,}05$ gilt, können sie jeweils als signifikante Zeitwertfaktoren aufgedeckt werden

e) partielle marginale Zeitwertneigungen: i) –53 € je Monat, ii) –14 € je 1000 km, iii) 769 € je 100 cm³, i) und ii) partieller und durchschnittlicher Zeitwertverlust, iii) partielle und durchschnittliche Zeitwerterhöhung

f) wegen $A_0 = 12 \times 12 = 144$ Monate, $F_0 = 200$ (1000 km) und $H_0 = 18$ (100 cm³) gilt $Z^*(144, 200, 18) = -53 \times 144 - 14 \times 200 + 769 \times 18 \cong 3410$ € ♣

Lösung 8-14*

a) die verfügbaren Daten von 150 zufällig ausgewählten PKW der Marke Audi A4, Filter: Marke = „Audi A4“

b) $X = F / A$

c) linkes Streudiagramm: für die 150 Audi A4 besteht zwischen der Fahrleistung und dem Zeitwert ein ausgeprägter negativer statistischer Zusammenhang, da für die Merkmalswerte beider Merkmale mehrheitlich ein diskordantes bzw. gegenläufiges Verhalten um die Mittelwerte in Gestalt einer (degressiv bzw. nichtlinear) fallenden Punktewolke zu erkennen ist

rechtes Streudiagramm: für die 150 Audi A4 besteht zwischen der jahresdurchschnittlichen Fahrleistung (Variable X) und dem Zeitwert kein statistischer Zusammenhang, da für die Merkmalswerte beider Merkmale weder ein konkordantes bzw. gleichläufiges noch ein diskordantes bzw. gegenläufiges Verhalten um die Mittelwerte zu erkennen ist

d) Maßkorrelationskoeffizient $r_{ZF} = r_{FZ} \cong -0{,}872$, d.h. zwischen den Zeitwerten und bisherigen Fahrleistungswerten der 150 Audi A4 besteht ein starker negativer linearer statistischer (signifikant von null verschiedener) statistischer Zusammenhang, demnach besitzen Gebrauchtwagen mit einer überdurchschnittlichen Fahrleistung in der Regel einen unterdurchschnittlichen Zeitwert und umgekehrt; Maßkorrelationskoeffizient $r_{ZX} = r_{XZ} \cong 0{,}018$, d.h. zwischen den Zeitwerten und den jahresdurchschnittlichen Fahrleistungswerten der Audi A4 besteht ein sehr schwacher (nicht signifikant von null verschiedener und vernachlässigbarer) linearer statistischer Zusammenhang, demnach können die beiden Erhebungsmerkmale als voneinander unabhängig gedeutet werden

e) bivariate inhomogene logarithmische Kleinste-Quadrate-Regression des Zeitwertes Z über der bisherigen Fahrleistung F: $Z^*(F) = 95804 - 7108 \times \ln(F)$

f) wegen $R^2 \cong 0{,}875$ ist man mit Hilfe der gemäß e) geschätzten Regressionsfunktion in der Lage, die Zeitwertevarianz allein aus der Varianz der bisherigen Fahrleistungswerte statistisch zu erklären

g) Zeitwertneigung: $-7108 / 300000 \cong -0{,}024$, d.h. für einen Audi A4 mit einer bisherigen Fahrleistung von 300000 km hat man bei einer Erhöhung der bisherigen Fahrleistung etwa um 1000 km im Mittel mit einem Zeitwertverlust von (-0,024 €/km) × (1000 km) ≅ 24 € zu rechnen; Zeitwertelastizität: $(-7108) / (95804 - 7108 \times \ln(300000)) \cong -1{,}15$, d.h. für einen Audi A4 mit einer bisherigen Fahrleistung von 300000 km ist wegen $|-1{,}15| > 1$ der Zeitwert überproportional elastisch, d.h. einer 1 %-igen Veränderung der bisherigen Fahrleistung steht im Mittel eine 1,15 %-ige Zeitwertveränderung gegenüber

h) Zeitwertschätzung: $Z^*(300000) = 95804 - 7108 \times \ln(300000) \cong 6161$ € ♣

Lösung 8-15

a) i) $Y = \ln(A)$, ii) $X = F / A$

b) quadratische und symmetrische Streudiagramm-Matrix, zwischen A und Y wird ein positiver nichtlinearer „funktionaler", zwischen A und Z ein negativer nichtlinearer und zwischen Y und Z ein negativer linearer „statistischer" Zusammenhang indiziert; die Maßkorrelationskoeffizienten $r_{AY} = r_{YA} \cong 0{,}946$, $r_{AZ} = r_{ZA} \cong -0{,}911$ und $r_{ZY} = r_{YZ} \cong -0{,}968$ untermauern die grafischen Analysebefunde zahlenmäßig, dabei ist zu beachten, dass die Maßkorrelationskoeffizienten stets nur die Richtung und Stärke eines linearen statistischen Zusammenhanges messen können, selbst wenn (wie im konkreten Fall zwischen den Variablen A und Y und analog zur Logarithmus- bzw. Exponentialfunktion) ein nichtlinearer „funktionaler" Zusammenhang besteht

c) bivariate inhomogene logarithmische Kleinste-Quadrate-Regression des Zeitwertes Z über dem Alter A: $Z^*(A) = 23461 - 7827 \times \ln(A)$

d) wegen Y = ln(A) ist die bivariate inhomogene quasilineare Kleinste-Quadrate-Regression Z*(Y) = 23461 – 7827 × Y identisch mit der Regression aus c)
e) wegen $R^2 = 0{,}940$ ist man mit der multiplen inhomogenen quasilineare Kleinste-Quadrate-Regression Z*(Y, X) = 24595 – 7786 × Y – 0,061 × X bereits in der Lage, die Zeitwertevarianz allein aus der Varianz der Regressoren Y und X statistisch zu erklären
f) die multiplen Regressionen Z*(Y, X) = 24595 – 7786 × Y – 0,061 × X und Z*(A, F) = 24595 – 7786 × ln(A) – 0,061 × (F / A) sind linear im Ansatz und nichtlinear in den Regressoren Y = ln(A) und X = F / A; da die Regression Z*(A, F) auf den originären Regressoren basiert, subsumiert man sie auch unter dem Begriff einer quasilinearen Regression der Zeitwertes Z über dem Alter A und der bisherigen Fahrleistung F ♣

9 Lösungen zur Zeitreihenanalyse

Die mit einem * markierten Lösungen sind Lösungen von Klausuraufgaben.

Lösung 9-1

a) da die Übernachtungszahlen y_t chronologisch bzw. zeitlich logisch abfolgend geordnet sind, subsumiert man die Datenmenge $\{y_t, t = 1,2,\ldots,60\}$ unter dem Begriff einer Zeitreihe
b) äquidistante Zeitintervallreihe
c) Beobachtungszeitraum: $T_B = \{t \mid t = 1,2,\ldots,60\} = \{t^* \mid t^* =$ Jan 2006, Feb 2006,…,Dez 2010}, Länge: 60 Monate
d) Sequenzdiagramm, steigender und volatiler Verlauf der Übernachtungszahlen, der augenscheinlich saisonal bedingt ist
e) via Zeitreihen erstellen, zentrierte gleitende Durchschnitte, Spanne: 12
f) volatiler Verlauf wird derart geglättet, dass eine linear steigende Tendenz der Übernachtungszahlen erkennbar wird
g) via Datei, Speichern unter ♣

Lösung 9-2

a) Analyse, Modellierung und Prognose der zeitlichen Entwicklung eines Prozesses (im konkreten Fall die Anzahl der Übernachtungen in Berliner Beherbergungsbetrieben)
b) Beobachtungszeitraum: $T_B = \{t \mid t = 1,2,\ldots,60\} = \{t^* \mid t^* =$ Jan 2006, Feb 2006,…, Dez 2010}, Länge: 60 Monate, Prognosezeitraum: $T_P = \{t \mid t = 61, 62,\ldots,72\} = \{t^* \mid t^* =$ Jan 2011, Feb 2011,…, Dez 2011}, Länge: 12 Monate, Relevanzzeitraum: $T_R = \{t \mid t = 1,2,\ldots,72\} = \{t^* \mid t^* =$ Jan 2006, Feb 2006,…, Dez 2011}, Länge: 60 + 12 = 72 Monate
c) A: Anzahl der Übernachtungen, t: Zeit, inhomogene lineare Trendfunktion: $A^*(t) = 1249{,}970 + 8{,}849 \times t$ mit $t \in T_B$, Trendkonstante: unter Verwendung des linearen Trends schätzt man wegen t = 0 und t* = Dez 2005 für den De-

zember 2005 wegen A*(0) = 1249,970 + 8,849 × 0 = 1249,970 (1000 Übernachtungen) bzw. ca. 1,25 Mio. Übernachtungen in den Berliner Beherbergungsbetrieben, wegen dA*/dt = 8,849 (1000 Übernachtungen je Monat) steigt von Monat zu Monat die Anzahl der Übernachtungen in Berliner Beherbergungsbetrieben im Durchschnitt um 8849 Übernachtungen

d) z.B. via Analysieren, Regression, Kurvenanpassung, Speichern, Optionen: vorhergesagte Werte, vorhersagen bis Jahr 2011, Monat 12, Schätzwert für t = 72 bzw. t* = Dez 2011: A*(72) = 1249,970 + 8,849 × 72 ≅ 1887,1 (1000 Übernachtungen) bzw. ca. 1,89 Mio. Übernachtungen

e) linear steigende Übernachtungszahlen, die durch saisonale und in ihrem absoluten Niveau nahezu gleichbleibende Schwankungen überlagert werden ♣

Lösung 9-3

a) SPSS-Variable: z.B. Tres = Über – Trend, Variablenlabel: TrendRESiduen, Variable kann via Transformieren, Variable berechnen bzw. via Analysieren, Regression, Kurvenanpassung, Speichern, Option: Residuen erzeugt werden, analytische Aussage: Trendresiduen sind durch einen volatilen und periodisch wiederkehrenden Verlauf „um null" gekennzeichnet

b) die Abweichungen der originären Zeitreihenwerte von den Werten der linearen Trendfunktion, Summe der Trendresiduen ist null, Residualsumme von null erklärt sich aus der Kleinste-Quadrate-Trendfunktion

c) Berechnung der Saisonkomponente via *Analysieren*, *Mittelwerte vergleichen*, *Mittelwerte*, abhängige Variable: *Tres*, unabhängige Variable: MONTH_, wegen 242,762 bzw. –180,088 liegen jeweils im Monat Oktober bzw. November die Übernachtungszahlen im Durchschnitt um ca. 243 Tsd. Übernachtungen über bzw. um ca. 180 Tsd. Übernachtungen unter dem linearen Trend

d) Trendresiduen und Saisonkomponentenwerte zeigen einen volatilen, um null schwankenden, periodisch wiederkehrenden und nahezu kongruenten zeitlichen Verlauf ♣

Lösung 9-4

a) z.B. Modell = Trend + Saison

b) Prognosewerte (Angaben in 1000 Übernachtungen), siehe Abbildung

c) additives Trend-Saison-Modell, Basis: linearer Kleinste-Quadrate-Trend und absolute monatsdurchschnittliche Schwankungen um den linearen Trend

d) Modellwerte beschreiben im Relevanzzeitraum hinreichend genau die zeitliche Entwicklung der beobachteten monatlichen Übernachtungen in Berliner Beherbergungsbetrieben

e) z.B. Mres = Über – Modell

f) ModellRESiduen zeigen einen volatilen und unsystematischen Verlauf

Prognosewerte gemäß b):

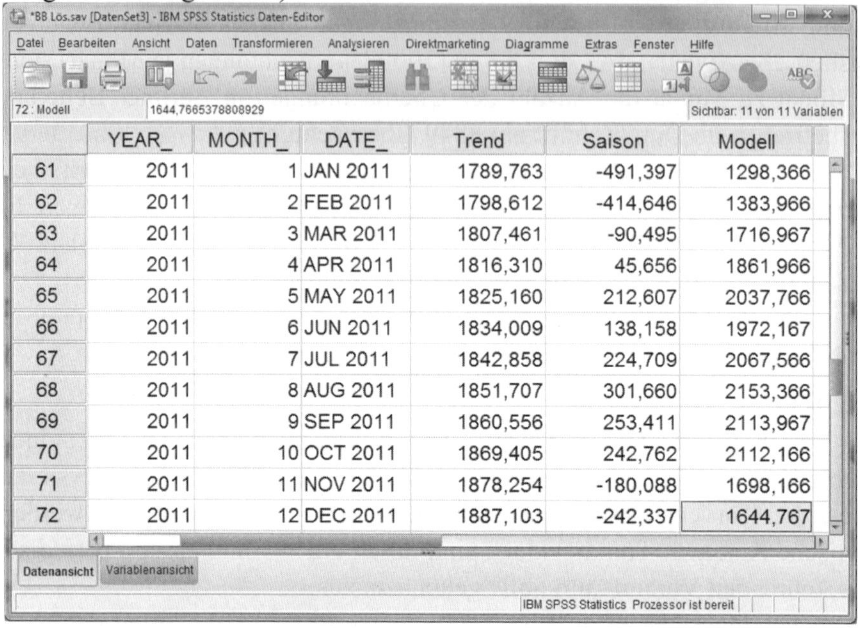

	YEAR_	MONTH_	DATE_	Trend	Saison	Modell
61	2011	1	JAN 2011	1789,763	-491,397	1298,366
62	2011	2	FEB 2011	1798,612	-414,646	1383,966
63	2011	3	MAR 2011	1807,461	-90,495	1716,967
64	2011	4	APR 2011	1816,310	45,656	1861,966
65	2011	5	MAY 2011	1825,160	212,607	2037,766
66	2011	6	JUN 2011	1834,009	138,158	1972,167
67	2011	7	JUL 2011	1842,858	224,709	2067,566
68	2011	8	AUG 2011	1851,707	301,660	2153,366
69	2011	9	SEP 2011	1860,556	253,411	2113,967
70	2011	10	OCT 2011	1869,405	242,762	2112,166
71	2011	11	NOV 2011	1878,254	-180,088	1698,166
72	2011	12	DEC 2011	1887,103	-242,337	1644,767

g) 64,46 (1000 Übernachtungen), d.h. im Durchschnitt weichen im Beobachtungszeitraum die Übernachtungszahlen um 64460 Übernachtungen nach oben und nach unten von den Modellwerten ab ♣

Lösung 9-5*

a) äquidistante Zeitintervallreihe

b) $T_B = \{t \mid t = 1,2,...,60\} = \{t^* \mid t^* = \text{Jan 2007,Feb 2007,..., Dez 2011}\}$, Zeitreihenlänge: 60 Monate

c) Symbole: G bzw. G* für beobachtete bzw. geschätzte Fluggästezahlen, t für Zeitvariable, lineare Trendfunktion: $G^*(t) = 1355{,}750 + 12{,}530 \times t$ mit $t \in T_B$, Trendkonstante: wegen $G^*(0) = 1355{,}75$ schätzt man für den Dezember 2006 auf den Berliner Flughäfen 1356 Tsd. Fluggäste, Trendkoeffizient: wegen $dG^*/\,dt = 12{,}530$ (1000 Fluggäste pro Monat) steigt auf den Berliner Flughäfen von Monat zu Monat die Anzahl der Fluggäste durchschnittlich um 12530 Personen

d) Modell-Prognose (siehe umseitig beigefügte Abbildung), gebunden an die sogenannte ceteris-paribus-Bedingung, Angaben in 1000 Personen

e) Prognosezeitraum: $T_P = \{t \mid t = 61, 62,\ldots,72\} = \{t^* \mid t^* = \text{Jan 2012, Feb 2012, ..., Dez 2012}\}$, Länge: 12 Monate, Relevanzzeitraum: $T_R = \{t \mid t = 1,2,\ldots,72\} = \{t^* \mid t^* = \text{Jan 2012,\ldots,Dez 2012}\}$, Länge: 60 + 12 = 72 Monate

f) Residualstandardfehler ≅ 46,2 (1000 Fluggäste) bzw. 46200 Fluggäste ♣

Prognosewerte gemäß c):

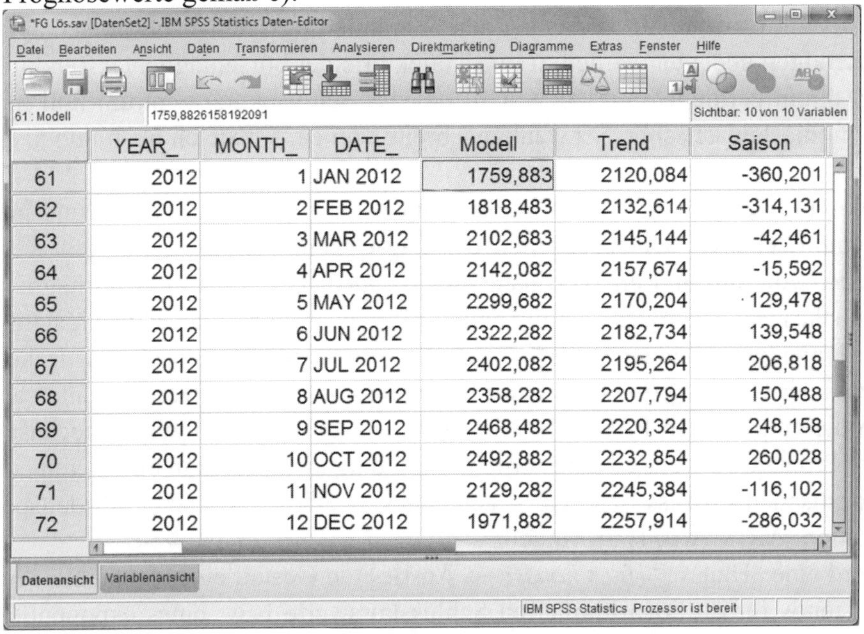

	YEAR_	MONTH_	DATE_	Modell	Trend	Saison
61	2012	1	JAN 2012	1759,883	2120,084	-360,201
62	2012	2	FEB 2012	1818,483	2132,614	-314,131
63	2012	3	MAR 2012	2102,683	2145,144	-42,461
64	2012	4	APR 2012	2142,082	2157,674	-15,592
65	2012	5	MAY 2012	2299,682	2170,204	129,478
66	2012	6	JUN 2012	2322,282	2182,734	139,548
67	2012	7	JUL 2012	2402,082	2195,264	206,818
68	2012	8	AUG 2012	2358,282	2207,794	150,488
69	2012	9	SEP 2012	2468,482	2220,324	248,158
70	2012	10	OCT 2012	2492,882	2232,854	260,028
71	2012	11	NOV 2012	2129,282	2245,384	-116,102
72	2012	12	DEC 2012	1971,882	2257,914	-286,032

Lösung 9-6*

a) z.B. Zeit = \$CASENUM, Indexmenge: $T_B = \{t \mid t = 1,2,...,144\} = \{t^* \mid t^* = 2.$ Aug 2010,…, 18. Feb 2011$\}$, Länge: 144 Börsentage

b) Sequenzdiagramm: volatiler und ansteigender Kursverlauf

c) es wird jeweils ein geglätteter, monoton wachsender und s-förmiger Kursverlauf indiziert, wobei die Moving-Average-Trajektorie „zeitlich mittig" und die Prior-Moving-Average-Trajektorie „zeitnah verschoben" projiziert wird

d) z.B. Rendite = (LN(Jack) - LN(LAG(Jack))) * 100

e) wegen $\alpha = 0{,}05 < \alpha \geq 0{,}2$ besteht kein Anlass, die Normalverteilungshypothese zu verwerfen, die börsentäglichen Renditen R_t (für $t \in T_B$, Angaben in %) der Jack-Daniels-Stammaktie können als Realisationen einer normalverteilten Zufallsgröße aufgefasst werden

f) i) arithmetisches Mittel: 0,15 %, Standardabweichung: 1,99 %, Modellspezifikation: $R_t \sim N(0.15~\%, 1.99~\%)$, ii) z.B. Prob = 1 – CDF.NORMAL(2.5,0.15, 1.99) $\cong$ 0,1188, iii) z.B. Quantil = IDF.NORMAL(0.95,0.15,1.99) $\cong$ 3,42 %

g) i) Instrumente: Autokorrelationsfunktion ACF, partielle Autokorrelationsfunktion PACF, beide werden tabellarisch und/oder grafisch in Gestalt eines Korrelogramms dargestellt, ii) Komponenten: autoregressive Komponente, integrierte bzw. Trendkomponente, Moving-Average-Komponente bzw. Störgrößenkomponente

h) stochastischer Prozess, der zeitunabhängig zumindest in seinem Erwartungswert und in seiner Varianz konstant ist

i) i) die transformierten Werte können bei Anwendung des stetigen Verzinsungsmodells als prozentuale börsentägliche Veränderungsraten bzw. börsentägliche Renditen gedeutet werden, ii) die Trajektorie der börsentäglichen Renditen ist in ihrem zeitlichen Verlauf volatil um das Schwankungszentrum null mit einer homoskedastischen Schwankungsbreite von ca. 5 % nach oben und nach unten

j) da die empirischen ACF-Koeffizienten nur sehr langsam aussterben und nur der empirischen PACF-Koeffizient der Lag-Ordnung q = 1 signifikant verschieden von null und im Wert nahe eins ist, identifiziert man einen integrierten stochastischen Prozess, da die erste Differenzenfolge eine schwach stationäre Trajektorie indiziert, identifiziert man einen integrierten stochastischen Prozess der Ordnung d = 1, da sowohl die empirischen ACF-Koeffizienten als auch die empirischen PACF-Koeffizienten des schwach stationären stochastischen Prozesses bereits „ausgestorben" sind, diagnostiziert man einen „reinen" stochastischen Prozess bzw. ein sogenanntes „weißes Rauschen", Modellspezifikation: ARIMA(0, 1, 0)-Modell

k) es wird eine „Hausse" (frz.: *hausse* → Anstieg) in Gestalt eines linear steigenden Trends für die logarithmierten Schlusskurswerte bzw. eines exponentiell steigenden Trends für die originären Schlusskurswerte fortgeschrieben ♣

Lösung 9-7*

a) Sequenzdiagramm: volatiler, ansteigender und s-förmiger Kursverlauf, 25-Tage-Linie in Gestalt der zentrierten gleitenden Durchschnitte zum Stützbereich von 25 Börsentagen bestätigt die eingangs vermerkte Diagnose

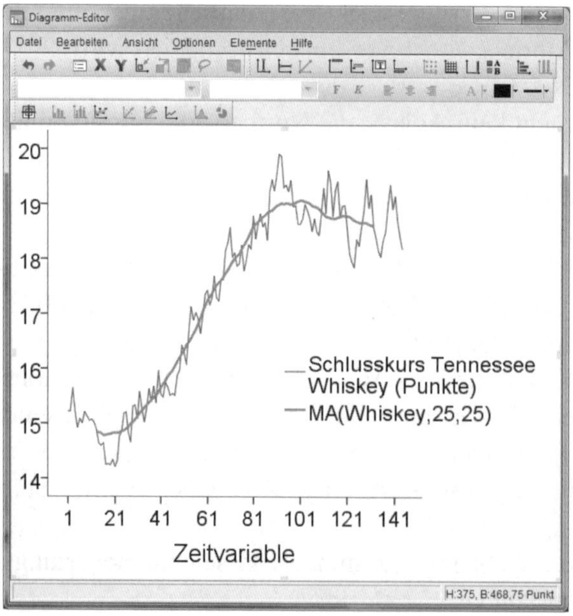

b) da die empirischen ACF-Koeffizienten nur sehr langsam aussterben und nur der empirischen PACF-Koeffizient der Lag-Ordnung q = 1 signifikant verschieden von null und im Wert nahe eins ist, identifiziert man einen integrierten stochastischen Prozess, da die erste Differenzenfolge eine schwach stationäre Trajektorie indiziert, identifiziert man einen integrierten stochastischen Prozess der Ordnung d = 1, da sowohl die empirische ACF als auch die empirische PACF jeweils nur den ersten Koeffizienten des schwach stationären stochastischen Prozesses als signifikant von null verschieden anzeigen, diagnostiziert man einen autoregressiven Prozess erster Ordnung, Modellspezifikation: ARIMA(1, 1, 0)-Modell
c) es wird eine „Hausse" (frz.: *hausse* → Anstieg) in Gestalt eines linear steigenden Trends für die logarithmierten Schlusskurswerte bzw. eines exponentiell steigenden Trends für die originären Schlusskurswerte fortgeschrieben ♣

10 Lösungen zur Faktorenanalyse

Die mit einem * markierten Lösungen sind Lösungen von Klausuraufgaben.

Lösung 10-1*

a) Faktorenanalyse
b) zwei Faktoren
c) 81,2 %
d) Varimax-Verfahren nach KAISER
e) Komponente 1: Kundenzufriedenheit, Faktorladung: 0,090, Komponente 2: Markeninnovation, Faktorladung: 0,052
f) Komponente 1: Markenfaktor, Komponente 2: Kundenfaktor
g) ANDERSON-RUBIN-Verfahren, wegen 0,402 bzw. -0,246 werden die europäischen Automarken hinsichtlich des Markenfaktors überdurchschnittlich und hinsichtlich des Kundenfaktors unterdurchschnittlich bewertet ♣

Lösung 10-2*

a) Faktorenanalyse
b) drei Faktoren, Anteil: 82,2 %
c) Varimax-Verfahren nach KAISER
d) Komponente 1: Strompreis, Ladung: 0,838, Komponente 2: Straßenreinigungspreis, Ladung: 0,958, Komponente 3: Wasserpreis, Ladung: 0,979
e) Komponente 1: Preisfaktor Energie, Komponente 2: Preisfaktor Stadtreinigung, Komponente 3: Preisfaktor Wasser
f) Faktorwerte: Preisfaktor Energie: 0,013, Preisfaktor Stadtreinigung: -0,176, Preisfaktor Wasserpreis: 1,048, Interpretation: Oranienburg ist im Ensemble der 20 Kommunen durch einen durchschnittlichen Energiepreisfaktor, einen unterdurchschnittlichen Stadtreinigungspreisfaktor und einen überdurchschnittlichen Wasserpreisfaktor gekennzeichnet ♣

Lösung 10-3*

a) Merkmalsträger: Berliner Stadtbezirk, metrische Erhebungsmerkmale: Arbeitslosenquote, Anteil Sozialhilfeempfänger, Anteil Mindestsicherungsempfänger, Rentneranteil, Anteil der Personen mit Hauptschulabschluss, Anteil der Personen mit Hochschulreife, Akademikeranteil, Anteil der Personen mit prekärem Sozialstatus, Anteil der Personen mit Berufsabschluss, Analysekonzept: Faktorenanalyse

b) zwei extrahierte Faktoren mit 85,17 % Erklärungsanteil an der Gesamtvarianz

c) Faktortaufe: Faktor 1 als Sozialstatus, Faktor 2 als Bildungsstatus

d) Scree-Plot: da nur die ersten beiden Eigenwerte größer als eins sind, extrahiert man nur zwei Faktoren aus den neun metrischen Erhebungsmerkmalen, Ladungsdiagramm: die beiden Faktoren sind orthogonal, während auf der Komponente 1 „Sozialstatus" die Merkmale M1, M2, M3, M4 und M8 hochgeladen sind, sind die restlichen fünf Erhebungsmerkmale auf der Komponente 2 „Bildungsstatus" hoch geladen

e) ANDERSON-RUBIN-Verfahren

f) die merkmalsträgerspezifischen Rangfolgen auf der Grundlage der Faktorwerte der beiden extrahierten Faktoren können via *Transformieren, Rangfolge bilden* erzeugt werden, der Grad der Übereinstimmung zwischen den faktorbasierten Rangfolgen und den beiden SPSS-Variablen *Sozial* und *Bildung* kann z.B. mit dem Rangkorrelationskoeffizienten nach SPEARMAN gemessen werden, die beiden Koeffizienten 0,899 bzw. 0,897 indizieren einen hohen Übereinstimmungsgrad zwischen den „publizierten" und den „faktoranalytisch ermittelten" Stadtbezirksrängen ♣

Lösung 10-4*

a) Filter: Kategorie = 2, Anzahl: 432 befragte Nutzer

b) Faktorenanalyse

c) drei Faktoren

d) 73,375 %

e) Varimax-Methode nach KAISER

f) Faktor 1: Fahrspurbreite, Ladung: 0,898, Faktor 2: Belüftung, Ladung: 0,883, Faktor 3: Stellplatz wiederfinden, Ladung: 0,864

g) Faktor 1: Konstruktionsfaktor, Faktor 2: Zustandsfaktor, Faktor 3: Orientierungsfaktor

h) ANDERSON-RUBIN-Verfahren

i) weibliche Nutzer von Parkhäusern der Kategorie „alt" sind mit dem Konstruktionsfaktor überdurchschnittlich (0,159), mit dem Zustandsfaktor unterdurchschnittlich (-0,100) und mit dem Orientierungsfaktor überdurchschnittlich (0,101) zufrieden ♣

Lösung 10-5*

a) Faktorenanalyse

b) drei Faktoren

c) Varimax-Methode nach KAISER

d) Komponente 1: Selbststudium und Studiengruppenarbeit mit Komponentenladung 0,819, Interpretation: zwischen der Komponente 1 und den gemessenen Selbststudien- und Studiengruppenaktivitäten besteht ein starker positiver linearer statistischer Zusammenhang, Komponente 2: Übungsbesuch mit Komponentenladung 0,860, Interpretation: zwischen der Komponente 2 und dem Übungsbesuch besteht ein starker positiver linearer statistischer Zusammenhang, Faktor 3: Nebenjobtätigkeit mit Faktorladung 0,941, Interpretation: zwischen der Komponente 3 und der Nebenjobtätigkeit besteht ein starker positiver linearer statistischer Zusammenhang

e) Faktorentaufe: Faktor 1: extracurriculares Studium, Faktor 2: curriculares Studium, Faktor 3: Nebenjobtätigkeit

f) ANDERSON-RUBIN-Verfahren

g) Studierende ohne Berufsabschluss sind im extracurricularen Studium (Faktor 1) wegen 0,039 leicht überdurchschnittlich aktiv, wegen 0,064 im curricularen Studium (Faktor 2) leicht überdurchschnittlich und wegen 0,080 in der Nebenjobtätigkeit (Faktor 3) leicht überdurchschnittlich aktiv, Studierende mit Berufsabschluss sind im extracurricularen Studium (Faktor 1) wegen -0,011 leicht unterdurchschnittlich aktiv, wegen -0,008 im curricularen Studium (Faktor 2) eher durchschnittlich und wegen -0,019 in der Nebenjobtätigkeit (Faktor 3) leicht unterdurchschnittlich aktiv

h) im konkreten Fall ja, da für alle drei Faktoren bei den männlichen Studierenden im Durchschnitt negative bzw. unterdurchschnittliche Studienaktivitätswerte und bei den weiblichen Studierenden für alle drei Faktoren im Durchschnitt positive bzw. überdurchschnittliche Studienaktivitätswerte gemessen wurden, Mittelwertberechnung via Mittelwerte vergleichen, abhängige Variablen: die drei Faktoren, unabhängige Variable: F1 (Geschlecht) ♣

Lösung 10-6*

a) Faktorenanalyse

b) drei Komponenten

c) 0,807 bzw. 80,7 %

d) i) Varimax-Verfahren, ii) Komponente 1: Armutsrisikoquote Frauen, Ladung: 0,885, Komponente 2: Kinderanteil, Ladung: -0,856, Komponente 3: Sozialausgaben für Familien und Kinder, Ladung: 0,903, iii) Komponente 1: Faktor Armutsrisiko, Komponente 2: demografischer Faktor, Komponente 3: Faktor Sozialausgaben

e) ANDERSON-RUBIN-Verfahren

f) im Ensemble der 23 europäischen Länder sind i) die 6 osteuropäischen Länder mit 0,797 durch einen überdurchschnittlichen Armutsrisikofaktor, mit 0,359 durch einen überdurchschnittlichen demografischen Faktor und mit -0,285 durch einen unterdurchschnittlichen Sozialausgabenfaktor gekennzeichnet und ii) die 7 westeuropäischen Länder mit -0,482 durch einen unterdurchschnittlichen Armutsrisikofaktor, mit 0,524 durch einen überdurchschnittlichen demografischen Faktor und mit 0,251 durch einen überdurchschnittlichen Sozialausgabenfaktor gekennzeichnet ♣

Lösung 10-7*

a) Faktorenanalyse
b) quadratische und symmetrische Matrix vom Typ (8 × 8), die bivariate Korrelation ist wegen 0,179 zwischen „Hörverstehen Englisch" und „Leseverständnis Deutsch" am schwächsten und wegen 0,985 zwischen „Hörverstehen Englisch" und „Sprachkompetenz Englisch" am stärksten ausgeprägt
c) i) die Eigenwerte sind die reellwertigen Lösungen der zur quadratischen und symmetrischen (8 × 8)-Korrelationsmatrix gehörenden charakteristischen Gleichung in Gestalt eines Polynoms achten Grades, ii) die Summe der acht reellwertigen Eigenwerte ist im konkreten Fall 8 und damit identisch mit der Dimension der Korrelationsmatrix, iii) zwei Komponenten, iv) 0,955 bzw. 95,5 %
d) i) Varimax-Verfahren, ii) Komponente 1: Hörverstehen Englisch, Ladung: 0,987, Komponente 2: Leseverständnis Deutsch, Ladung: 0,966, iii) Komponente 1: Faktor Englischkenntnisse, Komponente 2: Faktor Deutschkenntnisse
e) i) da für die beiden Faktoren das arithmetische Mittel jeweils null und die Standardabweichung jeweils eins ist, können die Faktorwerte der beiden Faktoren jeweils als standardisierte Werte identifiziert werden, die zudem noch dimensionslos sind, ii) die Korrelationsmatrix für die beiden Faktoren ist eine Einheitsmatrix, so dass beide Faktoren als orthogonale bzw. voneinander unabhängige bzw. nicht korrelierende Faktoren identifiziert werden können
f) im Ensemble der 16 Bundesländer besitzen die Schüler i) in den 11 westlichen Bundesländern wegen 0,549 bzw. -0,146 überdurchschnittliche Englischkenntnisse bzw. unterdurchschnittliche Deutschkenntnisse und in den 5 östlichen Bundesländern wegen -1,209 bzw. 0,321 stark unterdurchschnittliche Englischkenntnisse bzw. überdurchschnittliche Deutschkenntnisse, ii) in den 11 nördlichen Bundesländern wegen -0,287 bzw. -0,344 unterdurchschnittliche Englisch- bzw. Deutschkenntnisse und in den 5 südlichen Bundesländern wegen 0,623 bzw. 0,757 überdurchschnittliche Englisch- bzw. Deutschkenntnisse, iii) in den 5 nord-westlichen Bundesländern wegen 0,507 bzw. -0,801 überdurchschnittliche Englisch- bzw. unterdurchschnittliche Deutschkenntnisse, in den 6 östlichen Bundesländern wegen -0,949 bzw. 0,037 stark unter-

durchschnittliche Englischkenntnisse bzw. durchschnittliche Deutschkenntnisse und in den 5 süd-westlichen Bundesländern wegen 0,632 bzw. 0,757 jeweils überdurchschnittliche Englisch- und Deutschkenntnisse ♣

Lösung 10-8*

a) Faktorenanalyse

b) i) alle der 14 Eigenwerte, die größer als eins sind, ii) vier Komponenten

c) i) Varimax-Verfahren, ii) Komponente 1: gute Küche mit 0,749, Komponente 2: familiäres Flair mit 0,809, Komponente 3: Internetzugang mit 0,702, Komponente 4: Wellness-Angebote mit 0,837, iii) z.B. Komponente 1: Ambiente-Faktor, Komponente 2: Flair-Faktor, Komponente 3: Tagungs-Faktor, Komponente 4: Wellness-Faktor

d) ANDERSON-RUBIN-Verfahren

e) i) die $2 \times 4 = 8$ durchschnittlichen Faktorwerte indizieren in ihrem geschlechtsspezifischen Vergleich stets eine „entgegengesetzte" Wichtigkeit etwa derart, dass die männlichen Hotelgäste den Wellness-Faktor hinsichtlich seiner Wichtigkeit mit -0,089 leicht unterdurchschnittlich und die weiblichen Hotelgäste mit 0,098 leicht überdurchschnittlich bewerten, ii) die $2 \times 4 = 8$ durchschnittlichen Faktorwerte indizieren in ihrem aufenthaltsgrundspezifischen Vergleich gleichsam eine stets „entgegengesetzte" Wichtigkeit etwa derart, dass die privaten Hotelgäste den Tagungsfaktor hinsichtlich seiner Wichtigkeit mit -0,213 unterdurchschnittlich und die geschäftlichen Hotelgäste mit 0,641 überdurchschnittlich bewerten ♣

11 Lösungen zur Clusteranalyse

Die mit einem * markierten Lösungen sind Lösungen von Klausuraufgaben.

Lösung 11-1*

a) K ~= 2 bzw. K = 1 | K = 3

b) Clusteranalyse

c) hierarchisch-agglomerative Clusteranalyse

d) 6 Automarkencluster

e) Peugeot und Renault

f) zwei Automarken: Mercedes und Volkswagen

g) wegen 0,781 bzw. 28,515 sind sich die Automarken Audi und BMW bzw. BMW und Chrysler hinsichtlich der sechs Erhebungsmerkmale ähnlich bzw. unähnlich ♣

Lösung 11-2*

a) 20 Kommunen, für die zum Zwecke eines kommunalen Preisvergleichs im zweiten Quartal 2008 jeweils sechs kommunale Dienstleistungspreise erfasst wurden, die im statistischen Sinne metrische Erhebungsmerkmale sind

b) Clusteranalyse
c) hierarchisch-agglomerative Clusteranalyse
d) vier Kommunencluster
e) Falkensee und Neuruppin
f) zwei Kommunen, Angermünde und Hennigsdorf
g) Distanzmaße: i) 26,140, ii) 1,461, Aussage: während die Kommunen Angermünde und Strausberg sich hinsichtlich der sechs kommunalen Dienstleistungspreise unähnlich sind, ähneln sich die Kommunen Bernau und Cottbus bezüglich der sechs kommunalen Dienstleistungspreise ♣

Lösung 11-3

a) Analysekonzept: hierarchische Clusteranalyse, Basis: standardisierte Daten
b) Klassifikationen: i) nächstgelegener Nachbar: Cluster 1: Kreuzberg, Cluster 2: Neukölln, Wedding, Cluster 3: Mitte, Prenzlauer Berg, Cluster 4: die restlichen Stadtbezirke, ii) entferntester Nachbar: Cluster 1: Steglitz, Wilmersdorf, Zehlendorf, Mitte, Prenzlauer Berg, Cluster 2: Hohenschönhausen, Marzahn, Hellersdorf, Charlottenburg, Friedrichshain, Schöneberg, Tiergarten, Cluster 3: Neukölln, Kreuzberg, Wedding, Cluster 4: die restlichen Stadtbezirke, iii) WARD-Verfahren: Cluster 1: Steglitz, Wilmersdorf, Zehlendorf, Mitte, Prenzlauer Berg, Cluster 2: Hohenschönhausen, Marzahn, Hellersdorf, Charlottenburg, Friedrichshain, Schöneberg, Tiergarten, Cluster 3: Neukölln, Kreuzberg, Wedding, Cluster 4: die restlichen Stadtbezirke ♣

Lösung 11-4*

a) 3-Cluster-Klassifikation: Cluster 1: Baden-Württemberg, Bayern, Nordrhein-Westfalen, Cluster 2: Berlin, Brandenburg, Bremen, Mecklenburg-Vorpommern, Sachsen, Sachsen-Anhalt, Thüringen, Cluster 3: die restlichen sechs (westlichen) Bundesländer
b) 2-Cluster-Klassifikation: Cluster 1: Berlin, Bremen und die fünf neuen Bundesländer, Cluster 2: die restlichen neun alten Bundesländer ♣

Lösung 11-5*

a) drei Parkhaus-Cluster
b) drei Parkhäuser: Europa-Center, Rathaus-Passagen und Kultur-Brauerei
c) hinsichtlich der zehn Erhebungsmerkmale sind sich wegen 2,368 die Parkhäuser „DomAquaree“ und „Bebelplatz“ ähnlich und wegen 57,987 die Parkhäuser „DomAquaree“ und Europa Center“ unähnlich
d) Parkhäuser „Bebelplatz“ und „Sony Center“ ♣

Lösung 11-6*

a) Einheit: Landkreis bzw. kreisfreie Stadt, Gesamtheit: 18 Landkreise und kreisfreie Städte, Identifikationsmerkmale: Landkreis bzw. kreisfreie Stadt (sachlich), Land Brandenburg (örtlich), September 2008 (zeitlich), Erhebungsmerkmale: prozentuale Stimmenanteile für acht Wählergruppen sowie Wahlbeteiligung und Anteil ungültiger Stimmen, Skalen: Wahlkreisname, nominal, Erhebungsmerkmale, metrisch, Zustandsmenge für Erhebungsmerkmale: Menge der positiven reellen Zahlen

b) z.B. Gesamt = SUM(SPD, Linke,..., Sonstige), Wert: 100 %, da es sich jeweils um eine vollständige Struktur handelt

c) hierarchische Clusteranalyse

d) WARD-Verfahren ist nur sinnvoll für metrische Erhebungsmerkmale, basiert auf dem quadrierten EUKLIDischen Abstand und der kleinsten Erhöhung der Gesamtvarianz zwischen den statistischen Einheiten, eine Gliederung der Gesamtheit in fünf disjunkte Teilmengen bzw. Cluster erhält man z.B. für einen normierten Fusionskoeffizienten von 10

e) die kreisfreien Städte Brandenburg und Cottbus zum einen und die Landkreise Havelland und Potsdam-Mittelmark zum anderen ♣

Lösung 11-7*

a) i) drei Komponenten, ii) Faktor 1: extracurriculares Studium, Faktor 2: curriculares Studium, Faktor 3: Nebenjobtätigkeit, iii) valide Komponentenwerte für 151 Studierende, keine Komponentenwerte für 6 Studierende

b) Gruppe 1: 52 Studierende, Gruppe 2: 17 Studierende, Gruppe 3: 24 Studierende, Gruppe 4: 18 Studierende, Gruppe 5: 40 Studierende, insgesamt 151 Studierende, für die valide Komponentenwerte bestimmt wurden

c) Gruppe 1: (52 / 151) × 100 % = 34,4 % der befragten Studierenden, die auswertbare Antworten gaben, sind im extracurricularen (0,215) und curricularen (0,452) Studium überdurchschnittlich und hinsichtlich einer Nebenjobtätigkeit (-0,967) unterdurchschnittlich aktiv

Gruppe 2: (17 / 151) × 100 % = 11,3 % der Studierenden sind im extracurricularen Studium (0,962) und im Nebenjob (0,805) überdurchschnittlich, jedoch im curricularen Studium (-1,102) stark unterdurchschnittlich aktiv

Gruppe 3: (24 / 151) × 100 % = 15,9 % der Studierenden sind wegen 0,901, 0,518 und 0,915 auf allen drei Faktoren studentischen Daseins überdurchschnittlich aktiv

Gruppe 4: (18 / 151) × 100 % = 11,9 % der Studierenden sind wegen -0,603, -1,791 und -0,598 auf allen drei Ebenen studentischen Daseins nicht nur unterdurchschnittlich, sondern im curricularen Studium sogar „extrem" unterdurchschnittlich aktiv

Gruppe 5: (40 / 151) × 100 % = 26,5 % der Studierenden sind im extracurricularen Studium (-0,956) unterdurchschnittlich und im curricularen Studium (0,375) sowie im Hinblick auf eine Nebenjobtätigkeit (0,634) überdurchschnittlich aktiv

d) als Kernobjekte werden die Studierenden bezeichnet, die sich hinsichtlich ihrer drei standardisierten Faktorwerte „eng um das jeweilige Clusterzentrum scharen“, als Randobjekte werden die Studierenden klassifiziert, die hinsichtlich der drei standardisierten Faktorwerte durch eine mehr oder weniger große Distanz zum jeweiligen Clusterzentrum „auszeichnen“ ♣

Lösung 11-8*

a) Clusteranalyse
b) hierarchisch-agglomerative Klassifikation
c) WARD-Verfahren, Charakteristik: metrische Clustermerkmale, quadrierter Euklidischer Abstand, kleinster Zuwachs der Fehlerquadrate bei Clusterfusion
d) vier Ländercluster
e) Polen und Tschechien
f) zwei Länder: Irland und Luxemburg
g) im Ensemble der 23 europäischen Staaten sind sich hinsichtlich der 10 Sozialindikatoren i) wegen 2,503 Dänemark und Finnland sehr ähnlich und ii) wegen 52,516 Dänemark und Italien sehr unähnlich ♣

Lösung 11-9*

a) Clusteranalyse
b) hierarchisch-agglomerative Klassifikation
c) beruht auf dem kleinsten Zuwachs der Summe der Fehlerquadrate für die auf einer metrischen Skala gemessenen und standardisierten Indikatoren
d) i) feinste Partition in Gestalt von 17 Clustern, in denen je eines der 17 Länder des Euro-Währungsgebietes enthalten ist, ii) sieben Ländercluster, iii) fünf Ländercluster, iv) vier Ländercluster, v) zwei Ländercluster
e) Niederlande und Österreich
f) i) 17 Länder, erst- bzw. letztgenannt: Niederlande bzw. Griechenland, ii) 7 Länder, erst- bzw. letztgenannt: Niederlande bzw. Zypern, iii) 11 Länder, erst- bzw. letztgenannt: Niederlande bzw. Portugal, iv) 15 Länder, erst- bzw. letztgenannt: Niederlande bzw. Irland, v) 16 Ländern, erst- bzw. letztgenannt: Niederlande bzw. Luxemburg
g) im Ensemble der 17 Länder des Euro-Währungsgebietes sind sich hinsichtlich der 5 volkswirtschaftlichen Indikatoren wegen i) 1,070 Deutschland und Österreich sehr ähnlich bzw. ii) 29,235 Deutschland und Griechenland sehr unähnlich ♣

Lösung 11-10*

a) drei orthogonale Faktoren, deren standardisierte Werte in den gleichnamigen SPSS-Variablen *Fremd*(sprache), *Mutter*(sprache) und *Natur*(wissenschaften) gespeichert sind

b) gemäß dem beigefügten „Dendrogramm mit Ward-Verknüpfung" ergeben sich z.B. auf dem Niveau eines normierten Fusionskoeffizienten von sieben, der durch eine gestrichelte Linie gekennzeichnet ist und unter der „verwirrenden" Bezeichnung „Kombination skalierter Abstands-Cluster" indiziert wird, die folgenden Cluster: Cluster 1: die fünf Bundesländer Saarland, Sachsen-Anhalt, Thüringen, Brandenburg, Sachsen, Cluster 2: das Bundesland Mecklenburg-Vorpommern, Cluster 3: die beiden Bundesländer Berlin und Bremen, Cluster 4: die beiden Bundesländer Baden-Württemberg und Bayern, Cluster 5: die restlichen sechs Bundesländer, wegen eines quadrierten Euklidischen Distanzmaßes von 0,355 bzw. 17,879 sind sich im Ensemble aller 16 Bundesländer hinsichtlich der drei Schülerkompetenz-Faktoren im paarweisen Bundesländervergleich die Bundesländer Saarland und Sachsen-Anhalt am ähnlichsten bzw. Mecklenburg-Vorpommern und Bayern am unähnlichsten
Dendrogramm:

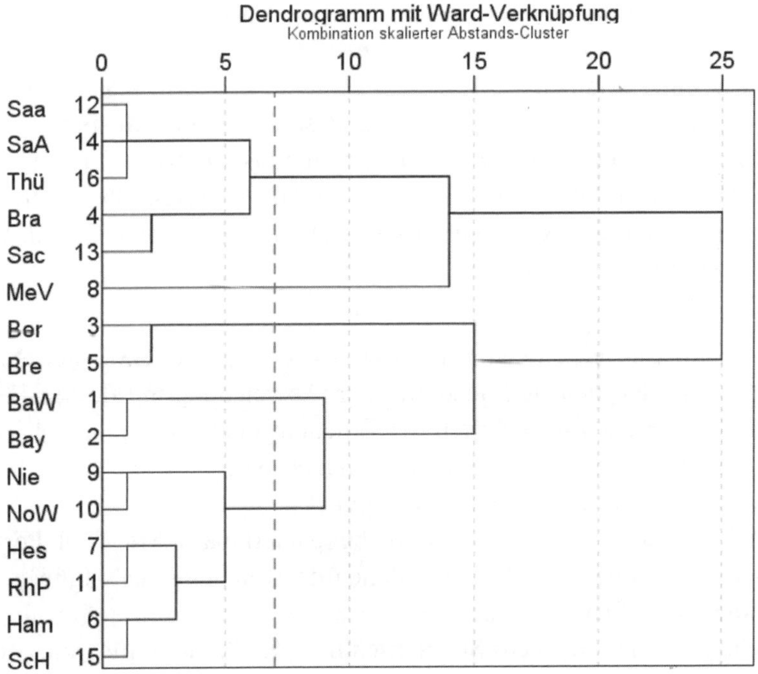

c) die Clusterzentrenanalyse liefert im konkreten Fall ein gleiches Klassifikationsergebnis wie die die hierarchisch-agglomerative Clusteranalyse ♣

12 Lösungen zur Baumanalyse

Die mit einem * markierten Lösungen sind Lösungen von Klausuraufgaben.

Lösung 12-1

a) zwei Prädiktoren, Sozialisation und Alter
b) CHAID-Entscheidungsbaum mit drei Endknoten
c) wegen $\chi^2_{0,95,\,1} \cong 28$ der nominale Prädiktor „Sozialisation"
d) Knoten 3: 63 Studierende, die angaben, höchstens 22 Jahre alt und im „Osten" sozialisiert worden zu sein
e) Knoten 4: 187 Studierende, die angaben, älter als 22 Jahre und im „Osten" sozialisiert worden zu sein, FKK-Fan-Anteil: 68,4 % ♣

Lösung 12-2*

a) die Aufbaumethode CHAID basiert auf dem Chi-Quadrat-Unabhängigkeitstest mit dessen Hilfe eine statistische Gesamtheit in mehrdimensionale und paarweise disjunkte Teilgesamtheiten (Knoten) gegliedert wird
b) zwei Prädiktoren, Schulabschluss und Einkommen
c) acht Endknoten bzw. Gruppen
d) 51 Hotelgäste, die verheiratet, weiblich und höchstens 38 Jahre alt sind
e) Anteil: 99 %, 105 Hotelgäste, die weiblich und älter als 59 Jahre sind
f) Anteil: 53,2 %, 79 männliche Hotelgäste im Alter von höchstens 39 Jahren
g) mit 89,4 % der prozentuale Anteil der Hotelgäste, die aus privaten Gründen in einem Fünf-Sterne-Hotel logieren ♣

Lösung 12-3*

a) da der Körper-Masse-Index (KMI) metrisch ist, basiert das CRT-Verfahren auf dem Kriterium der kleinsten quadratischen Abweichung mit dessen Hilfe eine Menge von Personen hinsichtlich der Erhebungsmerkmale in „möglichst homogene" und dichotome Untergruppen gegliedert wird
b) keiner der Prädiktoren erweist sich als ungeeignet
c) über die Stichprobenparameter für das Erhebungsmerkmal KMI: 1161 Personen, arithmetisches Mittel: 25,38 kg/m², Standardabweichung: 3,47 kg/m²
d) zehn Endknoten bzw. finale Gruppen
e) 105 weibliche Personen mit dem Schulabschluss „Hochschulreife", dies sind 18,1 % aller erfassten Personen, im Durchschnitt besitzen diese Personen einen KMI von 21,6 kg/m², im Mittel streuen die einzelnen KMI um 2,57 kg/m² um den Durchschnitt von 21,6 kg/m²
f) 60 weibliche Personen mit einem Hauptschulabschluss, die älter als 58 Jahre sind, dies sind 5,2 % aller erfassten Personen, im Durchschnitt besitzen diese Personen einen KMI von 27,82 kg/m², im Mittel streuen die einzelnen KMI um 2,66 kg/m² um den Durchschnitt von 27,82 kg/m²

g) 90 männliche Personen mit einem Hauptschulabschluss, die älter als 48 Jahre sind, dies sind 7,8 % aller erfassten Personen, im Durchschnitt besitzen diese Personen einen KMI von 29,29 kg/m², im Mittel streuen die einzelnen KMI um 3,37 kg/m² um den Durchschnitt von 29,29 kg/m² ♣

Lösung 12-4*

a) CHAID-basierter Klassifizierungsbaum, da die abhängige Größe „Nutzertyp“ eine nominale und dichotome Variable ist
b) zwei Prädiktoren, Geschlechtszugehörigkeit und Nutzeraltersgruppe
c) sieben Endknoten bzw. „finale“ Nutzergruppen
d) 270 Parkhausnutzer, die zufrieden sind und ihr Auto in Parkhäusern mit einer Anbindung an eine Hotel-, Verkehrs- oder Kultureinrichtung parken
e) Anteil: 4,1 %, insgesamt 74 Parkhausnutzer, die unzufrieden sind und ihr Auto in einem alten Parkhaus mit Anbindung an eine Handelseinrichtung parken
f) Anteil: 63,8 %, insgesamt 130 Parkhausnutzer, die unzufrieden sind und ihr Auto in einem Parkhaus mit Anbindung an eine Hotel-, Verkehrs- oder Kultureinrichtung parken
g) mit 76,5 % die Parkhausfans ♣

Lösung 12-5*

a) mittels der Berechnungsvorschrift z.B. Zufrieden = (Z1 + Z2 + Z3 + Z4 + Z5 + Z6 + Z7 + Z8 + Z9 + Z10 + Z11 + Z12 + Z13 + Z14) / 14 werden nur die Hotelgäste berücksichtigt, für die für alle 14 Indikatoren ein gültiger Wert auf der benutzten Zufriedenheitsskala gemessen und erfasst wurde
b) gültig: 337 Hotelgäste, fehlend: 491 Hotelgäste
c) Knoten als disjunkte Teilmengen von befragten Hotelgästen, i) 11 Knoten, ii) 5 dichotome Knoten bzw. Knotenpaare, iii) 6 Endknoten (der Ordnung 2, 3, 7, 8, 9, 10)
d) i) Gesamtheit von 337 befragten Hotelgästen, für die hinsichtlich der 14 Zufriedenheitskriterien ein „gültiger Gesamtzufriedenheitswert“ berechnet werden konnte, ii) darunter 28 Hotelgäste, die aus privaten Gründen in einem Hotel in Österreich logierten, iii) darunter 95 Hotelgäste, die aus geschäftlichen Gründen in einem Hotel logierten, iv) darunter 70 Hotelgäste, die aus privaten Gründen in einem Hotel in Deutschland bzw. in der Schweiz logierten, weiblichen Geschlechts sind und mindestens einen gymnasialen Schulabschluss besitzen, v) darunter 53 Hotelgäste, die aus privaten Gründen in einem Hotel in Deutschland bzw. in der Schweiz logierten, männlichen Geschlechts sind und mindestens 52 Jahre alt sind, vi) Knoten 2: 95 Hotelgäste, Knoten 3: 28 Hotelgäste, Knoten 7: 58 Hotelgäste, Knoten 8: 70 Hotelgäste, Knoten 9: 33 Hotelgäste, Knoten 10: 53 Hotelgäste, insgesamt: 337 Hotelgäste, für die ein „gültiger Gesamtzufriedenheitswert“ berechnet werden konnte ♣

Lösung 12-6*

a) die CHAID-Aufbaumethode basiert auf dem Chi-Quadrat-Unabhängigkeitstest, mit dessen Hilfe eine statistische Gesamtheit in mehrdimensionale und paarweise disjunkte Teilgesamtheiten, auch Knoten genannt, gegliedert wird

b) zwei Prädiktoren: Altersgruppenzugehörigkeit und Schulabschluss

c) über die Zufallsstichprobe in Gestalt der Menge der 1011 zufällig ausgewählten und befragten Personen

d) gemäß beigefügten Entscheidungsbaum sieben Endknoten

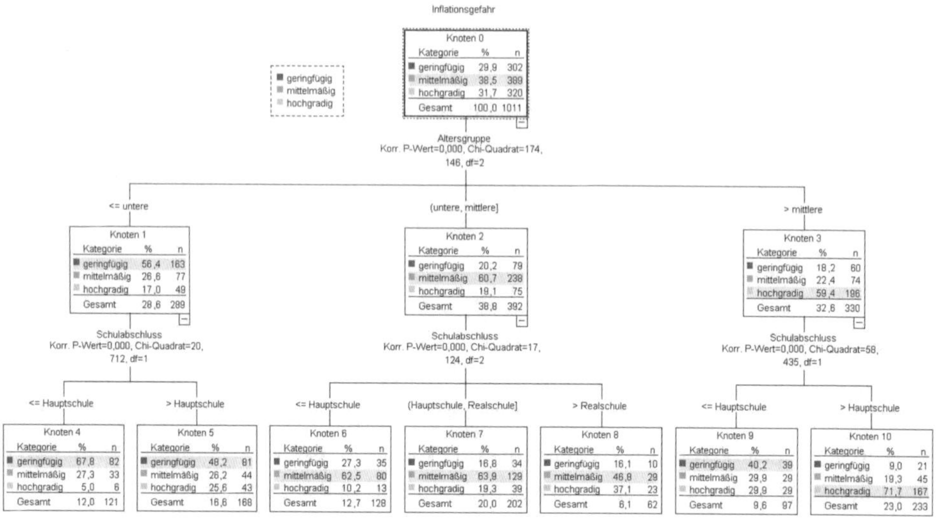

e) i) 233 Personen der oberen Altersgruppe, die zumindest einen Realschulabschluss besitzen, Anteil: 71,7 %, ii) 121 Personen der unteren Altersgruppe mit einem Hauptschulabschluss, Anteil: 67,8 %

f) geringfügige Inflationsgefahr mit 66,9 % ♣

A Verzeichnis der SPSS-Datendateien

In die nachfolgende alphabetische Auflistung sind alle SPSS-Datendateien einbezogen, welche die Datenbasis für die angebotenen Übungs- und Klausuraufgaben bilden. Die Datendateien wurden mittels der Version *IBM SPSS Statistics 20* erstellt bzw. aktualisiert.

AB.sav Die SPSS-Datendatei basiert auf einer Arbeitnehmerbefragung in Berliner Verwaltungen aus dem Jahr 2010.

AD.sav Die SPSS-Datendatei beinhaltet Daten von Personenkraftwagen der Marke Audi, die im Jahr 2012 auf dem Berliner Gebrauchtwagenmarkt angeboten und zufällig gewählt wurden.

AM.sav Die SPSS-Datendatei basiert auf dem vom ADAC herausgegebenen Automarkenindex AUTOMARXX für das Jahr 2007.

AX.sav Die SPSS-Datendatei basiert auf Daten der Halbzeitbilanz 2008 des vom ADAC herausgegebenen Automarkenindex AUTOMARXX.

AZ.sav Die SPSS-Datendatei beinhaltet die Augenzahlen, die beim Werfen eines gewöhnlichen Spielwürfels empirisch erfasst wurden.

BB.sav Die SPSS-Datendatei beinhaltet für den Zeitraum von Januar 2006 bis Dezember 2010 die Zeitreihe der monatlichen Anzahl von Übernachtungen (Angaben in 1000) in Berliner Beherbergungsbetrieben.

BL.sav Die SPSS-Datendatei enthält arbeitsmarktbezogene Daten für die deutschen Bundesländer aus dem Wirtschaftsjahr 2002.

BR.sav Die SPSS-Datendatei beinhaltet die börsentäglichen Renditen (Angaben in Prozent) des Deutschen Aktienindexes DAX für das erste Halbjahr 2011.

BU.sav Die SPSS-Datendatei basiert auf einer Blitzumfrage, die im Mai 2010 im Auftrag einer Berliner Tageszeitung unter volljährigen und in Berlin wohnhaften Personen durchgeführt wurde.

EL.sav Die SPSS-Datendatei ist das Resultat einer geschichteten Zufallsauswahl von Lehrveranstaltungen in den ehemaligen Diplomstudiengängen, die am Fachbereich Wirtschaftswissenschaften I der HTW Berlin im Wintersemester 2002/03 evaluiert wurden.

ET.sav Die SPSS-Datendatei beinhaltet Daten von zufällig ausgewählten Eigentumswohnungen, die im Jahr 2012 auf dem Berliner Wohnungsmarkt zum Verkauf angeboten wurden.

EW.sav Die SPSS-Datendatei beinhaltet Daten von zufällig ausgewählten Eigentumswohnungen, die im Jahr 2011 auf dem Berliner Wohnungsmarkt zum Verkauf angeboten wurden.

FG.sav Die SPSS-Datendatei basiert auf der aktuellen (und strukturbruchbereinigten) Zeitreihe der Fluggästezahlen (Angaben in 1000 Personen) auf den Berliner Flughäfen.

GA.sav Die SPSS-Datendatei beinhaltet Daten von zufällig ausgewählten PKW der Marke „Audi A3", die im Jahr 2011 auf dem Berliner Gebrauchtwagenmarkt zum Verkauf angeboten wurden.

GB.sav Die SPSS-Datendatei beruht auf einer deutschlandweiten Gästebefragung in Fünf-Sterne-Hotels aus dem Wirtschaftsjahr 2007.

GC.sav Die SPSS-Datendatei beinhaltet Daten von Personenkraftwagen der Marke Renault Clio, die im ersten Quartal 2011 auf dem Berliner Gebrauchtwagenmarkt angeboten wurden.

GG.sav Die SPSS-Datendatei beinhaltet Daten von zufällig ausgewählten PKW der Marke „VW Golf" mit einem 1,6-Liter-Benzin-Triebwerk, die im zweiten Quartal 2005 auf dem Berliner Gebrauchtwagenmarkt angeboten wurden. ♣

GO.sav Die SPSS-Datendatei beinhaltet Daten von zufällig ausgewählten Personenkraftwagen der Marke Opel, die im Jahr 2011 auf dem Berliner Gebrauchtwagenmarkt zum Verkauf angeboten wurden.

GW.sav Die SPSS-Datendatei beinhaltet Daten von zufällig ausgewählten und gebrauchten PKW, die im ersten Halbjahr 2010 auf dem Berliner Gebrauchtwagenmarkt angeboten wurden.

HE.sav Die SPSS-Datendatei beinhaltet Gewichts-, Breite- und Höhendaten von Hühnereiern, die von Hühnern der Rasse Loheimer Braun gelegt wurden.

HL.sav Die SPSS-Datendatei beinhaltet Daten, die zur Bewertung des neuen Hochschullogos der HTW Berlin im Sommersemester 2009 im Zuge einer Blitzumfrage stichprobenartig erhoben wurden.

JD.sav Die SPSS-Datendatei beinhaltet die Zeitreihe der 2010/11 an der Nashville Stock Exchange, Tennessee, USA, börsentäglich erfassten Schlusskurse für die Stammaktie „Jack Daniels".

KD.sav Die SPSS-Datendatei basiert auf Preisen für kommunale Dienstleistungen, die im zweiten Quartal 2008 für ausgewählte Kommunen des Bundeslandes Brandenburg statistisch erhoben wurden.

KV.sav Die SPSS-Datendatei basiert auf einer Studie des Kaufverhaltens von Kunden, die im Wirtschaftsjahr 2012 in einem großen und stark frequentierten Berliner Supermarkt bewerkstelligt wurde.

KW.sav Die SPSS-Datendatei basiert auf den Wahlergebnissen vom 28. September 2008 zu den Kreistagen, Stadtverordnetenversammlungen und Gemeindevertretungen im Bundesland Brandenburg.

LH.sav Die SPSS-Datendatei beinhaltet Schlusskurse der Stammaktie „Deutsche Lufthansa AG“, die an der Frankfurter Börse börsentäglich erfasst wurden.

MS.sav Die SPSS-Datendatei beinhaltet Daten von zufällig ausgewählten Mietwohnungen, die (einem Mietspiegel gleich) im Jahr 2011 auf dem Berliner Wohnungsmarkt angeboten wurden.

NB.sav Die SPSS-Datendatei basiert auf einer Nutzerbefragung in Berliner Parkhäusern im November 2006.

PH.sav Die SPSS-Datendatei beinhaltet Zufriedenheitswerte mit dem Parkhausinneren, die im Zuge einer Nutzerbefragung in Berliner Parkhäusern im November 2006 gemessen wurden.

PS.sav Die SPSS-Datendatei basiert auf den bundesländerspezifischen Ergebnissen der Pisa-Studie aus dem Jahr 2009.

RH.sav Die SPSS-Datendatei basiert auf einer Gästebefragung in Romantik-Hotels aus dem Jahr 2010.

RT.sav Die SPSS-Datendatei beinhaltet Daten von zufällig ausgewählten Personenkraftwagen der Marke „Renault Twingo“, die im zweiten Halbjahr 2007 auf dem Berliner Gebrauchtwagenmarkt angeboten wurden.

SA.sav Die SPSS-Datendatei basiert auf dem sogenannten Sozialatlas für die traditionellen Berliner Stadtbezirke aus dem Jahr 2005.

SB.sav Die SPSS-Datendatei basiert auf einer Studierendenbefragung, die im Sinne einer systematischen Zufallsauswahl im Sommersemester 1996 an Berliner Hochschulen mit dem Ziel durchgeführt wurde, die Einstellung von Studierenden zur Frei-Körper-Kultur zu erforschen.

SF.sav Die SPSS-Datendatei basiert auf semesterbezogenen Studierendenbefragungen, die am Fachbereich Wirtschaftswissenschaften I der HTW Berlin auf der Grundlage eines standardisierten Fragebogens durchgeführt wurden.

SG.sav Die SPSS-Datendatei beruht auf einer Kundenbefragung aus dem Jahr 2007 in Berliner Sportgeschäften.

SI.sav Die SPSS-Datendatei basiert auf Sozialindikatoren, die im Jahr 2010 für europäische Länder gemessen wurden.

SL.sav Die SPSS-Datendatei basiert auf der aktuellen Schulleistungsstudie aus dem Jahr 2010.

TW.sav Die SPSS-Datendatei beinhaltet die Zeitreihe der 2010/11 an der Nashville Stock Exchange, Tennessee, USA, börsentäglich erfassten Schlusskurse des Aktienportfolios „Tennessee Whiskey".

VI.sav Die SPSS-Datendatei beinhaltet volkswirtschaftliche und jeweils metrisch skalierte Indikatoren für die Länder des Euro-Währungsgebietes aus dem Wirtschaftsjahr 2010.

VS.sav Die SPSS-Datendatei beinhaltet Daten von zufällig ausgewählten volljährigen Personen, die im Jahr 2007 im Rahmen der nationalen Verzehrstudie II deutschlandweit empirisch erhoben wurden.

VW.sav Die SPSS-Datendatei beinhaltet Daten von zufällig ausgewählten PKW der Marke V(olks)W(agen), die im Jahr 2010 auf dem Berliner Gebrauchtwagenmarkt angeboten wurden. ♣

B Datenzugriff via Internet

Internet-Adresse. Alle in diesem Lehrbuch verwendeten SPSS-Datendateien, die mittels der Version *IBM SPSS Statistics 20* erstellt bzw. aktualisiert wurden, sind im Anhang A in alphabetischer Reihenfolge aufgelistet und stehen im Internet unter der Adresse

http://www.f3.HTW-Berlin.de/Professoren/Eckstein/

zur freien Verfügung bereit.

Datentransfer. Das „Herunterladen" einer SPSS-Datendatei aus dem lehrbuchbezogenen Downloadbereich erfolgt in kommentierten Arbeitsschritten, die den Vorgang des Datentransfers begleiten und erleichtern.

Hotline. Für den Fall, dass beim Datentransfer Probleme auftreten, wende man sich an eine der folgenden eMail-Adressen:

Peter.Eckstein@HTW-Berlin.de

Frank.Steinke@HTW-Berlin.de

Herr Diplom-Wirtschaftsinformatiker Frank STEINKE betreut den lehrbuchbezogenen Downloadbereich und ist bestrebt, jederzeit sachdienliche Hinweise und Unterstützung bei auftretenden Problemen des Datentransfers zu gewähren. ♣